直感力を高める
数学脳のつくりかた

A Mind For Numbers: How To Excel At Math And Science (Even If You Flunked Algebra)
Written by Barbara Oakley / Translated by Yukiko Numajiri

バーバラ・オークリー｜著　沼尻由起子｜訳

河出書房新社

直感力を高める　数学脳のつくりかた——目　次

本書をノースカロライナ州立大学名誉教授リチャード・フェルダー博士に献ぐ。化学工学が専門の博士が教育にも熱心に取り組まれたおかげで科学や数学、工学、科学技術の教授法は世界中で格段に向上した。博士の創造力豊かな方法にふれなければ、何万人もの教師と同じく私の成功もおぼつかなかっただろう。まさに真の巨匠《イル・ミッリョーレ・マエストロ》である。

直感力を高める　数学脳のつくりかた

セレンディピティの法則——運命の女神は努力家を好む

序文

人間の脳は驚くべき能力を持っているものの、あいにく取扱説明書がついているわけではない。本書が待望の手引きである。この本を読めば、最新の情報を手に入れて脳の秘められた能力を引き出し、初学者も専門知識を身につけた人も等しく数学や科学の学習技能や学習法を改善することができる。

一九世紀のフランスの数学者アンリ・ポアンカレ（一八五四〜一九一二年）が久しぶりに休暇を取ったところ、何週間かけても埒《らち》が明かなかった数学の難問がついに解けたという。南フランスでバスに乗り込もうとしたときのことだ。例の問題の解答が突如ひらめいた。じつは、ポアンカレの脳の一部は本人が休みを楽しんでいる間も問題に取り組んでいたのである。その場で書き留めなくとも正解と確信したポアンカレはパリに戻ってから解法などを詳しく記述した。

本書の著者バーバラ・オークリーが述べているとおり、本人が睡眠中でも脳は問題にかかわることができるため、ポアンカレの逸話のようなことは誰にでも起こり得る。ただし、夜寝る前に一心に問題を解こうとした場合にのみ翌朝、解き方がふと頭に浮かぶことが多い。要は、睡眠中に脳が別の問題に取りかからないよう就寝前や休暇前に勉強に励んで脳を刺激しておくことが鍵となる。こういったことは何も数学や科学に限った話ではない。ずっと心に引っかかっている社会問題があれば、脳は同じように問題解決に当たろうとするだろう。
この本では学習をつらい重労働ではなく、ワクワクさせる経験ととらえている。だから、本書を読むのが苦にならないし、そのうちに効率よく勉強するための方法や考え方に次々にぶつかる。たとえば、教材内容を理解したと勘違いしがちなことや重要な概念の要点をまとめれば記憶に残りやすいこと、集中力の保ち方、一定の間隔を置いて反復練習する方法などを知ることもできる。本書のわかりやすくて実用的な方法を身につければ、イライラしたり、挫折したりすることもなく効果的に学べるだろう。一言でいえば、このすばらしい手引きは読者の学習の質を向上させ、人生を豊かにしてくれるのである。

ソーク研究所フランシス・クリック冠教授
テレンス・J・セジュノウスキー

はしがき

この本を読むと学習のとらえ方ががらりと変わるかもしれない。何しろ大勢の研究者が太鼓判を押す、最も簡単で効果的・能率的な学習法を知ることができるうえ、実際にやってみると勉強するのが楽しくなるのである。

残念ながら、学習者の多くは役立たずの非能率的な戦略を取っている。現に、私の研究室の調査では教材やノートを何度も読み直すだけの「繰り返し読み」が大学生の一般的な学習法だ。こういった受動的・表面的な戦略で得るものはほとんどない。要するに「骨折り損」であり、苦労して勉強した甲斐がない。怠けるつもりは全くないのに受け身の学習法に徹してしまうのは、認知的錯覚に陥るためだ。教材に繰り返し目を通すという方法はわけなく実行できるし、そのうちにすらすら読めるようになる。このたんなる「慣れの効果」を学習の成果と思い違いしてしまうのである。

学習につきものの錯覚から抜け出す手段の他にこの本では新しい手法も紹介している。その一つ「検索練習」〔教材内容などを思い出す練習〕は、学習に費やした時間に「見合うだけの価値」がある。本書はこのようにきわめて実用的であり、読者はある方法が他の方法よりずっと役立つ理由に納得できるため、試してみようと学習意欲がわいてくるだろう。

効果《こうか》覿面《てきめん》の学習法の情報は、かつてなく増えている。新たな知見が得られる現在、本書は必須の入門書である。

パデュー大学心理科学科ジェームズ・V・ブラッドリー冠准教授
ジェフリー・D・カーピック

読者へのメッセージ

数学や科学を専門的に取り扱う人たちは、手応えのある学習法を長年探し求めるものだ。そのような方法を考えついたり、発見したりすればすばらしい！　図らずも入会儀礼を済ませたことになり、数学者や科学者の謎めいた団体に晴れて加入することができる。

この本では読者がすぐ試せるよう簡単な学習法を取り上げている。どれも数学や科学の専門家が何年もかけて見つけ出した方法である。

数学や科学の学習技能の程度を問わず、これから紹介していく取り組み方を利用すれば、考え方や人生までも変わるかもしれない。実際的な方法が選り取り見取りなので、勉強が捗らない人や問題を解くのに手こずっている人は学習のてこ入れを図ることができる。専門知識をすでに身につけた教師などの専門家であれば、学生の学習スピードを上げるヒントを見つけられそうだ。たとえば、本書の奇抜な試験対策は学生に渡す問題集や宿題の問題をまとめるときに参考になると思う。どんな科目でも得意になりたい人もいるだろう。この本はうってつけの入門書になる。

もちろん、本書は次のような人たちにも向いている。美術や国語は大好きでも数学は大嫌いな高校生。新しい学習法を実践して数学や科学に強くなりたい大学生。数学が苦手な子を持つ両親。わが子の数学や科学の才能を伸ばしたい両親。大事な検定試験に合格できず、どっと疲れが出た会社員。医師や看護師になるのが夢だったコンビニの夜勤の店員やフリーター。担当科目や専門分野が数学、科学、工学などの応用科学、教育学、心理学、経営学の教師。時間が取れる今こそ、最先端のデータ処理や科学技術などの知識を吸収したい退職者。また、どんな分野でもちょっとかじってみたい老若男女にも本書を薦めたい。

つまりは、読者はあなただ。楽しもう!

バーバラ・オークリー博士・技術士、アメリカ医学生物工学会上級会員
IEEE(アメリカ電気電子学会)医用生体工学会副会長

第1章　扉を開けよう

冷蔵庫のドアを開けたら、ゾンビがいてソックスを編んでいた……なんていう目に遭う確率はどのくらいだろうか。同様に起こりそうもないことが、私のように感情を開けっ広げに表し、言葉を重視する者が工学教授になることである。

成長するにつれて私は数学や科学を毛嫌いした。高校では数学と科学の単位を落とし、二六歳になってようやく三角法（それも補習の三角法）を勉強し始めた。三角法は三角関数の性質などを扱う数学の一分野だ。

子どもの頃、時計の文字盤を読むということがどうしてものみ込めなかった。なぜ短い針（時針《じしん》）が時を指すのだろう。時は分よりも大切なのだから、長い針（分針《ふんしん》）が指すべきではないか。時針と分針がごっちゃになった頭では今、時刻が一〇時五分なのか一時五〇分なのか区別できなかった。テレビとなるとお手上げだった。リモコンがなかった当時、どのボタンを押すとテレビがつくのかわからず、きょうだいと一緒でないと番組を観られなかった。きょうだいはテレビをつけられるだけでなく、面白い番組のチャンネルに切り替えることができた。すごい。

技術音痴であることや数学と科学で落第点を取ったことを考えると、自分は頭があまりよくないのだと判断せざるを得なかった。とにかく賢いとはいえなかった。その頃は気づかなかったが、技術的・数学的能力がないという自画像はその後の人生を決定づけてしまった。問題の根本原因は数学にあった。数学や方程式は命取りの病のように思え、何が何でも避けたかった。当時は数学や科学に注意が向くようになる、ちょっとした頭脳的コツがあることに思い至らなかった。どのコツも数学や科学が苦手な人だけではなく、得意な人にも役立つ。

図1　10歳の私と子羊のアール。当時の私は生き物や読書、空想することが大好きで、算数と理科は遊びのリストに載っていなかった。

惨めな自画像を描いていた頃の私は、世界を一つの面からしか見ていなかった。言い換えると、一つの学習モードを利用しているだけだった。そのために自分は数学や科学ができないのだと思い込んでいたし、数学が奏でる音楽に耳を傾けようとしなかった。

　アメリカの学校で教えている算数や数学は、一面では聖母のような教科だ。足し算から始まって引き算、掛け算、割り算と論理的に上昇していき、数学的な美に満ちた天界へ導いてくれる。一方で算数や数学は冷酷な義母にもなる。論理的筋道のどの段階でもミスを許さず、不正解の宣告を下す。そのうえ、学習効果を上げるのに最も適した臨界期に短期間でも荒れた家庭生活や病気、やる気のない教師の授業などの憂き目に遭えば、算数や理科の勉強についていけなくなり、競争から脱落してしまうか、あるいは私のように算数にすっかり興味を失ったり（図1）、せっかくの才能の芽が摘み取られたりするかもしれない。

中学一年生のときにわが家に災難が降り掛かった。背中の大けがが原因で父は職を失ったのである。結局、私たち家族は貧しい学区に落ち着いた。そこの中学校の気難しい数学教師はうだるような暑さの中、生徒に機械的な足し算や掛け算を何時間も勉強させた。この偏屈教師はいっさい計算法を説明することなく、生徒がまごつくのを見て満足しているようだった。

当の私は、数学は何の役にも立たないと早々に結論を出し、この教科をひどく嫌っていた。理科に関しては……やはり、うまくいかなかった。化学実験の初日に担当教師は私ともう一人の生徒を組ませ、私たちには他の生徒とは違う物質を与えた。そのため、みんなの実験結果とつじつまが合うようデータをでっち上げた。これに気づいた化学教師はあざ笑ったものだ。わが子が落第点を取ったと知るや両親は教師の勤務時間中に教えてもらうようせき立てたが、それほど自分はばかじゃないと私は反発した。どのみち数学や理科は役に立たないのだから。しかし、教科学習の神様は数学と理科の勉強を無理矢理押しつけた。こうなったら教わったことを理解しようとせずに意地でも試験に失敗してやろう。この捨て身の戦略はまんまと成功した。

私が好きなのは歴史、社会、文化の中でもとくに言語だった。幸い、こういった教科があったので、落第せずに済んだ。

高校卒業後ただちに陸軍に入隊した。そうすれば給料をもらいながら大好きな言語を学べる。思いつきで選んだロシア語の成績がよかったので、予備役将校訓練課程の奨学金を得てワシントン大学に進み、スラブ語派とスラブ文学の学士号を取得し、優等で卒業した。生粋のロシア人と間違えられるほど私はロシア語を流暢に話すことができた。専門知識を深めるための努力も惜しまず、何時間も練習した。そうしてロシア語が上達すれば勉強した甲斐があると満足できるため、いっそう勉強に打ち込んだ。一つの成功が語学の練習とさらなる成功を促したわけだ。

ところが、予想外のことが起きた。アメリカ陸軍通信隊の少尉に任命されたのである。ということは、無線通信やケーブル、電話交換システムの専門家にならなければならない。なんという人生の転機だろう！　運命に左右されずに努力して言語の専門家にまで上り詰めたつもりだったのに、よりによって知識不足の新技術の世界に投げ込まれてしまった。

ガーン！

私は数学重視の電子工学教育を受けさせられ（クラスでは私がビリ）、その後、当時の西ドイツに赴いて通信小隊長となった。情けない小隊長だった。専門技術に長けた将校や下士官は引っ張り凧であり、見事に問題を解決し、任務遂行に一役買っていた。

これまでの経歴を振り返ってみると、最新技術を学ぼうとすることもなく、感情のままに行動してきた。それでよしと無意識に自分のことは棚上げにしていた。この先も軍にとどまる限り、技術的な専門知識がほとんどないことから二流で終わってしまうだろう。

しかし、軍を去ったところでスラブ語派とスラブ文学の学位を持つ者にできることは限られている。経験不問の秘書的な仕事につくといっても、他の何百万人もの学士と競い合わなければならない。実直な人は、言語の研究でも軍務でも頭角を現せばましな仕事が見つかると思うかもしれないが、雇用状況は厳しい。

ありがたいことに、もう一つ選択肢があった。軍務の最大の恩恵というべき復員兵援護法の給付金のおかげで学費を浮かせることができる。この法制度を利用して再教育を受けてみようか。もっとも、数学嫌いの脳を数学好きの脳につくり直せるのだろうか。テクノ嫌いからテクノ専門家に変身できるものなのだろうか。

　そのような前例はなさそうだ。少なくとも私と同じくらいに嫌悪の深みにはまっている人が試したことはないだろう。数学や科学を習得することほど私に不釣り合いなことはない。それなのに、同僚はぜひともチャレンジすべきだとしきりに勧める。

　決まった。脳を再教育してやろう。

　決心したのはいいが、なまやさしいことではなかった。一学期目は挫折の連続で、目隠しをされているかのように壁にぶち当たってばかりいた。そういうときもクラスの年下の学生は要領を心得ているのか、解き方や答えがわかるようだった。しかし、学習上の問題点に気づいてからはしだいに理解できるようになった。たとえていうと、私は自分が踏みつけている材木を持ち上げようとしていた。無駄に努力を払っていたのである。そのうち、いつ勉強をやめるかということも含めて学習法のコツをのみ込み始めた。また、何はともあれ数学や科学の概念を自分のものにしなければならないと痛感したし、クラスメートより遅れて卒業することになろうと履修科目を増やしすぎないようにした。その分、練習時間をたっぷり取れるうえ、もともとクラスメートほど各学期に単位をたくさん取るつもりはなかった。

　数学や科学の学習法がわかり始めると、ずいぶん楽になった。意外にも、語学の学習のときと同じく、上達するとこれが励みになって勉強するのが楽しくなるのである。こうして元数学音痴の女王は電気工学の学士号と電気情報工学の修士号を取り、ついにはシステム工学の博士号を取得した。システム工学の研究対象は熱力学や電磁気学、音響学、物理化学などの分野にまたがる。学位の段階が上がるにつれて勉強ができるようになり、博士論文の準備をしていた頃には余裕で優秀な成績を収めた（もちろん勉強しなければならなかったが、何を学ぶべきかポイントがわかっていた）。

　工学教授となった私の目下の関心事は、脳内の働きにある。工学は脳機能が一目瞭然のＭＲＩ（磁気共鳴画像法）などの医用画像の処理や開発の要となることから、これは自然な成り行きだった。おかげで今では自分の脳を変化させた方法や脳をつくり直せた理由が思い当たるし、読者が私ほど苦労せずに効率よく学べるよう手を貸すこともできる。[1] また、研究対象が工学の他に社会科学や人文科学にも及ぶため、創造力が芸術や文学のみならず数学や科学の根幹をなすことも承知している。

　数学や科学が生まれつき不得手なのだと思う人がいれば、それは誤解というものだ。**脳は本来、並外れた計算能力を備えているのである。**キャッチボールをするときや曲のリズムに乗って踊るとき、路面のくぼみをよけて車を運転するときも本人の脳は計算している。込み入った方程式の解《かい》〔方程式を成立させる未知数の値〕を求める場合も無意識に解いていき、本人は自覚しないものの、脳が暗算しているおかげで計算の途中で答えが出ることもある。[2] 要するに、人間は数学や科学を理解できる能力や鋭敏な感覚を生まれながらに持っている。その能力を伸ばして感覚に磨きをかけよう。加えて教養を身につけ、専門用語を覚えれば、鬼に金棒だ。

　この本を書くに当たり、世界一流の大学教授や高校教師に大勢取材した。その専門分野は数学、物理学、生物学、工学、教育学、心理学、神経科学の他、経営学や健康科学など多岐にわたる。

　驚いたことに、いずれ劣らぬ指折りの専門家の多くが本書と同じ取り組み方を実践して研究分野の知識を吸収していた。そういった方法を学生にも勧めているそうだが、常識はずれとか理屈に合わないとか思われるのだろう、簡単な学習法の真髄はなかなか伝わらないという。世間一般の教師も鼻で笑うような方法が含まれているため、取材相手の超大物教師は決まり悪そうに学習の秘訣を漏らしたものだ。しかし、当の方法は彼らトップクラスの教師に共通していた。読者は、教育界の「最高峰」が明かした実用的な方法を難なく手に入れて利用できるのである。効率的な方法でもあるので、限られた時間枠内で中身の濃い学習をしたい場合にとくに役立つだろう。本書では専門家の他に大学生や苦学生の貴重なアドバイスと経験談も載せている。彼らの制約を受けながらも突破口を開いた話に共感を覚えるのではないだろうか。

この本が対象としているのは、数学好きと数学嫌いの両方だ。数学が得意な人も苦手な人も、学生時代の成績がどうあろうとも、本書の狙いは数学や科学を楽しく学ぶことにある。また、学習する際の思考過程も明らかにしていくので、自分の脳はこんなふうに学ぶのかと合点が行くだろうし、脳にだまされて勉強しているつもりになることもあると気づくだろう。さらに、学習技能を磨けるコラム「やってみよう！」もどっさり用意している。どれも今日から実行できるものばかりだ。**数学や科学に強い人がこの本を読めば、ますます能力が上がる。**いっそう満足でき、創造力が伸び、方程式を解く際の精度が増すだろう。

数学や科学に向いていないと思い込んでいる人がこの本を読めば、考えが変わる。にわかには信じられないだろうが、その可能性は大いにある。本書の具体的な学習のコツを参考にして試してみれば変化を実感し、勉強に打ち込めるに違いない。

この本で身につけたことは必ず役に立つ。読者は数学や科学にとどまらず、あらゆる分野で創造力に富んだ有能な人物になれるのである。

では、さっそく始めよう！

第2章　ゆっくりやろう――がんばりすぎると裏目に出る

初めに図2の写真を見てもらおう。この写真に数学や科学を勉強するときの最大の秘訣が隠されている。右側の男性は東欧と西アジアの十字路アゼルバイジャン生まれのチェス名人であるグランドマスターのガルリ・カスパロフ（一九六三年～）、左側の少年は二〇〇四年当時一三歳だったノルウェー出身のマグヌス・カールセン（一九九〇年～）である。

カールセンは早指しチェスの真っ最中に席を立ってしまい、チェス盤から離れている。早指しチェスでは制限時間内に妙手を考え出さなければならない。一見、少年はナイアガラの滝にかかった綱を渡りながら後方宙返りでもしてやろうとやけになったかに思える。

いや、そうではない。チェス史上最年少の一流チェスプレイヤーとなった少年は、対戦相手を出し抜いたのである。カスパロフは生意気な若造をこてんぱんにやっつけるどころか、この中断にうろたえ、かろうじて引き分けに持ち込んだ。一方の聡明な少年は年上相手とのたんなる心理戦を超えた新手を見せようとしている。少年が取った行動は、脳は本来数学や科学をどう学ぶかを知るうえで非常に重要になる。チェスのグランドマスターを動揺させた妙技は第3章「学ぶこととは創造すること」で説明することにし、まずは思考法について考えてみたい。

図2　2004年にアイスランドで開かれた早指しチェス大会「レイキャビク・ラピッド」での13歳のマグヌス・カールセン（左）とチェスの伝説的天才ガルリ・カスパロフ（右）。カスパロフのショックがありありとうかがえる。

本章ではこの本の主要テーマの一つである思考モード（思考様式）にふれるため、読者は頭が少し混乱してくるかもしれない。しかし、考え方を切り替え、本章をざっと読んで内容を大まかに把握してから改めてじっくり読み始めれば、ポイントをつかみやすくなる。じつは、このこと自体が本書の要点でもある！

やってみよう！

心の準備をしよう

ある学習書に数学や科学の概念を概説した章があれば、真っ先にその章をパラパラめくってみよう。そのときにイラストや図、写真、見出しの他にも、章の終わりのほうに要約や質問リストがあれば、それらにもざっと目を通してみると、不思議なもので全体像が見えてくる。そのため、本文を読んでいないのに心の準備ができるのである。

そこで、読者もこのコラムを読み終えたら本章の最後の「学習の質を高めよう」の質問リストの項目まで一通り眺めてみよう。一〜二分後に本文をじっくり読み返せば、考えがまとまりやすいおかげで「思考モード」といった概念も楽に把握できるだろう。これは前もって全体像をつかんだことにより思考の手がかりを得られたためだ。

集中思考と拡散思考

今世紀初頭以来、神経科学の脳研究は目覚ましく発展し、脳は非常に注意深い状態とリラックスした安静状態の二種類のネットワークを適宜切り替えていることがわかってきた。[1] この本では前者と関係のある思考モードを「**集中モード**」と、後者の場合を「**拡散モード**」と呼ぶことにしよう。いずれも学習に不可欠である。[2] 人間は日々さまざまな活動で二つの思考モードをしじゅう交互に切り替えているだろう。意識しても一度に両方のモードの状態に入ることはなく、集中モードもしくは拡散モードのどちらか一方のモードになる。拡散モードは、本人がとりたてて身を入れているわけではないものに働きかけることができるようだ。ときにはあっという間に拡散モード思考に移ることもある。[3]

集中モード思考は数学や科学の学習に欠かせない。合理的・逐次的・分析的方法を使って問題を解くときには、この思考が直接かかわってくる。集中モードは、額の真後ろに位置する脳の前頭前野皮質（図

3）の集中力と関係がある。[4] 何かに注意を向けると、いきなりフラッシュをたかれたように集中モードがオンになる。

数学や科学の学習では、拡散モード思考も絶対に必要になる。気を緩め、心をさまよわせるときの拡散モード思考のおかげで手こずっていた問題の解き方をふと思いつくし、拡散モード思考は「大局的」見地とも関係がある。要は、リラックスすれば、さまざまな脳領域がつながるため、洞察力が増すのである。集中モードと違って拡散モードは特定の脳領域と強く連携しているわけではなく、この思考モードは文字どおり脳全体に「拡散した」状態ととらえることができるだろう。[5] また、拡散モードの状態にあるときに問題の解法がひらめいた場合、集中モード時の「予備的」思考が基になっていることが多い。

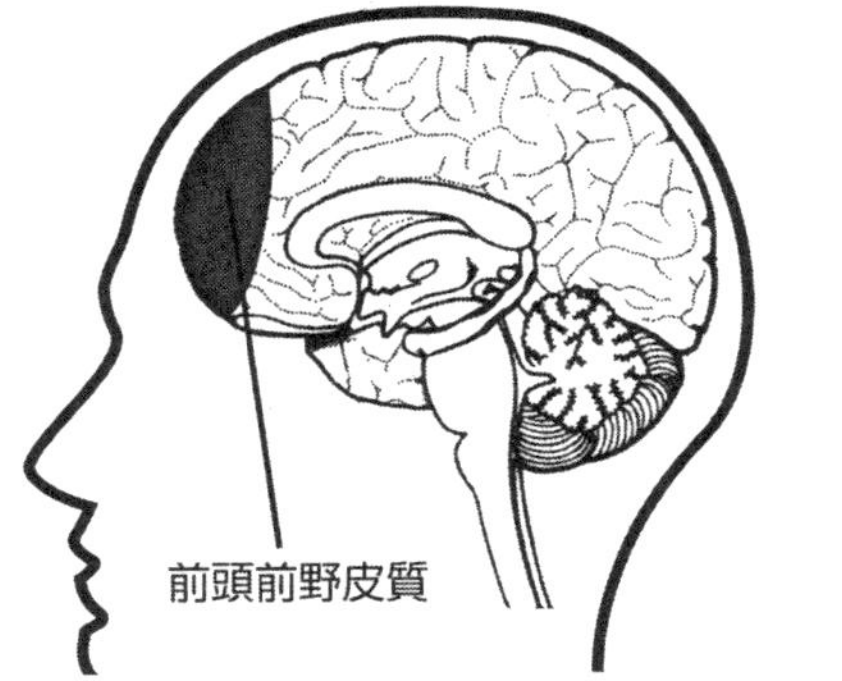

図３　額の真後ろにある脳領域が前頭前野皮質。

学習時には、いろいろな脳領域や左右両半球間で込み入った神経系の情報処理が行われる。[6] 実際、勉強するときや考えるときは集中モードと拡散モードの他にも種々の要素が絡んでくるが、幸い、学習や思考の物理的メカニズムを深く掘り下げる必要はない。本書では、「ピンボール」を想定してみよう。

集中モード——バンパーが密集したピンボール

ピンボールで遊んでみると、脳の集中的・拡散的な学習・思考過程が理解しやすくなる（数学や科学の学習では「ピンボール」のような比喩も非常に役立つ）。昔ながらのピンボールではバネ

図4　ゾンビが楽しんでいるピンボールを脳の中に置き換えてみよう。

仕掛けの棒、プランジャーを引いて玉を打ち出すと、玉は盤上のゴム製の丸いバンパーに当たってあちこちに跳ね返る（図4）。

図5はピンボールを脳の中に置き換えている。たとえば、数学の問題に注意を集中させると心は脳の中にあるピンボールのプランジャーを引いて思考を解き放つ。思考（ピンボールの玉）は勢いよく飛び出し、図5の左のイラストのように四方八方にぶつかる。この状態が思考の集中モードである。

集中モードではピンボールの丸いバンパーがぎっしり集まっている。これに対し、図5の右の拡散モードではバンパーは互いに離れている（一つ一つのバンパーを脳内のニューロン集団とたとえることもできる）。集中モードではバンパーが密集しているおかげで緻密に考えることができる。

図5の灰色の線は二つの思考モードの思考パターンを表している。左の集中モードのイラスト上方に目を向けてみよう。ピンボールの玉に「踏みかためられて」できた広い道が見える。これは集中モード思考がいかに練習・経験済みのルートを進んでいくかを示している。同じルートをたどり続けたので、道幅が広くなったわけだ。

一般的にいって、既知の概念に意識を向けたいときに集中モードを利用することができる。たとえば、

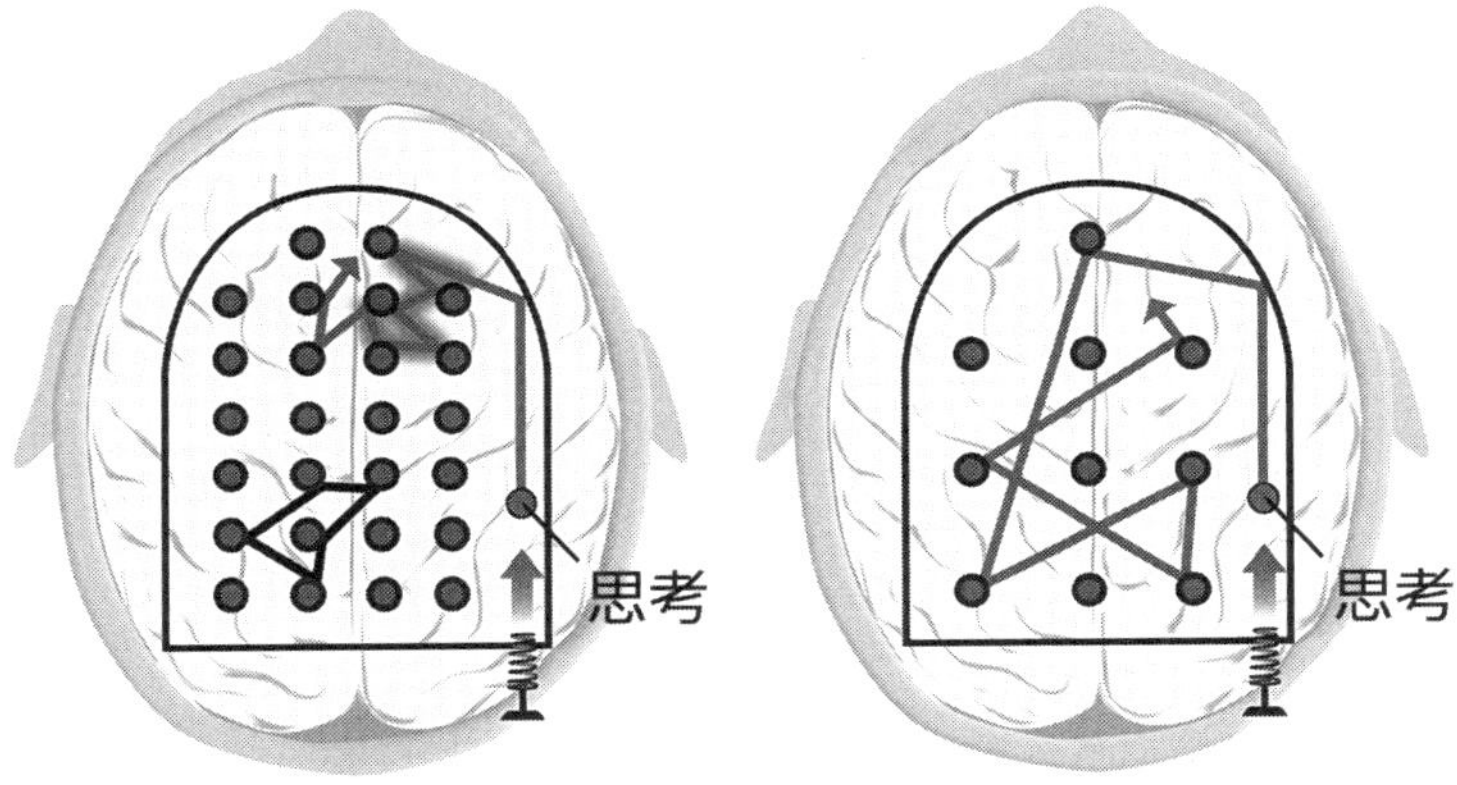

図５　脳の中にあるピンボールのバネ仕掛けのプランジャーを引くと思考の玉は勢いよく飛び出し、ゴム製バンパーの列に当たってあちこちに跳ね返る。左右のイラストのピンボールは、それぞれ集中モードと拡散モードを表している。数学の問題を解いたり、概念を理解しようとしたりするときには集中的に取り組むだろう。しかし、集中モードの状態にありながら、的外れな考え（左のイラスト上方）を抱いて問題を懸命に解こうとすることもある。当の考えは、実際の問題解決に必要な「解法」の考えが浮かぶ脳領域（左のイラスト下方）とは別の部分から生まれる。
　改めて左のイラストに注目しよう。思考の玉は最初にピンボールの上方に跳ね返った。この上方の「考え」は下方の思考パターンから遠く離れ、完全に分離している。また、学習者が以前にも同じような考えを持ったことがあるために幅の広い道になっている。一方の下方の考えは新しい見解であり、広範な思考パターンとなっていない。
　右のイラストの拡散モードは、大局的見地に関係している場合が多い。この思考モードはなじみのない問題や未知の概念などを習うときに役立つ。拡散モードによって問題解決に集中できるようになるわけではないものの、見てのとおり、思考の玉が１つのバンパーに当たってから次のバンパーにぶつかるまでの移動距離が長い。そのため、広い視野を持って問題の解法に近づくことができる。

掛け算のやり方がわかっていれば、数を掛けるときに集中モードを使える。語学の学習でも先週習ったスペイン語の動詞の活用形をすらすらいうには集中モードが役立つ。水泳の平泳ぎでは前傾姿勢を保つと推進力が増す。平泳ぎの選手なら、練習時に集中モードを利用して前傾姿勢になっているかどうか確認するだろう。

一心に考えていると、前頭前野皮質は反射的に信号を送り出す。信号は神経経路を進んでいき、考え事と関係のある複数の脳領域をつなげる。この過程は、集中モードになると「注意のタコ」が腕を伸ばしていろいろな脳部位をさわり始めるのと似ている。腕の数は限られているため、タコは一時に複数の脳部位を接続しなければならない（「注意のタコ」については第4章「情報はチャンクにして記憶し、実力がついたと錯覚しない」で詳述）。

社会問題を検討するときは関連書籍を読んだり、講義ノートに目を通したりするなど、まず最初に言葉に注意を集中させるかもしれない。すると、例の「注意のタコ」が現れ、集中モードを活発にし始める。このようにして集中モードで社会問題をあれこれ考えると、ピンボールの思考の玉は密集したバンパーに当たりながら以前にも通ったことがある神経経路の思考パターンを経て一つの解決策に速やかに到達する。しかし、数学や科学の問題は社会問題とは全く別ものなので、解くのはずっと難しい。

なぜ数学や科学の問題は手強いのか

言語や人、社会に絡んだ問題の場合は集中モード思考で片がつきやすい。一方、数学や科学の問題に集中しても解くのは骨が折れる。[7] この理由は、人類進化の長い歴史の中で人が数学的概念を扱い始めてまだ日が浅いことにあるだろう。数学的概念は通常の言語の概念よりも抽象的に暗号化されていることが多いので、取っつきにくいかもしれない。[8] しかし、この抽象性や暗号化こそが数学や科学の複雑さの度合いを押し上げているにすぎないのである。

抽象性の例を挙げよう。牧草地で反芻《はんすう》している牛を見かければ、「牛」という文字の動物だと考えても、本物の生きた牛をプラス記号の「＋」で指摘することはまずない。プラス記号に込められた概念は「牛」よりも現実味がなく、観念的だ。掛け算記号「×」が同じ数を繰り返し加えていく「累加《るいか》」を象徴しているように、一つの記号はいろいろな演算や概念を表すことができる。ピンボールにたとえれば、数学の抽象性や暗号化はピンボールのゴム製バンパーを多少やわらかくしてしまうため、バンパーをかたくして玉をほどよく弾ませるには練習を追加する必要がある。そのため、とくに数学や科学では後述のとおり、学習の先延ばしにうまく対処しなければならない。

抽象性や暗号化の他にも数学や科学では「**構え効果**」という現象が厄介だ。構え効果では以前に頭に浮かんだ考えや最初に考えたことがネックとなり、もっと適切な考えや解き方があるのに気づかない。[9] 図5の左の集中モードのイラストでは、思考の玉はピンボールの上方に向かっている。しかし、解法を思いつく思考パターンは下方にある（「構え効果」〔*Einstellung* effect〕の *Einstellung* はもともとドイツ語で、「態度」や「設置」を意味する。そこで、*Einstellung* は最初に思い至った考えがバリケードとなって路上に設置された状態と覚えておこう）。

数学や科学ではこれだとピンと来た解き方が間違っていることもあるため、構え効果にはとくに注意し、新しいことを学ぶときには以前の考えは忘れて頭を切り替えなければならない。[10]

また、宿題の問題を解く際にどこから手をつけるべきかわからないままやみくもに突っ走ってしくじる学生も多い。そういった学生の思考の玉は解法から遠く離れている。かといって、集中モードの立て込んだバンパーに阻まれて解法が見つかる場所へ玉を弾き出すこともできない。

何の準備もしないで宿題に取りかかるのは、金槌が泳ぎ方を習わないうちに海に飛び込むようなものであり、数学や科学の学習時に犯しやすい重大ミスの一つである。[11] 学生は事前に教科書に目を通したり、講義に出席したり、オンライン講義を視聴したり、数学や科学に詳しい人に相談したりすることもなかった。これでは溺れるしかない。たとえていうと、解き方が見つかる場所に狙いを定めずに集中モードのピンボールの思考の玉がポンと飛び出るのに任せているような状態だ。

真の問題解決策をいかに手に入れるか。その方法を知ることは数学や科学の問題に限らず、人生でも重要になる。たとえば、ちょっと調べたり、自分の性格や動機を自覚したり、自分を実験台にしたりすれば、「科学的な」宣伝文句の健康食品にだまされて金を払ったり、体を壊したりせずに済むだろう。[12] 数学の知識が少しでもあれば、住宅ローンの返済に行き詰まって生活に支障を来すこともない。[13]

拡散モード――バンパーの間隔が広いピンボール

図5の右のイラストにあるとおり、拡散モードでは脳の中のピンボールのバンパーは互いに遠く隔たっているため、思考の玉が一つのバンパーに当たってから次のバンパーにぶつかるまでの移動距離が長い。おかげで脳は広い視野から世の中を眺めることができる。また、バンパーは離れ離れになっているので、問題解決などであることを考えた後に遠く離れた別の考えへとすばやく思索を巡らすこともできる（とはいえ、拡散モードの状態にあるときは厳密に思考するのは難しい）。

未知の概念や解いたことのない問題にぶつかった場合は、道案内してくれる神経経路も思考を誘導する神経パターン〔神経活動（電気的活動）パターン〕も存在していない。仕方なく解決策を探してうろうろすることになる。拡散モードはそういう状況におあつらえ向きだ！

集中モードと拡散モードの違いは、懐中電灯を考えるとわかりやすい。懐中電灯の光を狭い場所に集中させて遠くまで照らし出すこともできれば、弱い光ながら広範囲に投げかけることもできる。前者が集中モードの、後者が拡散モードの状態だ。

概念でも問題でも未経験の事柄を理解したいときは、正確さが第一の集中モードをオフにして「大局的な」拡散モードをオンにし、好結果を生む新しい取り組み方を手に入れよう。脳に命じれば拡散モードがオンになるわけではないものの、コツをのみ込むと集中モードと拡散モード間の移行がスムーズになる。これについては次の章で詳しく調べよう。

意外なときに創造力は生まれる

「大学で拡散モードのことを教わって以来、その効果を実感しています。たとえば、名曲をつくろうと腰を据えてもありきたりで退屈な曲になります。これとは正反対に『ぶらぶらしている』ときに最高のギターのリフ〔繰り返しフレーズ〕がふと心に浮かぶんですよ。大学の研究課題や大学新聞のテーマを考えるときとか、数学の難問を解くときとかもそうです。経験則では、独創的なことを思いつこうと頭を絞れば絞るほど陳腐な考えになります。これまでのところ例外にぶつかったことはありません。結局、しっかり勉強して結果を出すにはリラックスすることが大事なんです」。

——コンピュータ工学を学ぶ大学一年生ショーン・ワッセル

二つの思考モードがある理由

なぜ人間は思考モードを二つ備えているのだろうか。答えは、脊椎動物が生きながらえることと自分の遺伝子を子孫に伝えるという二大問題と関係がありそうだ。たとえば、鳥が地面をくちばしでつついて小さな穀粒を見つけてのみ込むにはよくよく集中しなければならない。なおかつ、タカのような猛禽類がいないかどうか地平線を見渡さなければならない。全く異なる二つの務めをうまく果たすには、どうすればいいか。物事を二分することである。大脳も二分すれば、一方の半球は鳥が食べ物をつつくのに必要な集中的注意を優先させることができるし、もう一方の半球は地平線を一望することに専念して危険を察知することができる。このように左右の大脳半球が特定の知覚に役立てば、生存率を押し上げるだろう。[14] しばらく観察してみると、鳥はついばんでいたかと思うと立ち止まって地平線をじっと見つめる。まるで集中モードと拡散モードを交互に行っているかのようだ。

人間でも脳機能は二つに分かれている。脳の左側は用心深い、集中的注意にかかわっている他、段階を追って考えるといった論理的思考や逐次的情報処理に当たっているかもしれない。脳の右側の場合は周りの環境の状況確認や人との交流、感情処理と関係があるだろう。[15] また、脳の右側は情報の大局的同時処理とも関連づけられている。[16]

このように左右両半球の働きが多少違うことから二つの思考モードが生まれたのかもしれない。ただし、あの人は「左脳」タイプとか「右脳」タイプなどといった考えに科学的根拠はない。MRI研究では真っ赤な嘘である。[17] 一方、左右両半球のいずれも集中モード思考と拡散モード思考にかかわっているのは間違いない（図6）。**数学や科学の知識を身につけ、学習時に創造力を発揮するには集中モードと拡散モード**

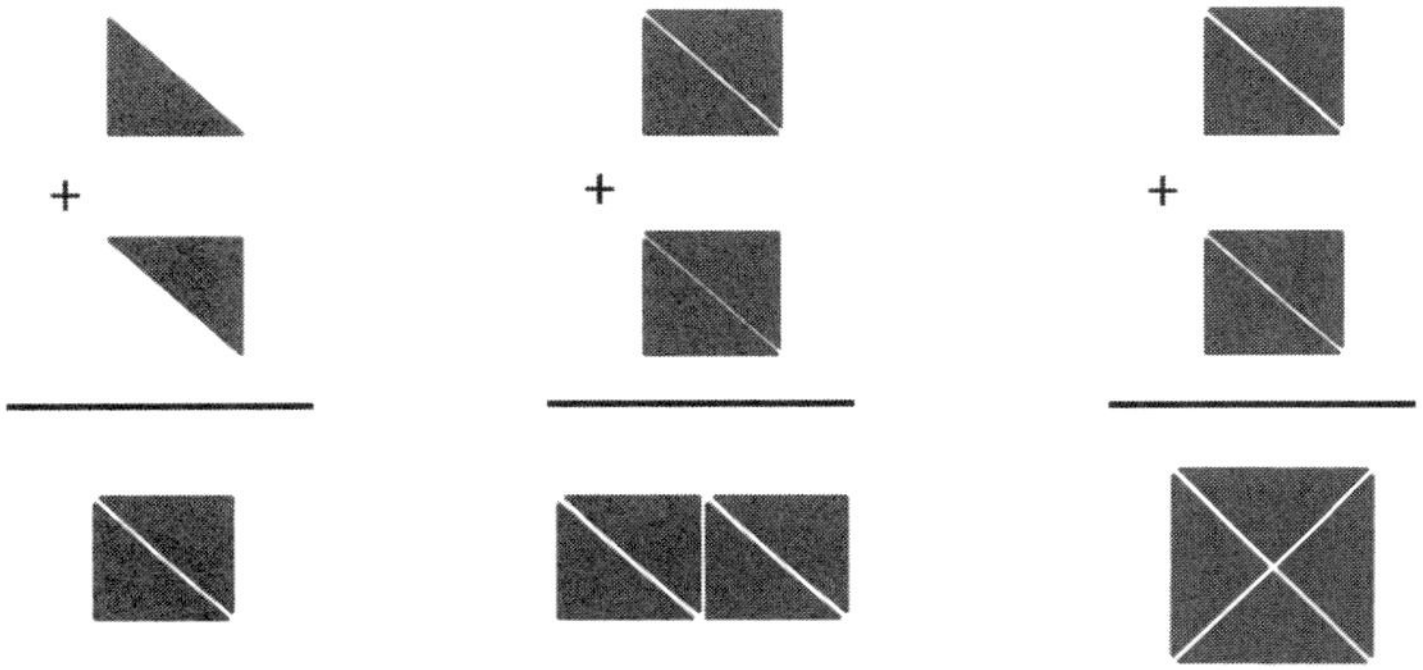

図６　集中モード思考と拡散モード思考の違いが一目で分かる例を挙げよう。三角形を２個組み合わせて１つの正方形をつくる問題は簡単に解けるはずだ（左）。しかし、同じく正方形に形づくる問題でも三角形が２個増えて全部で４個になると、出来上がった正方形を２個並べて長方形にしてしまうかもしれない（中）。これは最初の問題に取りかかったときの集中モードの思考パターンに従ったためだ。問題を解くには直感的な拡散モード思考に移り、右のように４個の三角形をすっかり配列し直す必要がある[19]。

の両方を強化して利用する必要がある。[18]

難しい問題に取り組むときには小学校で教わったように（！）集中モードになってがんばるだろう。しかし、ここが肝心なところで、じつは拡散モードも問題解決で重要な役割を果たしている。ことに難問を解く場合に拡散モードが必要になる。ところが、皮肉にも問題に意識を集中している限り、拡散モードの状態に入ることはない。

大いにうろたえよう！

「学習過程でまごついたり、頭が混乱したりするのは健全なことです。ところが、大学生は数学の問題の解き方がわからないと数学は苦手だと判断しがちです。頭のいい学生は、とくにこういった問題を抱えやすい。高校の勉強は楽勝だったので、問題を解けなくて途方に暮れるのは自然なことであり、必要なこととはとうてい考えないわけです。しかし、学習過程というのは混乱から抜け出し、努力しつつ進んでいく過程に他ならないのです。その際、自分が抱いた疑問にどうはっきり答えるか。これががんばりどころの八〇パーセントを占めます。まごつく原因をつかめば、自ずと疑問にも答えられますよ」。

――ミネソタ大学ツインシティ校化学科特別教授
〔特別教授は卓越した教育活動をたたえる称号〕
ケネス・R・レオポルド

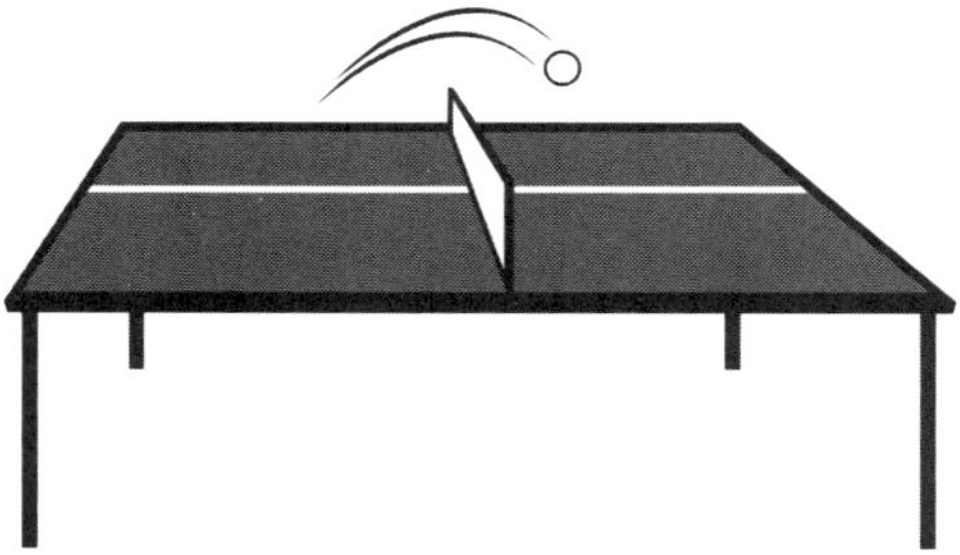

図７　卓球ではボール（思考モード）のやり取りがあって初めて試合は成立し、勝者が決まる。

どの学科でも問題解決の際は集中モードと拡散モードというまるっきり異なる二つの思考モードのやり取りが起こるものだ（図７）。一方の思考モードは受けとった情報を処理し、その結果を他方の思考モードに送り返す。このように情報が行ったり来たりするうちに脳は解決策に向かって徐々に進んでいくため、取るに足らないものを除いてあらゆる問題や概念を理解するには二つの思考モード間の情報の行き来が不可欠だろう。[20] この点は数学や科学の学習にとどまらず、語学や音楽、文芸創作などの科目の学習を考えるときにも非常に参考になる。

やってみよう！

思考モードを切り替える

次の認知訓練課題は、集中モードから拡散モードに転じるときの感覚をつかむのに役立つ。図8の三角形状に並んだコインのうち、三個を移動させるだけで三角形は下向きになる。どのコインをどう動かせばいいだろうか。注意・集中するのをやめて気持ちを楽にすれば、解決策がふと思い浮かびやすい。

この課題は子どものほうが得意で、たちまち答えがわかる。一方、あるインテリ教授は考えあぐねたすえに解くのを諦めてしまった。そこで読者も子ども心を取り戻して問題に取りかかってみよう。コインの問題を含め、コラム「やってみよう!」の難問の答えは本書の巻末の「原註」に載っている。[21]

先延ばしの前置き

物事をずるずると引き延ばす癖を何とかしたいと思っている人は多い。その対処法は後述するとして、さしあたって心に留めておきたいのは、**先延ばしにすればその分、見せかけの集中モードの学習を続けることになる**ということだ。また、面白くなさそうに思える課題をやり遂げなければならないので、ストレスレベルも上がる。先延ばしが続くと神経パターンは不鮮明になり、やがてバラバラになってあっけなく消滅し、ぐらぐらの土台だけが残る。ことに頭を使う数学や科学では、この状態は致命的だ。しかも、先延ばしにしたあげく一夜漬けの試験勉強をしたり、宿題を適当に片づけたりすれば、難しい概念や問題に取り組むときとか学習内容をまとめたりするときなどに役立つ二つの思考モードを身

図８　三角形状に並んだコイン。

につけるための時間が全く取れないのである。

やってみよう！

時間を区切って一心に集中する

やるべきことにさっさと取りかかれる秘訣を挙げよう。まず、邪魔になりそうな音や映像、ウェブサイトを消し、携帯電話の電源を切る。次にタイマーを二五分にセットし、二五分間みっちり課題に集中する。その際、時間内に終えられるだろうかとやきもきする必要はなく、せっせと励む。二五分たったらインターネットのサイトをあちこち見て回ったり、携帯メールなどをチェックしたりと好きなことをして自分に報酬を与える。自分の努力に報いることは、課題に取り組んだことと同程度に重要である。二五分間の集中的作業がいかに実り多いかびっくりするだろう。とりわけ課題を片づけることに専念するのではなく、課題そのものに意識を集中すると好結果を生む。作業時間が二五分間単位の時間管理術を「ポモドーロ・テクニック」という。このテクニックについては第6章「ゾンビだらけ」でも取り上げよう。

二五分間の勉強を一日に少なくとも三回繰り返す。この方法の上級編では、当日に済ませた中で最重要の課題を一日の終わりに思い出し、ノートに書きつける。それから当該課題に取り組む。終了したら、ノートに書き留めた課題に線を引いて消す。

これを月曜日から金曜日まで続けて金曜日の夜に横線が引かれた課題のリストを眺めれば達成感を覚える。次いで、翌土曜日に取りかかりたい課題をいくつか書き出しておく。このようにして下準備を済ませておけば、当日や翌日の拡散モード時に課題のこなし方を考えられるようになる。

ポイントをまとめよう

- 人間の脳は集中モードと拡散モードという全く異なる二つの思考モードを利用している。人は二つの思考モードを交互に切り替えて、どちらか一方の思考モードを使っている。
- なじみのない概念や問題に初めて取り組むときは途方に暮れるのがふつうである。
- 初めての概念を理解したり、問題を解いたりするには、まず最初に集中してみる。次に当該の概念や問題から焦点をそらす必要がある。
- 「構え効果」とは、不完全な取り組み方に執着したために問題を解いたり、概念をのみ込んだりするのに行き詰まってしまうことを指す。集中モードから拡散モードに切り替えれば、この効果を取り除くことができる。構え効果を防ぐためにも柔軟に考えなければならない。ことに問題解決の際に当初思いついた解き方は疑わしいこともあるので、問題を解くには思考モードの切り替えが必要だろう。

ここで一息入れよう

この本を閉じて顔を挙げよう。本章の主要点は何だろうか。思い出すことで要点がしっかり記憶に残るようになる。十分に思い起こせなくとも気にしないように。各章の終わりに設けた「ここで一息入れよう」で試すうちに読み方が変化して、たくさん思い出せるようになる。

学習の質を高めよう

1 拡散モードの状態とはどういうものだろうか。この状態にあるときの感覚は研ぎすまされているだろうか。

2 ある問題について意識して考えているときは集中モードと拡散モードのどちらが活発になり、どちらが妨げられるだろうか。妨害をかわして一方のモードに移るにはどんなことをすればいいだろうか。

3 構え効果を味わったことがある人も、まだ未経験の人も考えてみよう。以前に思いついた、間違った考えに引きずられないようにするにはどうすればいいだろうか。

4 集中モードと拡散モードを懐中電灯の光にたとえて説明してみよう。どちらの思考モードのときに狭い範囲ながら遠くまで物が見え、どちらの思考モードのときに距離は短くなっても広範囲に物が見えるだろうか。

5 先延ばしや先延ばしのすえの一夜漬けが数学や科学を学んでいる人にとって大問題になる理由は何だろうか。

八方塞がりからどう抜け出すか——ある女子学生の場合

「高校二年生のとき『微積分学Ⅰ』を取ったのですが、どう勉強したらいいのかわからないほどお手上げでした。夜遅くまで一生懸命に勉強しても、問題をたくさんこなしても、図書館で調べてもいっこうに身につきません。にっちもさっちも行かなくなり、暗記するしかなかったんです。それでどうにか切り抜けましたが、当然ながらAP（アドバンスト・プレイスメント）試験〔大学一年生レベルの学力があるかどうかを測定する試験〕もうまくいきませんでした。

それから二年間数学を避けていた私が大学二年生のときに改めて微積分学Ⅰを取ったところ、成績評価点は四・〇です〔五段階評価のAに相当〕。頭が急によくなったわけではなく、この科目に対して取り組み方をがらっと変えたんです。高校のときは集中モード思考の『構え効果』にはまって、同じようなやり方で問題に当たるうちに微積分学Ⅰがのみ込めると考えていました。

図９　経済学専攻の大学４年生ナディア・ヌイ－メヒディ。

今アルバイトで数学と科学の家庭教師をしています（図９）。生徒たちの抱える問題は私が高校生だった頃と同じです。解き方の手がかりを見つけようと数学の問題の細かい点に注意を向け、問題そのものを理解しようとしないのです。

考え方は人に教えられるものではなく、自分で身につけていくものと思います。勉強にしても考え方は人それぞれでしょうが、私の場合、次の三つの方法が込み入った概念を理解するのに役立っています。

1　説明を聞くより教材を読んだほうが頭に入りやすいので、必ず教材に目を通します。まず、一章分をざっと読み、その章のポイントをつかんでから熟読します。一章につき少なくとも二回読みます。ただし、立て続けにではなく、内容を思い出しながら再読します。

2 一読しても不明なところがあれば、インターネットで検索したり、該当するビデオがあるかどうかユーチューブの投稿動画を調べたりします。こうするのは教授の講義がわかりにくいからではなく、少し違った言い回しの説明を聞くと別の角度から問題を考えることになり、『あっ、そういうことか』と納得できることが多いためです。

3 いちばん頭が冴えるのは車を運転しているときです。ちょっと休憩して車で走り回ると、考えがはっきりまとまってきます。部屋にこもって考え込んでいると、そのうちに数学の問題などで頭がいっぱいになりますし、飽きてしまったり、気が散ったりして集中できなくなるものです」。

第3章　学ぶこととは創造すること——トマス・エジソンのうたた寝から教わること

トマス・エジソン（一八四七〜一九三一年）は史上まれに見る創造力豊かな発明家だ。生涯になんと一〇〇〇件以上の特許を取った。エジソンの旺盛な創造力を阻めるものは何もなかった。ニュージャージー州のウェスト・オレンジ研究所が失火により焼け落ちても、もっと立派な新研究所を建ててみせると建設計画を熱っぽく語ったものだ。エジソンの並外れた創造力は思考モードを替えられる、後述の一風変わった習慣と関係がある。

集中モードから拡散モードに転じる

集中モードから拡散モードへの移行はごく自然に起こる。たとえば、数学や科学の勉強に一区切りつけて散歩やうたた寝をしたり、ジムで運動したりと気晴らしをしているうちに集中モードから拡散モードへ移っていく。あるいは、音楽を聴いたり、スペイン語の動詞を活用させたり、ペットのハムスターのケージを掃除したりすると集中モードのときとは違う脳部位がかかわることになるため、拡散モードに転じやすい[1]。コツは、脳がとりたてて考えないようになるまで別の作業をすることだ。一般に集中モードから拡散モードに移るには数時間かかる。そんなに時間が取れなければ、奥の手を使おう。別の課題に焦点を切り替えて取り組み、リラックス・タイムをしばし挟むのである。こうすれば、拡散モードの状態に入っていく。

アメリカの心理学者ハワード・グルーバー（一九二二～二〇〇五年）の考えでは、創造力の秘訣は次の三つの「B」のどれか一つを行うことにある。すなわち、ベッド（睡眠）、入浴《バース》、ぼんやり考えることができるバスでの移動である。[2]もちろん、散歩も役立つ。一八〇〇年代半ばに活躍したイギリスの独創的な化学者アレグザンダー・ウィリアムソン（一八二四～一九〇四年）によれば、一人だけの散歩は研究室で過ごす一週間に値し、研究が大いに捗ったという[3]（当時、スマートフォンがなかったことも幸いしただろう）。散歩は多分野で創造力を刺激し、文学界ではイギリスのジェーン・オースティン（一七七五～一八一七年）とチャールズ・ディケンズ（一八一二～一八七〇年）、アメリカのカール・サンドバーグ（一八七八～一九六七年）といった有名作家は長い散歩中にすばらしい着想を得ている。

散歩などをして**当面の問題から注意がそれれば、やがて拡散モードの状態に入って視野が広がり、解決策に至る道を進むことができる。**[4]実際、一休みしてから当面の問題に戻ると解き方がパッと頭に浮かぶのにびっくりするかもしれない。たとえ思いつかなくともゴールはもうすぐだ。

集中モードでの懸命な取り組みがあって初めて味わえるものの、拡散モード時に思いがけず解き方がピンと来たときの感覚は突然のひらめきにそっくりだろう。まるで耳元でささやかれたかのように難問の解き方が直感的にひらめく。その際の何ともいえない快感は数学や科学、さらには芸術や文学などの創造的な分野ならではの醍醐味だ！　しかも、数学や科学では学び始めた当初からきわめて創造的な思考形態を取るのである。

眠りにつく過程では現実感のない、ぼんやりした感覚を覚える。これが発明家エジソンの飛び抜けた創造力の秘密のようだ（図10）。厄介な問題にぶつかるとエジソンは深追いするどころか、一種独特な方法でうたた寝したといわれる。安楽椅子に腰掛けて床に皿を起き、ボールを手に持ったまま目を閉じる。緊張がほぐれるにつれ、考えは何ものにもとらわれない、自由な拡散モード思考に移っていく。うとうとするうちにボールは手から離れて床の皿にぶつかる。ガシャン！　その音で目を覚ましたエジソンは拡散モード思考の断片を拾い集めて新たな取り組み方を練り上げたようである。[5] 解決したい問題や独創的に取り組んでいることがあるとしよう。脳がそれらについて漫然と考えるよう仕向けるには、このように眠りに落ちることが良策になる。

誰でも創造力を育むことができる

トマス・エジソンの創造力は技術や科学の面で花開き、スペインの型破りなシュルレアリスト、サルバドール・ダリ（一九〇四～一九八九年）は芸術面で創造力を発揮した。ダリもエジソンと同じようにうたた寝と手に持った物が床に落ちるときの音を利用して拡散モード時のユニークな視点を手に入れ、創作活動に生かした（図11）。ダリはこのまどろみを「寝ることのない眠り」と呼んでいた。[6]

拡散モードに手伝ってもらえば、深く、独創的に学ぶことができる。何より、数学や科学の問題解決では、創造力が大いに必要になる。一つの問題の解き方は一つしかないと思う人が多い。しかし、創造力があれば、複数の解法が見つかるだろう。現に、ピタゴラスの定理の証明方法は三〇〇種類以上もある。もっとも、創造力は科学的能力や芸術的能力を高めれば自動的に発揮できるというものではない。自分

図10・11　才気あふれる発明家トマス・エジソン（上）はうまい手を使って集中モードから拡散モードに切り替えた。同様の方法はシュルレアリスム（超現実主義）の著名な画家サルバドール・ダリ（下）も利用し、芸術作品を創造した。

の能力を伸ばして利用すべきものが、創造力である。それなのに自分には創造力がないと思う人が大勢いる。事実はその逆で、人は誰でもニューロンとニューロンをつなげてシナプスを形成し、そもそも存在していなかった考えを記憶から引き出すことができる。これこそがカナダのブリティッシュコロンビア大学心理学教授リアン・ガボラらのいう「創造力のなせる魔法」である。[7] 脳機能を理解すれば、思考には創造的な面があると納得できるだろう。

無限に広がる創造力

拡散モード思考が育む創造力や独創力はときに人間の英知を超えているため、拡散的・直感的思考法は精神性や霊性と相性がいいかもしれない。理論物理学の分野で超人的独創性を発揮したドイツ生まれの理論物理学者アルベルト・アインシュタイン（一八七九～一九五五年）はこう述べている。「人生には二通りの生き方しかない。奇跡など何一つ存在しないかのように生きるか、すべてが奇跡であるかのように生きるかである」。

やってみよう！

集中モードから拡散モードへ

次の英文を読んでみよう。間違いはいくつあるだろうか。

Thiss sentence contains threee errors.（この文には三つの間違いがある）

集中モードで取り組めば、Thiss（正しくは This）と threee（正しくは three）がスペルミスだとすぐに気づく。三つ目の逆説的な誤りは、見方を変えて拡散モードを利用すると明らかになる[8]（答えは巻末の「原註」に記載）。

教材内容をしっかり理解するには二つの思考モードを交互に繰り返す

エジソンの物語には創造力の他にも参考になる点がある。数学や科学では失敗から多くを学び取れることである[9]。問題解決の際、ミスを重ねるごとに力がつく。そうと知ったら、間違いを見つけても満足できるのではないだろうか。エジソンはこう書きつけている。「失敗したのではない。うまくいきそうもない方法を一万通り見つけただけだ」[10]。

人はどうしても間違えるものだ。それを防ぐために課題には早めに取りかかり、心から楽しんでいる場合を除いて勉強時間を短めにして休憩を挟もう。本人が一休みしても、拡散モードは陰ながらせっせと働き続ける。これ以上おいしい話はないだろう。何しろのんびりしている間も学習は続くのである。拡散モードの状態に入ったことがないという人は勘違いしている。どんな人でもことさら考えることなくリラックスすれば、そのつど脳機能はアイドリング状態のデフォルト・モードに移っていく[11]。

後述のとおり、拡散モードに難問を任せるには睡眠がいちばん効果的かもしれない。この睡眠と、拡散モード時のゆったりとした、ときには眠り込みそうな状態は似ても似つかない点に注意しよう。拡散モードは登山のベースキャンプのようなものだ。ベースキャンプは山頂までの長くて険しい登山ルートの麓にあり、登山者はここで休憩したり、行程を考えたり、用具一式をチェックしたり、正しいルートを選んだかどうか確認したりする。休憩するといっても、登頂を目指して重労働が続く。言い換えると、**拡散モードさえ利用すればぶらぶらでき、万事順調に運ぶわけではない**。集中モードでは問題に意識を向け（「注意」）、拡散モードでは一転してリラックスすることを交互に繰り返す「分散学習」を数日間や数週間続けてこそ効果が上がる。[12]

何よりもまず問題を理解するには、集中モードの力を借りなければならない。そのためには十分な「注意」が不可欠であり、問題に最大限意識を集めて考える。この種の思考に必要な精神的エネルギーである自制心はたっぷりあるわけではない。[13] エネルギーが少なくなると、数学の勉強は中断して急にフランス語の語彙を覚え始めるというように別の集中型の課題に飛び移るかもしれない。しかし、集中モードが長引くほど精神的エネルギーは乏しくなる。脳のウエイトリフティングを長々と続けているようなもので、エネルギーは枯渇寸前だ。そういうときには集中するのをやめて運動したり、友人と話したりするなど短い休憩を挟んで拡散モードに移ると気分が一新する。

集中モード時に初めての概念をすばやくのみ込んで学習スピードを上げたい人もいるだろう。しかし、運動にたとえると、ウエイトリフティングで立て続けにバーベルを持ち上げても筋肉は太くならない。筋肉を発達させるには、いったん休ませる必要がある。一連のトレーニングの合間に休憩を取るのが、長い目で見ればたくましい筋肉をつける近道である。学習も手堅く続けるのがコツだ！

集中モードの学習後に報酬として拡散モードを利用しよう[14]

拡散モードが働き出す一般的な活動

- ジムなどで運動する
- サッカーやバスケットボールのようなスポーツを楽しむ
- ジョギング、散歩、水泳
- ダンス
- ドライブに出かける（またはドライブに同行する）
- スケッチや油彩、水彩を描く
- 風呂に入ったり、シャワーを浴びたりする
- クラシック音楽やジャズのように歌詞のない音楽を聴く
- 楽器を扱える人はお気に入りの曲を演奏する
- 瞑想やお祈り
- 睡眠（究極の拡散モード状態！）

次の活動は集中モードでがんばった自分への報酬として短時間利用しよう。その後に学習を再開した際の集中度は、前掲の活動の場合より高いかもしれない。

- ビデオゲームをする
- ネットサーフィンをする
- 友人とおしゃべりする
- 簡単な仕事を手伝う

・肩の凝らない本を読む
・友人に携帯メールを送る
・劇場に出かけて映画や演劇を観る
・テレビを観る（テレビをつけたままうたた寝した場合を除く）

秀才と張り合わなくてもいい

数学や科学に手こずり始めた学生がのみ込みの早い人を見れば「負けるな」と自分に言い聞かせ、集中モードで勉強し続けるだろう。しかし、教材内容を完全に習得するには拡散モードの時間を余分に取る必要があるため、そういう人はますます遅れを取ってしまう。一生懸命に勉強したのに不本意な結果に終わる。学生は落胆して数学や科学の勉強から手を引き、これまでの努力を無駄にするかもしれない。

ここは冷静になって学習上の強みと弱みを考えてみよう。数学や科学の学習時間を増やす必要があるなら、時間を捻出することだ。高校生であれば、スケジュールを調整して複数の教材に集中できる時間を確保する。教材の数は、自分がこなせる程度に抑える。大学生の場合は科目を見直そう。とくにアルバイトの学生は骨の折れる科目を取りすぎないようにすれば、数学や科学を勉強するときの負担を軽くすることができる。また、とりわけ大学に入りたての頃は仲間と張り合う気持ちを抑えたほうがいい。こうしてゆっくり時間をかけて勉強し始めると、頭の回転が速いクラスメートより深く学べていることにびっくりするだろう。私自身、脳をつくり直して数学嫌いを克服できたのも、数学や科学の講義を一度にたくさん受けたいという衝動に駆られなかったのが大きい。

構え効果を防ぐ

前章でふれたように、**課題や試験問題に取り組んでいるときに最初に思い浮かんだ考えに固執すると、もっと適切な解き方を発見できなくなる**。この「構え効果」を経験している最中のチェスプレイヤーはいろいろな手を考えながらチェス盤を見ている、と本気で考えている。しかし、目の動きを詳しく調べると、チェスプレイヤーは最初に思いついた指し手に集中していることがわかる。目だけでなく脳自身も当初の解決策から離れがたいために別の取り組み方に気づかないのである。[15]

最近の研究では、瞬きも状況を再検討するのにもってこいの手段となる。目を閉じるとほんのつかの間、注意が解除され、その一瞬、気分がすっきりして意識や見方が一新する。[16] 瞬きすることで集中モード時の視点から離れるため、構え効果を防止できるだろう。その反面、意識的に目を閉じれば、いっそう集中できる。現に、問題の答えを出すことに専念したいときはあらぬ方を見たり、目を閉じたり、覆ったりして気が散らないようにするものだ。[17]

この気が散ることこそ、第2章で取り上げた一三歳のチェスプレイヤー、マグヌス・カールセンの非凡さのゆえんである。カールセンはちょっとした注意散漫がいかに大問題になるか承知し、グランドマスターのガルリ・カスパロフとの試合の途中で立ち上がり、視線と注意を他のチェス盤に向けた。その瞬間、カールセンの心は一足飛びに集中モードを越えただろう。視線と注意を別のところに移すことで集中モードから拡散モードに転じて、拡散モード時の直感が働き出すようにしたのである。このように行動できたのはチェスの専門知識やカールセン自身の直感的練習のおかげだろう。読者も一つの学科の専門知識を増やすうちに集中モードと拡散モードの切り替えをすばやく行うための方法を編み出せるかもしれない。

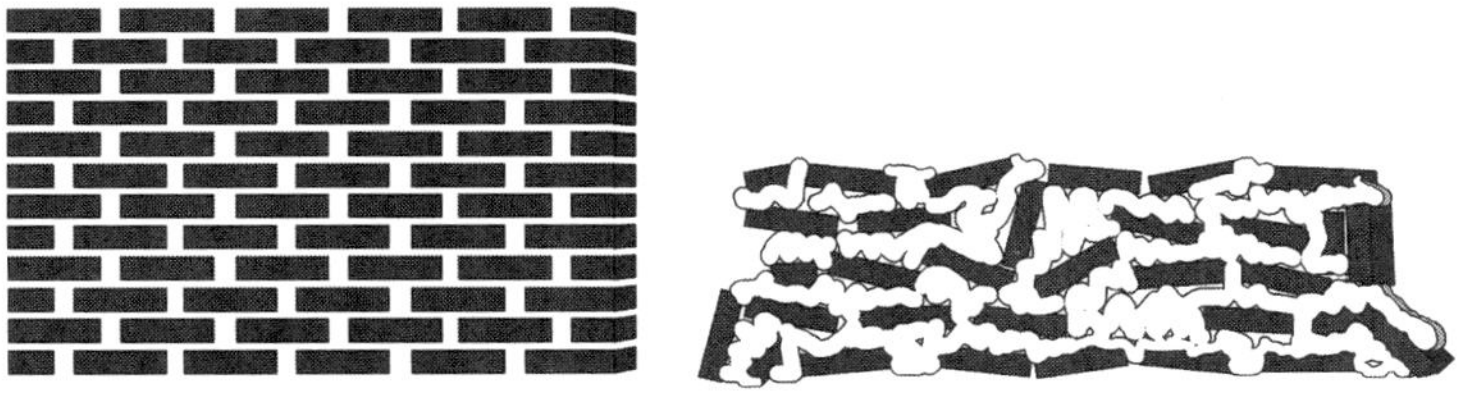

図12　効果的に勉強するには、集中的な学習時間の合間に休憩時間を挟むことだ。その間に神経パターンは強固になる。レンガ塀づくりにたとえていえば、レンガ積みのつなぎに使ったモルタルが乾燥する時間を取ってこそ、しっかりした塀を建てることができる（左）。一方、詰め込み勉強で何もかも覚えようとすると、長期記憶にかかわっている脳領域の神経構造が堅固になる暇がないため、レンガはバラバラに崩れてしまう（右）。

また、カールセンは椅子から勢いよく立ち上がると対戦相手の気が散るとわかっていたはずだ。チェスの試合ではこの程度のかすかな注意散漫でさえ調子を狂わせる。学習でも拡散モードに移って距離を置いて考えるタイミングでない限り、集中的注意は頼りになる。

難問を解いたり、初耳の概念を理解したりするには、必ずといっていいほど本腰を入れて問題に取り組んでいない、休憩時間を挟む必要がある（図12）。こういった中休みを設ければ、やがて拡散モードに移行して別の観点から問題を検討することができる。その後、集中モードに戻って改めて問題に意識を向ける。その際に、拡散モード時に思いついた考えを整理して一つにまとめる。

休憩時間を取ると解き方がひらめく

「趣味でピアノを弾いています。ピアノ歴は一五年になりますが、急速な音が続くパッセージは難しい。何回繰り返しても間違えるし、指をすばやく動かせないのです。それで、その日は練習をやめて翌日もう一度弾いてみると、いっぺんで完璧にできたんですよ。

腹が立つくらい曲者の微積分学の問題を解くときも休憩を挟んでみました。すると、地元の秋祭りに向かう車の中で解き方が頭に浮かんだのです。忘れないうちに急いで紙ナプキンにメモしましたよ！　こういうこともあるので、車に紙ナプキンを常備したほうがいいです」。

――コンピュータサイエンス専攻の大学三年生トレヴァー・ドローズド

集中モードで勉強に精を出す合間に休憩時間を取る。その時間は、脳が目下の問題から完全に離れられる程度がいいだろう。ふつう数時間もあれば拡散モードは十分に作用する。また、前述のとおり、別の課題に取り組んで休憩時間を挟むと拡散モードに入りやすくなるものの、拡散モード時の洞察力はあまり長続きすることはなく、集中モードに戻る頃には弱まってしまうかもしれない。そこで、拡散モード時に思いついた考えはメモしておくといいだろう。さらに、経験則では今まで知らなかった概念を初めて学んだときは、ほったらかしにしないことだ。遅くとも翌日には教材に当たって再確認するなど二四時間以内に手をつけたほうがいい。

拡散モードの恩恵は別の観点から教材内容を考えられるようになるだけではない。拡散モードの状態に入ると、初めて学んだ概念を既得の知識と関連づけながら総合的に扱うことができるようだ。このように新たな視点から物事を見ることができるわけで、重大な決断を下す前に「一晩寝て考える」ことは理にかなっているし、[18] 休暇が必要になる理由にも思い当たる。

集中モードで学習するということは、いわばレンガ塀のレンガを積み上げていくことであり、拡散モードでの学習はレンガをつなぎ合わせるモルタルを乾燥させるようなものだ。こういった集中モードと拡散モードを組み合わせた学習時の緊張を脳が和らげるには多少時間がかかる。そのため、先延ばしにしないで一度に少しずつ、根気よく勉強し続けよう（先延ばしについては第5章「ずるずると引き延ばさない」以降で詳述）。

やってみよう!

拡散モードに替える潮時

怒りや欲求不満をバネにしてうまくいくこともたまにあるが、この二つは学習にかかわっている脳領域の活動を阻害する。勉強中にイライラしたら中断すべき合図と受けとめ、集中モードから拡散モードに移行しよう。

行き詰まったときに試したいこと

拡散モードが働き出すには、集中モードの状態を切り上げなければならない。ところが、**自制心が非常に強い人はこれが何より難しい**。そういう人は他の人なら弱音を吐くところを、自制心を働かせて音《ね》を上げなかった。ついがんばってしまい、拡散モードになかなか切り替えられない人は別の手を使おう。そうとう消耗していると感づいてくれそうな学習仲間や友人、家族に確かめてみるのである。自問しても疲労を認めようとしないかもしれない。他の人の意見であれば、素直に耳を貸すだろう(わが家の決まりでは、私が調子の悪いソフトウェアを使いながら根を詰めて仕事をしていると、夫や子どもが「もうやめよう」と声をかけてくれる。しぶしぶながら、この決まりに従っている)。

問題がどうしても解けなかったり、概念を把握できなかったりしてにっちもさっちも行かないときはクラスメートや仲間、教師に相談して知恵を借りるのが一番だ。どういう観点から問題を解けばいいのか、どんな比喩を考えれば概念をのみ込めるのか尋ねてみよう。もっとも、まず自分で問題に取り組み、基本的な考えを押さえておかないとクラスメートなどの説明を聞いてもピンと来ないだろう。学習とは教材や講義などから吸収した情報を理解することでもあり、理解するためには重要な点をつかんでおく必要がある（私が高校生だった頃、科学がさっぱりわからないのは教師のせいだと考え、授業中に科学教師を睨みつけたものだ。しかし、教師に質問するなど、私こそ真っ先に行動を起こすべきだった）。中間試験や期末試験の間際になって助けを求めるのではなく早めに行動し、納得できるまで何度も質問しよう。相手が教師なら、わかりやすいように別の表現で言い換えたり、説明したりしてくれるだろう。

失敗から学ぶ

「大学一年生レベルのAPコンピュータサイエンスの授業を受けようと決めたのは高校一年生のときです。でも、その年のAPコンピュータサイエンス試験に落ちてしまって。失敗を認めたくなかったので、APコンピュータサイエンスの授業を受けながら翌年に再度挑戦しました。結果は楽勝です。一年ほど遠ざかってから試験でコンピュータ・プログラムを作成してみると、楽しくて仕方がない。プログラミングが本当に好きなんだと改めて気づいたんです。失敗を恐れてAPコンピュータサイエンスの授業も試験も受けるのをやめていたら、今の自分はなかったと思います。現在、大学でコンピュータサイエンスに熱中しています」。

——コンピュータサイエンス専攻の大学二年生カサンドラ・ゴードン

やってみよう!

学習の二律背反

学習には矛盾したところがある。たとえば、使い方次第でインターネットは学習の道具にもなるし、学習能力の足枷《あしかせ》にもなる。問題を解くには集中しなければならないが、集中すると斬新な解き方を思いつきにくい。成功と同じく失敗も重要である。学習では粘り強さは長所となる一方、見当違いの粘り強さはイライラを募らせる。

この本を読むうちに学習のさまざまな矛盾点に気づくだろう。現時点では何が思い当たるだろうか。

知っておきたい記憶システム——作動記憶と長期記憶

学習と記憶は切っても切れない関係にある。ここでは「作動記憶」と「長期記憶」という二つの重要な記憶システムを取り上げよう。[19]

作動記憶は短期記憶の一種で、人が意図を持って何かを行う際の情報を一時的に保持しながら別の情報を処理することができる。作動記憶が一度に保てる項目は七個程度と思われていたが、現在の定説ではせいぜい四個ほどの情報のまとまり(チャンク)を保ち続ける。とはいえ、人は記憶項目を自動的にチャンクにして分類するため、作動記憶の容量はもっと大きいかもしれない。[20]

ジャグリングをイメージしながら作動記憶の特徴を考えてみよう。図13で空中に作動記憶の項目が四個

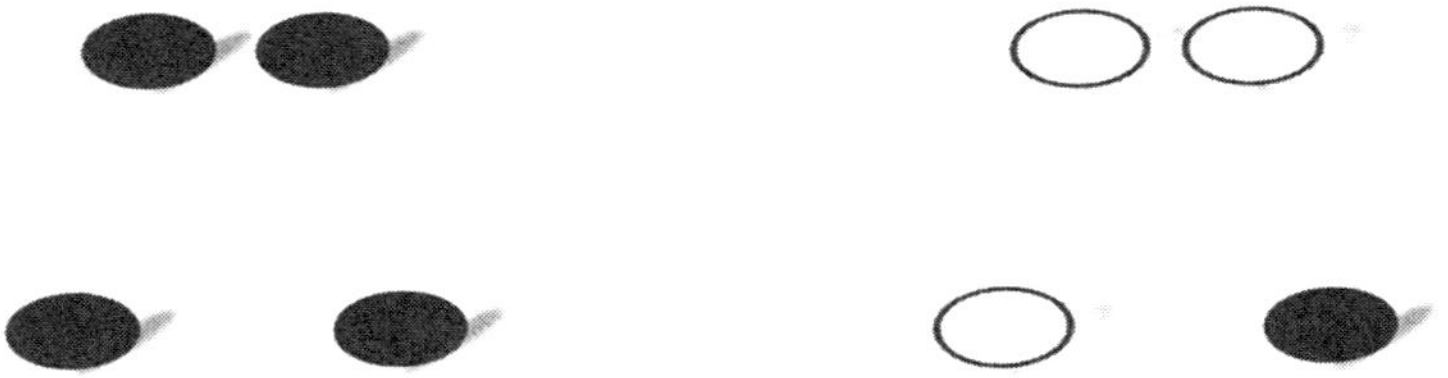

図13　作動記憶が一度に保持できる項目は4個程度だ（左）。しかし、数学や科学の概念や問題の解き方をのみ込めれば、作動記憶に空きができる。おかげで作動記憶は別の概念などに取り組みやすくなる（右）。

しかないのは、エネルギーをたえず補給しなければならないためだ。エネルギーが足りなくなると、自然な代謝過程で「代謝の吸血鬼」が現れて記憶を吸い取り、やがて記憶は消滅する。実際、ときどき思い出したりして四項目を保持しない限り、体は記憶にかかわる脳領域以外のところにエネルギーを回すため、本人はせっかく取り入れた情報を忘れることになる。

作動記憶は頭の中にある自分専用の黒板のようなものだ。数学や科学を勉強しているときに思いついた考えや理解したい概念をこの黒板にさっと書き留めることができる。

では、どうすれば情報を作動記憶に保っておくことができるだろうか。電話番号を覚えるときに何度も口に出していうように復唱したり、記憶した情報を頭の中で繰り返し考えたり、ノートを読み直して要点を確認したりする「リハーサル」が一般的な方法だ。リハーサルに集中するときには他の項目が作動記憶の四つの穴に侵入しないよう目を閉じるかもしれない。

記憶が長続きしない作動記憶とは対照的に、**長期記憶は貯蔵庫と考えることができる。**覚え込んだ項目がいったん貯蔵庫に入ると、たいていそこにとどまる。貯蔵庫は無数の項目が収まるほど広い。その分、貯蔵品は埋没しやすいので、なかなか取り出せない。最近の研究では、長期記憶に入った一つの情報を数回思い出して復習するということをしないと必要なときに当の情報を発見しにくくなる[21]（コンピュータにたとえると、短期記憶は随時書き込み読み出しメモリ「RAM《ラム》」に、長期記憶は大容量のハードディスクドライブに当たる）。

問題解決に必要な基本概念や基礎的技術を長期記憶に蓄えておけば、数学や科学の学習で大いに役立つ。もっとも、情報を作動記憶から長期記憶に移すには時間がかかるため、「間隔反復」という方法を利用して情報を長期記憶にスムーズに移行させよう。間隔反復では今まで知らなかった問題の解き方や外国語の単語など覚えておきたいことを数日間にわたって繰り返し練習するが、間隔反復という名のとおり、この反復の間隔を徐々に空けていくことで練習期間を延ばす。ひとしきり反復した後に一日、間を置いてから再び反復して練習期間を延ばすだけでも差がつくだろう（間隔反復については第11章「記憶力アップの秘訣」で詳述）。

ある研究では、急場しのぎに一晩に二〇回反復して解法を覚えようとしても、数日間か数週間かけて二〇回反復した場合ほど記憶に残らない。[22] これはレンガ塀を建てるときのやっつけ仕事のようなものであり、レンガをつなぐモルタルの乾燥時間（シナプス結合強化を図る時間）を省けば立派な塀に仕上がらない。

やってみよう！

拡散モードは人知れず働き続ける

今度手強い問題にぶつかったときは、数分間は一生懸命に集中し、どうにもならなくなったらやさしい問題に移ろう。このようにして別の問題に注意を転じると、拡散モードが働き出してひそかに難問に取りかかる。おかげで再度、難問に挑戦すると思いの外、作業が捗るものだ。

うたた寝のコツ

「うたた寝や昼寝ができないという人には、私がだいぶ前にヨガ教室で習った呼吸法がお勧めです。うとうとするには、ゆっくり息を吸ってゆっくり息を吐くこと。これを繰り返せばいいのです。そのとき『眠らなくては』と思わないで『寝る時間』と考え、呼吸に意識を集中するのがコツです。部屋を暗くしたり、アイマスクをかけたりするのもいいですね。また、長い間眠り続けると、うたた寝の効果が薄れて頭がぼうっとしてきますから、私は携帯電話の『アラーム』(目覚まし時計)を二一分にセットしています。二一分間のうたた寝で認知的にリセットされるんです」。

――通信社を通じて記事が同時掲載されるコラムニスト・うたた寝の第一人者エイミー・アルコン

睡眠のすごい効果

目が覚めている状態にあるだけで脳内に有害な老廃物が蓄積される。何ともぞっとする話だが、幸い、就寝中に脳は大掃除を始める。寝ている間に脳細胞は縮むため、脳脊髄液がスムーズに循環し、日中にたまった毒素(代謝産物)を押し流して排出するのである。[23] これにより脳の状態を良好に保つことができる。睡眠不足になると考えがまとまらないのは、脳内に有害な老廃物が蓄積されるためでもある(睡眠不足はアルツハイマー病や鬱病などの病気と密接に関係し、長期不眠は命取りになる)。

睡眠は記憶や学習の面でも重要だ。[24] 就寝中の脳の大掃除の間、些細な記憶は消去され、大切な記憶は強化される。また、日中に難問に取り組んでいれば、睡眠中に脳はそのときの神経パターンを再現して問題を繰り返し練習し、当の神経パターンがしっかり根づくようにする。[25]

さらに、睡眠は難問解決能力に差をつける。睡眠は究極の拡散モードの状態であり、前頭前野皮質に宿る「自分という意識」は全く不活発になる。おかげで、他の脳領域は自由に相談し合って懸案の問題の解き方をまとめることができるのかもしれない[26]（そうなるには、初めに集中モードで問題に取り組む必要があるのはいうまでもない）。

夢も学習と関係がある。たとえば、就寝やうたた寝の直前に教材の問題を繰り返し練習すると、同じ問題を夢に見やすいようだ。さらに一歩進めて教材の問題が夢に出てくるよう念じれば、その実現の可能性はいっそう高くなる[27]。このようにして勉強中の問題を夢に見ると、記憶したことがわかりやすいチャンクに整理されるためか、理解力は概してよくなる[28]。

夜になって疲れたら勉強をやめて寝ることにし、翌朝は少し早めに起きて教材に目を通してみよう。内容が頭に入りやすいはずだ。脳は一晩休んで元気を回復している。そんなリフレッシュした脳を使う一時間の熟読は、疲れが取れない脳を使う三時間の熟読に勝るのである。この点は経験豊富な学習者なら覚えがあることだ。寝足りないと、脳は通常の思考過程のようにニューロンとニューロンをつなげることができない。そのため、たとえ試験前日の徹夜で準備万端整ったとしても、寝不足の脳はちゃんと機能することができないわけで試験は不満足な結果に終わるだろう。

集中・拡散モードの切り替えは文系の勉強でも役立つ

二つの思考モードを利用した取り組み方は、さまざまなスポーツや数学・科学以外の学問分野でも有益だ。英語学専攻の大学四年生ポール・シュワルブはいう。「問題にぶつかったらベッドに横になってノートを開き、うとうとするまで考えを書きつけたり、目が覚めるとすぐにメモを取ったりします。中にはつまらない思いつきもありますが、こう見ればいいんだと別の観点から問題を検討することができますよ」。

ポイントをまとめよう

- 創造的になる秘訣は一心に集中してから、くつろいだ白昼夢のような拡散モードに切り替えることにある。
- 数学や科学の概念や問題に取り組むときは、まず集中モードを利用する。
- 集中モードで勉強に専念した後は肩の力を抜いて拡散モードに移り、散歩でもしよう！
- イライラし始めたら関心を切り替える。こうすれば、拡散モードが陰ながら働き始める。
- 数学や科学の勉強は毎日少しずつ行うのが一番である。それにより時間的余裕が生まれ、集中モードと拡散モードは思う存分事を進めるため、本人は概念などがよくわかるようになる。このようにして堅固な神経構造が築かれる。
- 主な記憶システムには次の二つがある。
  - 作動記憶――一度に扱える玉（項目）が四個に限られているジャグラーのようなもの。
  - 長期記憶――大量の教材を収納できる貯蔵庫のようなものだが、記憶したことを利用できるようにしておくには、ときどき思い出して復習しなければならない。
- 覚え込んだ項目を作動記憶から長期記憶に移すには間隔反復が役立つ。
- 睡眠を取ることも学習過程の一つと考えよう。睡眠の利点は次のとおりだ。
  - 睡眠は通常の思考過程で必要な神経結合〔ニューロン間の結合〕を形成するため、とくに試験前夜は睡眠不足に注意する。

・睡眠を十分に取ることで難問解決能力が向上する。
・日中に取り組んだ問題を練習したり、些末な記憶を取り除いて大切な記憶を強化したりすることができる。

ここで一息入れよう

椅子から立ち上がって少し休憩しよう。水を飲んだり、何か軽くつまんだり、電子になったつもりでテーブルの周りをぐるぐる回ったりするのもいい。移動しながら本章の主要点を思い出してみよう。

学習の質を高めよう

1 集中モードから拡散モードに切り替えるのに試してみたいと思った活動は何だろうか。

2 実際には大した方法ではないのに、数学や科学の問題の画期的分析法を探り出したと確信したことがあるかもしれない。自分の思考過程にもっと気をつけて別の可能性も考慮できるようになるにはどうすればいいだろうか。学習ではそういった可能性に気づく状態をつねに保つべきだろうか。

3 勉強を中断するときも自制心を働かせたほうがいい人とは？ また、学習以外のことでは、どういうときに自制して区切りをつけなければならないだろうか。

4 未知の概念を学んだときは忘れないよう遅くとも翌日には教材に当たって調べたほうがいい。しかし、往々にして他の問題に気を取られるものなので、こういった見直しを数日ほど延ばしがちだ。では、

図 14　ロバート・M・ビルダー教授の「とにかくやってみよう！」の一例。ハワイはオアフ島東端のマカプウの海に飛び込む。

重要な概念をタイミングよく調べるようにするには、どのような行動計画を立てればいいだろうか（拡散モード時に自由に発想してみよう）。

ある神経心理学者の創造的になる秘訣

カリフォルニア大学ロサンジェルス校精神医学教授ロバート・M・ビルダーは同大学付属テネンバウム創造性生物学センター長を兼任している他、「マインド・ウェル」というプログラムを監督している。このプログラムの狙いは、カリフォルニア大学ロサンジェルス校の学生や教職員が創造力を発揮して業績を挙げたり、精神的健康が増進したりすることにある。ビルダー教授が創造力を育んで成功する秘訣を教えてくれる。

われわれのセンターの研究では、数種類程度の材料（要素）を使えば誰でも「成功のレシピ」を練り上げることができます。一番目の要素は世界的スポーツメーカー、ナイキのスローガン「とにかくやってみよう！」です。他の要素も挙げてみましょう。

• 創造力は当たり番号を選ぶ「数当て賭博」のようなもので、数が判断材料になります。実際、生涯にどれほど独創的な作品を生み出すかは作品の数から予想がつきます。裏返していえば、創作力が旺盛な人とか数をこなして練習する人などは新しいものをつくり出せるでしょうね。作品がある程度まとまったら、他の人に評価してもらうことです。私自身、何も好き好んでつらい思いをしなくてもいいと考えるときもありますが、後でふれるように作品を展示すると得るものは多いのです。

• 創造的になるには恐怖心にうまく対処することです。交流サイト最大手フェイスブックの本社での講演後に受けとった、やる気を起こすポスターにはこう書かれていました。「怖くなければ何をやってみたいか」。このポスターを毎日眺めては恐れずに行動しようと心を決めています。恐ろしいからと立ちすくんでいては駄目なんです！

• やり直しはつきものだと考えてください。やり方が気に入らなければ、もう一度挑戦すればいいんですよ！

• 批評されれば人は上達するものです。人前にさらけ出して作品を客観化すれば、自作を念入りに調べられる他、批評してくれる人のユニークな視点や考えを知ることで次の制作プランを練ることもできます。

• 取っつきにくいと思われようが、気にしないことです。創造力と「人当たりのよさ」の程度は負の相関関係にあり、非常に気難しい人とか迎合しない人などはたいてい創意に富んでいます。われながら斬新だと思った作品は、芸術とはこういうものだという既存の回答に疑問を抱いて創作したものです。このように創造的なやり方というのは、問題の根っこをむき出しにして自分や他の人が前提としていることを疑問視する。そのうえでやり直すことだと思いますよ！

第4章 情報はチャンクにして記憶し、実力がついたと錯覚しない

——チャンクが増えれば「直感」が働き出す

上司の目には部下のソロモン・シェレシェフスキー（一八九二〜一九五八年）は怠惰に映った。ソロモンは新聞記者だが、一九二〇年代半ばの旧ソ連の記者であるからには、命じたとおりに報道しなければならなかった。その日の仕事は毎朝、上司の編集長が発表した。誰と会って何を話し、どんな情報を手に入れるか……。記者はいっせいにメモを取り始めた。一人ソロモンを除いて。上司はいぶかしんだ。一体、何をぼんやりしているんだ。

驚いたのはソロモンのほうだ。耳にしたことはすべて思い出せるというのに、なぜメモしなければならないのか。そう答えると、ソロモンは先ほどの上司の指示を正確にそのまま繰り返した。ソロモンはてっきり誰もが自分のような記憶力を持っていると思い込んでいた。完璧な記憶力、いつまでも残る記憶[1]……。

ずば抜けた記憶力を持ちたいかと問われれば、少し躊躇するのではないだろうか。事実、並外れた記憶力ゆえにソロモンはある問題を抱えていた。本章では理解力と記憶力の関係を含めて情報を「チャンク」にするコツや、わかったような錯覚が起こりやすい学習法を取り上げよう。

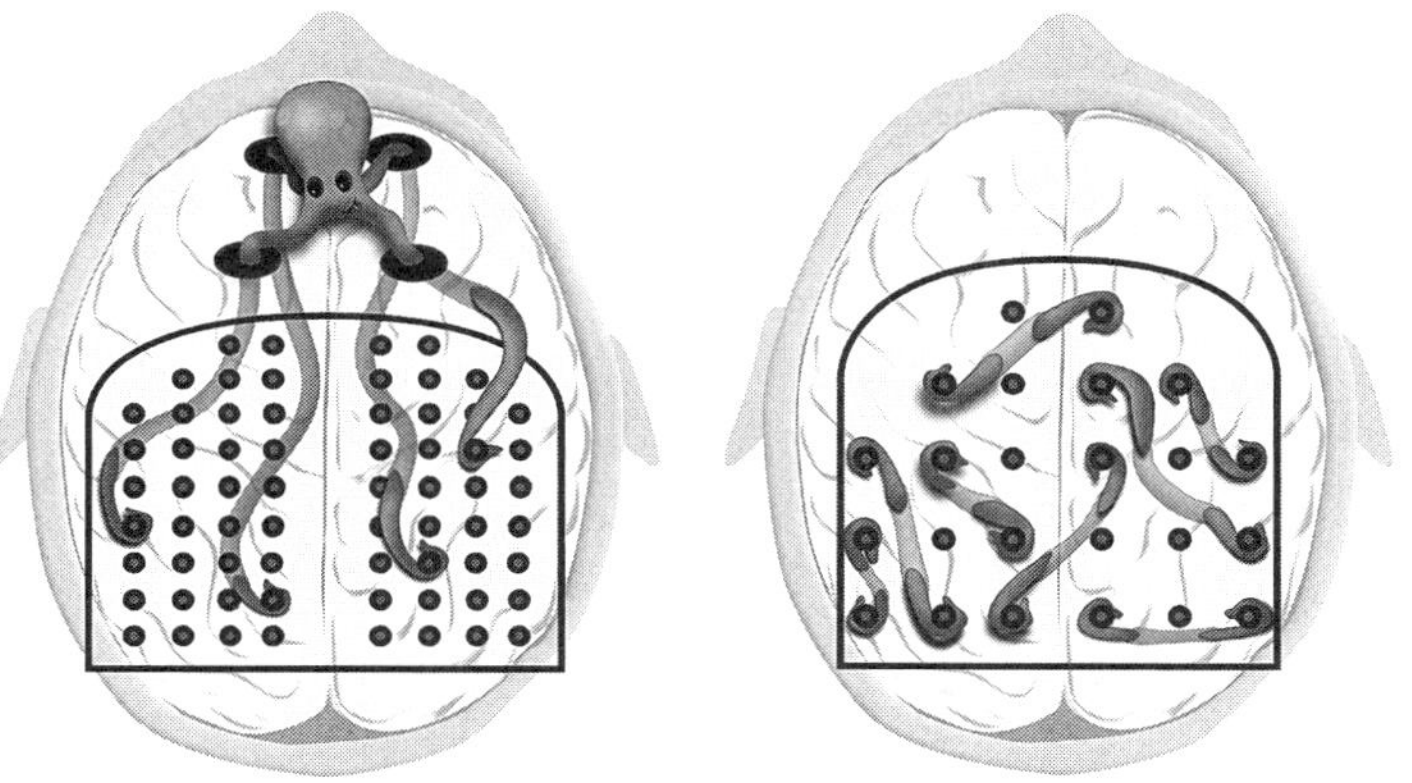

図15　問題に注意を集中させると、「注意のタコ」が作動記憶の４つの穴から腕を伸ばして脳の中にあるピンボールの密集したバンパーをつなぎ始める（左）。一方、拡散モードではバンパーが立て込んでいないため、奇想天外な接続が起こり得る（右）。

注意を集中させると何が起こるか

数学の問題に注意を集中させて解こうとしても一つの考えにこだわると、もっとよい解き方が思い浮かばなくなる（「構え効果」）。このように集中的注意は別の解き方に気づく能力を阻害するものの、問題解決に役立つことが多い。

人が何かに注意を向けると「注意のタコ」が現れ、腕を伸ばしてさまざまな脳部位をつなぎ始める（図15）。本人が物の形に注目すれば、タコの腕は感覚情報の中継点である視床から後方の視覚中枢のある後頭葉に伸びたり、大脳皮質のしわの寄った表面に伸びたりする。結果、その人は物が球形だとピンと来る。物の色に注意を向ければ、後頭葉に伸びたタコの腕が少し動くので、目の前の物が赤いリンゴとわかり、かぶりつく。ああ、おいしーい！

集中モードの学習では、前記のように注意を集中させて脳部位を接続することが重要になる。しかし、悩み事や心配事、腹立たしいことがあると「注意のタコ」は腕をあちこちに伸ばせなくなるため、頭の回転が鈍くなったように思えるものだ。[2]

語学学習では、集中的練習や反復が鍵となる。スペイン語を話す家族の子どもなら、ひとりでにスペイン語を覚える。母親が「ママ」といえば、子どもはおうむ返しに「ママ」と答える。そのとき子どもの脳内ではニューロンがインパルスを立て続けに発射して接続し合い、光り輝く閉回路を形成して「ママ」という音声と母親の笑顔を結びつける。こうして子どもはスペイン語の「ママ」を覚える。きらめく閉回路は、子どもの学習時に脳内に残った物理的痕跡「記憶痕跡」の一つである。

大人が外国語会話を効率よく習うには、反復や暗記、語法の勉強などを集中的に行う系統立った練習とネイティブスピーカーとの拡散モード的な自由討論を組み合わせたプログラムが最適だろう（私がロシア語を学んだアメリカ国防総省外国語学校〔DLI〕のプログラムが一例）。こういった語学学習プログラムを実践すれば、基本語や基本文型が記憶に深くとどまるため、母語のように外国語を思いどおりに操れるかもしれない。[3]

集中的練習や反復は記憶痕跡をつくり出すので、語学学習に限らず料理長のようにオムレツを上手にひっくり返したり、ゴルフのストロークやバスケットボールのフリースローの腕を上げたりするときにも必要になる。バレエを含むダンスでは幼児のぎごちないピルエット（つま先旋回）とプロの優美な演技には雲泥の開きがあるものの、専門技術・知識は少しずつ身につけていくものだ。フリースピンやヒールターン、キックを一つずつ覚えていけば、やがて一連の振付けを独創的に解釈できるようになる。

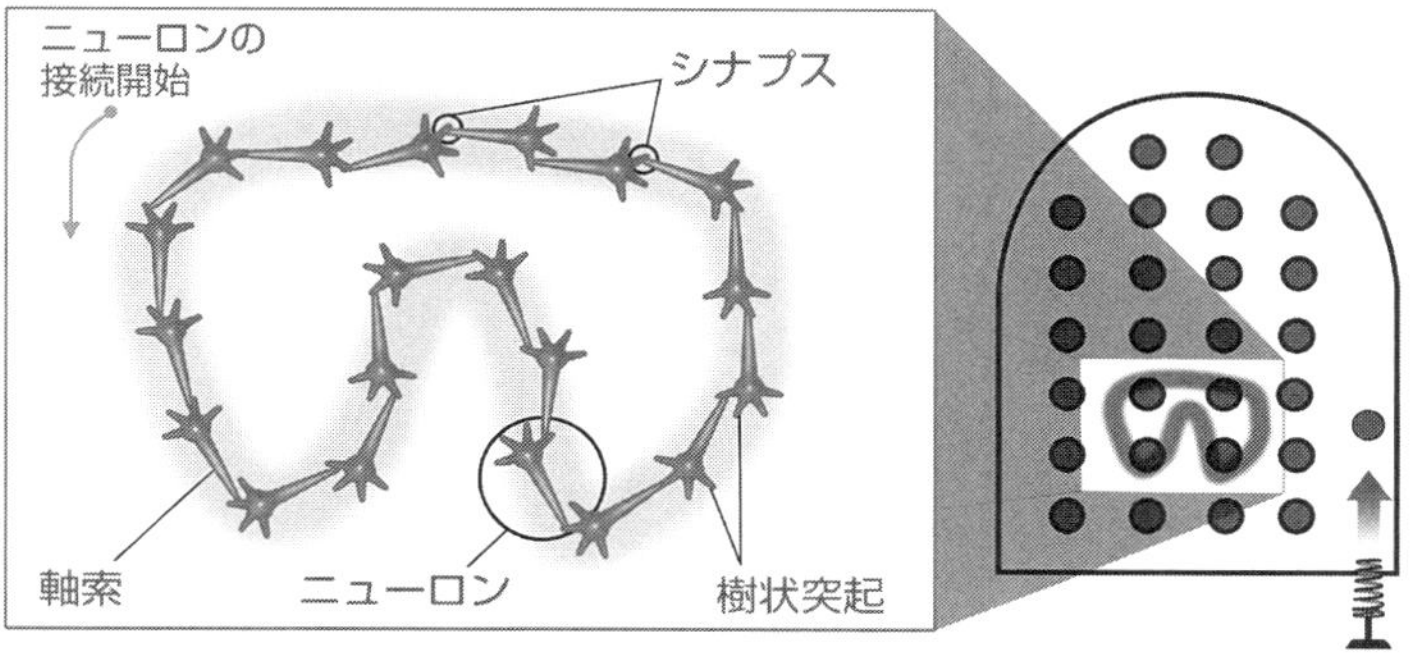

図16　左は、情報のまとまり「チャンク」ができたときの神経パターンを表している。ニューロンがインパルスを立て続けに発射して接続し合い、閉回路を形成している。右は閉回路を脳の中のピンボールに置き換えたもの。このような閉回路（記憶痕跡）であれば、必要なときに情報をさっと思い出すことができる。

チャンクとは何か——抜群の記憶力の持ち主の悩み

前述の旧ソ連の新聞記者ソロモン・シェレシェフスキーの桁外れの記憶力には、意外な欠点があった。脳内の記憶痕跡に含まれた情報はどれも非常に生き生きとして喜怒哀楽の感情を引き起こすため、ソロモンは記憶痕跡をまとめて概念の**チャンク**にすることができなかったのである。いわば、一本一本の木のイメージが鮮やかすぎて森が見えない状態だった。

「チャンク」とは、一見バラバラの情報を意味や類似性などの点から結びつけた情報のまとまりを指す。たとえば、アルファベットの*p*と*o*と*p*をつなげて概念のチャンク*pop*をつくれば、「ポピュラー音楽」の意味を持たせることができるので覚えやすいし、必要なときに楽に思い出すこともできる（図16）。このようにチャンキング（チャンクにすること）は、扱いにくいコンピュータ・ファイルを圧縮ファイルに変換するのに似ている。*pop*のチャンクは単純な一例ながら、チャンキングは脳の複雑な神経活動の所産でもある。ニューロンは協力し合って働き、思考が要約された、抽象的なチャンクにまとめ上げている。こういった神経活動が科学研究や芸術活動を支えている。

込み入った概念でもチャンクにすることができるだろうか。一つ例を挙げよう。一九〇〇年代初めにドイツの気象学者・地球物理学者アルフレート・ロータル・ヴェーゲナー（一八八〇〜一九三〇年）は大陸移動説を発表した。自身の研究やグリーンランド探検の成果をふまえて地図を分析したところ、ユーラシアやアフリカなどの大陸がジグソーパズルのピースのようにぴったりはまることに気づいた。そうして地続きになった大陸間の岩石や化石も似ている。さらに証拠を集めると、こんなシナリオが明らかになった。ユーラシアなどの大陸は、かつては単一の巨大な大陸を形成していた。ところが、時が移るにつれて大陸は分離して移動し始め、やがて現在の大洋に隔てられた形と配列を取るに至ったのである。なんと大陸が移動するとは！　大発見だ！

しかし、記憶力抜群の旧ソ連の新聞記者ソロモン・シェレシェフスキーが大陸移動説の壮大な物語の本を読んだとしても、大陸移動に関係した記憶痕跡をつなげて概念のチャンクにすることができないため、この説の要点をつかめなかっただろう。

このことからわかるように、**数学や科学の専門知識を身につけるには意味や類似性などを基にバラバラの情報を結びつけて概念のチャンクをつくることが第一歩となる。**[4] 情報をチャンクにすれば、脳はもっと能率的に働き出す。また、勉強中の概念をひとたびチャンクにしてしまえば、要となる考えを把握しているので、些細な点を細かく思い出さずに済む。ちょうど朝の身支度のようなものだ。ふつうは「パジャマからスーツに着替えなくては」とだけ考え、パジャマの脱ぎ方や衣服の着用法などをいちいち思い出すことはない。とはいえ、単純なチャンクを一つつくるときでも複雑な神経活動が伴っている。

では、数学や科学を学ぶ際に、具体的にどのようにチャンクをつくればいいのだろうか。

チャンキングの方法

さまざまな概念や解法手順に関連したチャンクのつくり方は多々あるが、概してやさしい。実際、地質学などの大陸移動説の考えを把握すれば、単純なチャンクを一個つくれるだろう。もっとも、この本は地質学ではなく数学や科学の学習法をテーマとしているので、チャンクは数学や科学の問題を理解して解くことができる能力を証していると考えよう。

今まで習ったことのない問題をどう解けばいいのか。その方法がのみ込めるよう学校教師はたいてい例題を挙げて解き方を説明するものだ。解法つき例題は、真夜中に見知らぬ土地の道を車で走るときに使うカーナビのようなもので、生徒は頭をあまり悩ませずに済む。あとは解法を参考にしながら問題を解くのになぜこの段階やあの段階が必要になるのか、と考えてみる。それがわかれば、問題の特徴や基本的な原則をつかむことができるだろう。

中には安易すぎると考え、解法つき例題や過去問の利用を渋る教師もいるが、生徒が深く学べるようになることを裏づける証拠は多い。[5] ただし、気がかりな点はある。解法つき例題を利用してチャンクを作成する場合、あまりにも簡単にチャンクをつくれるので、段階をふんで問題を解いていく理由やそれぞれの段階がどう関連し合っているのかが軽視されやすいことだ。そこで、私も「いわれたとおりにやればチャンクをつくれる」といった浅はかな方法は控えてガイド役に回ろう。初めての土地を旅するときにガイドがついていれば、周りの状況に注意を向けられるので、やがては単独で目的地を目指すことができるだろ

図17　数学や科学の未知の概念にぶつかったときは、ジグソーパズルのバラバラなピースの如くまるで意味をなさないように思えるかもしれない（左）。その際、概念の理解はもとより、この概念の「状況」を把握することなくただ情報の一部を暗記しても（中）、以前に習った概念やこれから出くわす概念と当の概念はどう関連するのかわからないだろう。別のピース（概念）と組み合わせようとしても、真ん中の図のとおり、ピースに突起がない状態だ。一方、チャンキングの場合は意味や類似性などの点から情報の断片を結びつけることができる（右）。バラバラだったピースが1つにつながったチャンクは思い出しやすいし、この概念のチャンクを学習の全体像の中にわけなくはめ込むことができる。

う。さらには、ガイドから教わらなかった道を見つけ出して目的地に到着できるかもしれない（チャンキングの概要については図17を参照）。

1　**チャンキングの第一段階は、チャンクにしたい基本概念に注意を集中させることである。**[6] そのときにテレビをつけっぱなしにしたり、数分ごとにパソコンの電子メールや携帯メールをチェックしてぼんやり考えたりすると、脳はチャンキングに専念できないので、チャンク作成は困難になる。ある概念を初めて勉強する際は、神経パターンを新たにつくり出し、そのパターンをさまざまな脳領域に散らばった既存のパターンにつないでいく。[7] ところが、既存のパターンのいくつかが別の考え事にかかわっていれば、「注意のタコ」はうまく接続できなくなる。

2　**チャンキングの第二段階は、チャンクにしたい基本概念を理解することだ。** 大陸移動説にしろ、数学の問題にしろ、力は質量に比例することや需要供給の経済原理にしろ、概念の理解に手間取ることはあまりないだろう。何が重要なのかと考え、要点をまとめ上げれば、当の概念が自然に頭に入ってくる。少なくとも集中モード思考と拡散モード思考を繰り返して内容がわかれば、概念を把握することができる。理解できると、概念と関係のある記憶痕跡は瞬間接着剤でくっつけられたように一つにまとまって広がり、他の記憶痕跡とつながる。[8] 概念がのみ込めなかった場合でもチャンクにすることは可能だろうが、以前に習った概念やこれから出くわす概念と比較したりすることはできないので、使いものにならないだろう。

また、問題の解き方がわかったからといって、後々楽に思い出せるようなチャンクをつくれるわけでもない。「こう解けばいいんだ!」と納得したことと、記憶に定着した確たる専門知識を混同しないように!(同様に、大学の講義では何となくわかった概念をその後調べ直さなければ、試験勉強で当の問題に当たってもちんぷんかんぷんだろう)。

3

チャンキングの第三段階は、作成したチャンクの利用法だけでなく、どんなときにそのチャンクを使えるのか確認することである(状況の把握)。このチャンキングの第三段階は、とくに解法のチャンクに当てはまる。広い視野を持って、チャンクにした解法とは無関係な問題や関係のある問題を反復練習すれば、そのチャンクを利用できるときだけでなく、どういう場合に利用できないかが自ずと明らかになる。このようにして状況を把握すると、出来上がったチャンクを学習の全体像の中にはめ込みやすくなる。

問題解決の道具箱に新たに道具(解法のチャンク)を一つ加えても、新しい道具を使わなければ宝の持ち腐れだ。その点、練習することで解法のチャンクとつながった神経回路網は広がり始めるため、

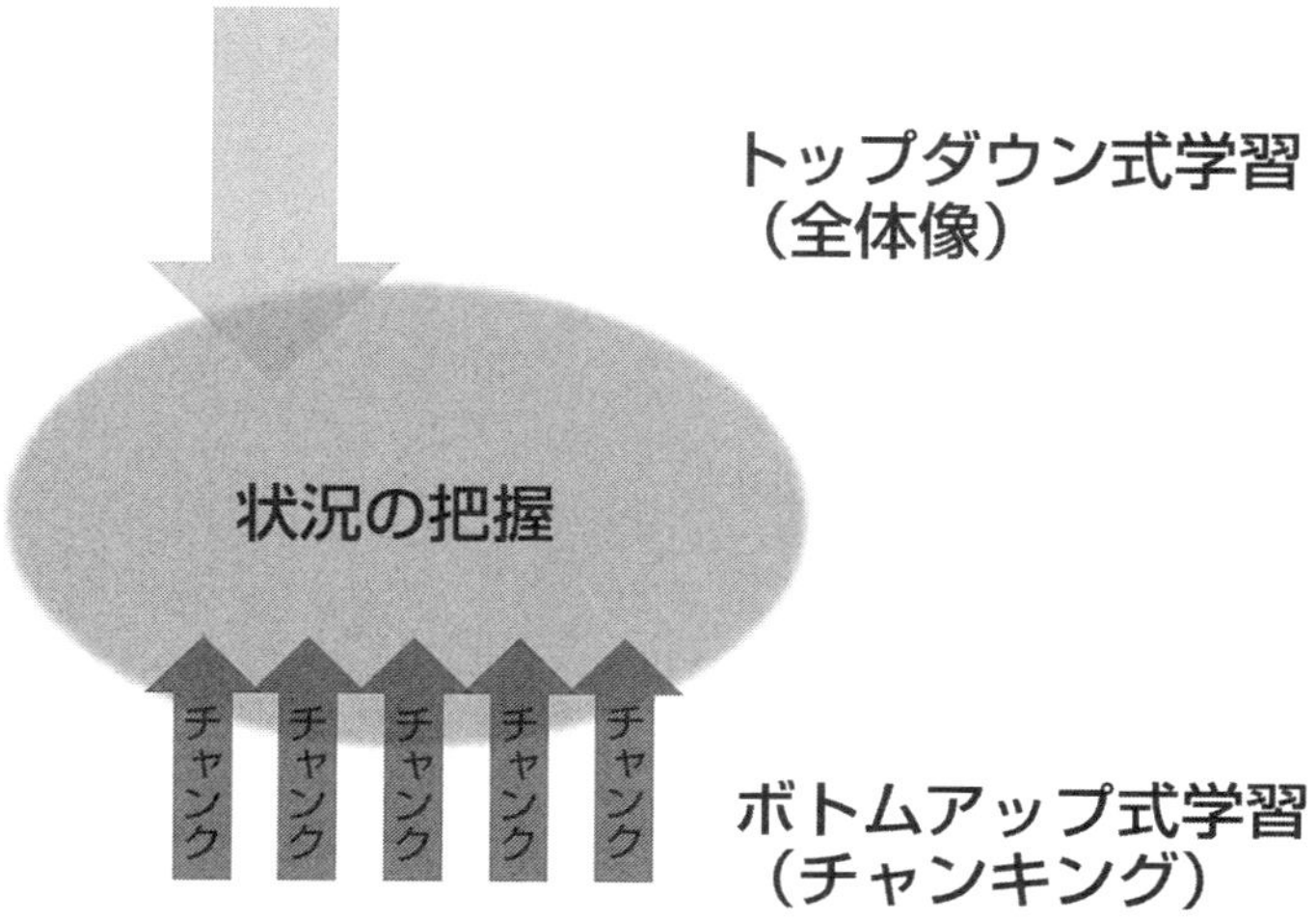

図18　数学や科学の専門知識を身につけるには、ボトムアップ式学習とトップダウン式学習の両方が必要になる。

さまざまな経路から当のチャンクを利用できるようになる。

概念と解法手順の両方に関係したチャンクの場合は、概念と解法手順は互いに補強し合う。現に、数学の問題をたくさん解けば問題解決の考え方がよくわかるようになると同時に、該当する解法手順が効果的な理由をつかむことができる。また、間違えるのは決して悪いことではないものの、基本概念を心得ていれば、ミスを発見しやすくなるし、ひねった問題にぶつかっても基本概念の知識を生かしながら解くことができる（このように以前の学習が後の学習に影響を及ぼす現象のことを「学習転移」という）。

チャンキングに関連した学習法には二通りある（図18）。一つ目のボトムアップ式学習（チャンキング）では、反復練習によりチャンクの作成と強化を図れるので、必要なときにチャンクを利用しやすくなる。二つ目のトップダウン式学習（全体像）では、学習の全体像から見て今はどの段階にあるのかを判断することができる。いずれの学習法も教材内容を習得するうえで重要である。出来上がったチャンクがどんなときに利用できるのか状況を把握することは、チャンキングのボトムアップ式学習と大局的なトップダウン式学習の中間に位置する。

要約すると、チャンキングには一つの解法の利用法を知ることが含まれ、状況把握とはチャンクの中でも解法のチャンクはどんなときに利用できるか知ることを指す。学習の全体像とチャンキングの関係は図19と図20にまとめておこう。

会計学攻略の秘策

「学生にはパソコンのキーボードのタイピングと同じように会計学の基礎をものにしなさい、と言い聞かせています。キーボードで文字を打ち込んでいるときは、ひとりでに指が動きますから、タイプしていると意識することなく考えをまとめていますね。これと同程度に会計学を習得しなさい、といいたいわけです。また、睡眠中に考えがまとまりやすくなりますので、『ベッドに潜り込む直前に複式簿記の借方・貸方のルールと会計等式を調べて反復するように』と必ず念を押しています。もちろん、寝る前に瞑想やお祈りをしない場合に限りますが！」。

——デラウェア大学会計学専任講師デブラ・ガスナー・ドラゴーン

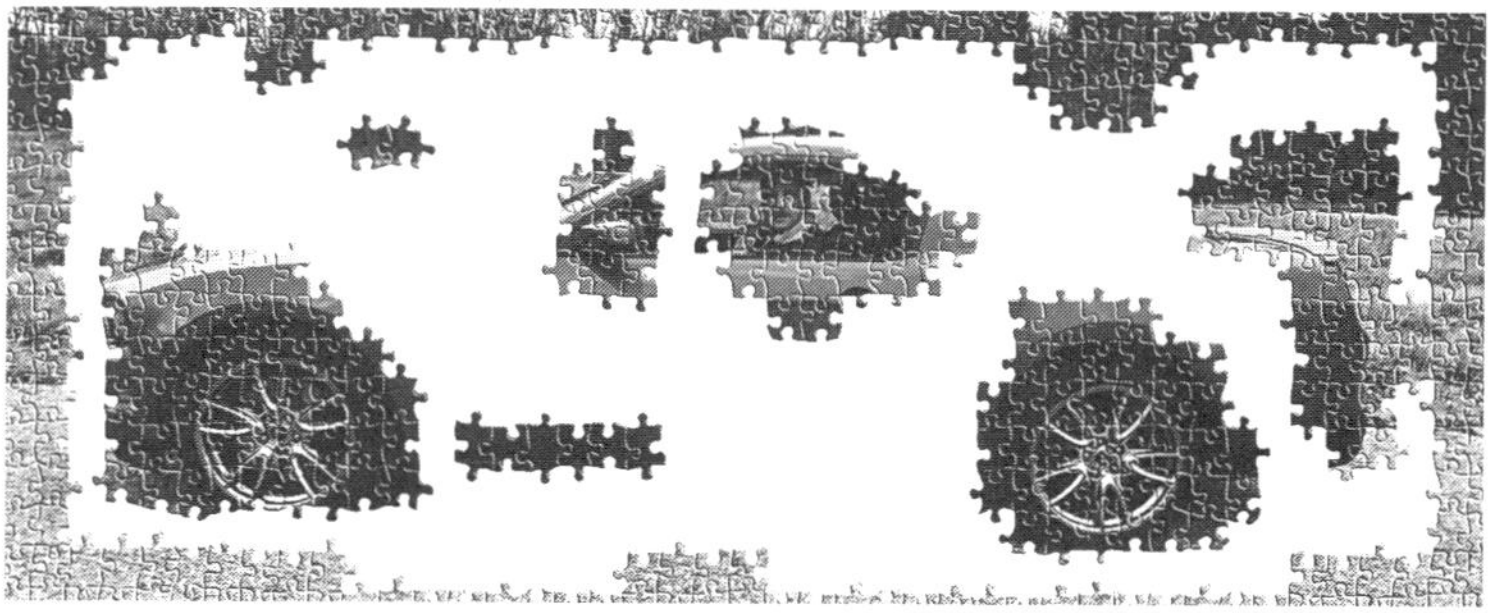

図 19・20　教材の１章分をざっと読んだり、系統立った講義を聴いたりすれば、大まかな全体像を把握できるため、これから作成するチャンクが全体像のどこに収まるかがわかる（上）。チャンクをつくる際は、まず重要な概念や問題の要点をつかもう。この２つは講義や教材の１章分の概要、フローチャート、表、概念地図などの要となっていることが多い。こうして骨子を理解してから細かい点を確認しておく。チャンキングの作業を終えてもジグソーパズルのピースはすべて埋まらないかもしれないが、それでも全体像は見える（下）。

能力があると錯覚しやすい学習法と思い出す練習

教材をたんに読み直すことよりはるかに効果的なのは、その内容や概念など理解したい事柄を思い出すことである。[10] アメリカの心理学者ジェフリー・D・カーピックらの研究では、学習中、大学生の多くは自分には能力があると錯覚している。そういった学生は「さほどためにならないのに教科書やノートを繰返し読んでいる。〔把握できているかどうか自分をテストする〕自己試験や検索練習を取り入れている学生は少数である」。[11] 教材（あるいは、グーグル！）を開いて読み始めると、書かれていることが頭に入ってくるように思えるのは錯覚だ。それでも、教材に目を通すことは内容を思い出すことよりずっと簡単なので、学生は有益とはいいがたい学習法にこだわり続ける。

学びたい意欲があり、実際に勉強時間を多く取っていても、必ずしも望みどおりの結果にならないのは、このようにやり方がまずいせいでもある。イギリスの高名な心理学者で記憶の権威アラン・バドリーのいうとおり、「**勉強しようという意思は、適切な学習法の利用があってこそ役立つ**」のである。[12]

また、下線を引いたり、蛍光ペンでマークしたりするときは慎重にやらないと指の動きにだまされるのか、マークした概念をのみ込めたように勘違いしてしまう。教科書に印をつけるときは重要な概念に的を絞り、マーキングは一つの段落につき一文以下に抑えよう。[13] マーキングより望ましいのは、重要な概念の要点を教科書の余白に書きつけることだ。[14] さらに、数学や科学の宿題の問題は必ず自力で解くようにしたい。巻末に解答や略解が載っている教科書もあるが、答え合わせのときにのみ参照しよう。自分一人の力で問題を解けば、解き方が頭の中に深く根を下ろすので、必要なときに当の情報を利用しやすくなる。教師がテストしたり、宿題の問題を出したりする狙いもここにある。試験や宿題の問題に取り組まざるを得なくなると、いやでも自分の解き方は適切なのかどうか考えるし、どの程度理解しているのか自己判断することもできる。教師のほうは、試験や宿題の問題の結果を判断材料にして学生を指導できるだろう。

前述のとおり、**教材をただ読み直すという受け身の方法ではなく、その内容や重要な概念を思い出すようにすると集中的・効果的に学習することができる**（こういった記憶の効果を「生成効果」という）。教材の読み直しが役立つとすれば、間隔反復のように時間を置いて行う場合に限られるだろう[15]。

思い出す練習、検索練習ではのんきに構えないで、概念にぶつかったつど調べ直したりして知識を補強しておく必要がある。とくに難しい概念を学んだときは、一日以内に再確認したい。大学教授が勧めるのは、概念の講義があった当日の晩に講義ノートを書き直すことだ。これによりチャンクをつくりやすくなるし、よく理解できない点も明らかになる。試験では、そういった学生の弱点を突く問題が出てくるので、きちんと調べよう。

こうして概念をのみ込んで思い出すことを繰り返したら、反復期間の間隔を徐々に広げていく。数週間か数カ月間の間隔を置いていけば、やがて当の概念は半永久的に記憶に残るだろう。たとえば、私が久しぶりにロシアを訪れた際、たちの悪いタクシー運転手に引っかかってしまった。すると、二五年間使うことがなく、覚えていたことさえ忘れていたロシア語の単語が口をついて出てきたのである！

学生と専門家の決定的な違い

「一般的な学生は大学の講義で概念を学びます。これに対して脂の乗った科学者や技術者は、概念を真に物理的な問題に応用できるのです。ふつうの学生が専門家に飛躍できる方法として考えられるのは、たった一つです。道具のように使いこなせるよう概念にしっかり取り組んで知識をわがものにすることですよ」。

図21　概念をチャンクにする前の段階では、作動記憶の４つの穴はすべて塞がれ、思考のリボンは絡まっている（左）。しかし、チャンキングを始めると、概念が頭の中で論理的につながるように感じるはずだ（中）。いったんチャンクにまとまれば、概念は作動記憶の１つの穴しか占拠しないために残りの３つの穴は空になり、思考のリボンはほどけて１本になる（右）。このリボンをたどっていけば、長期記憶に移行したチャンクの概念を難なく利用することができる。長期記憶に移ったチャンクのリボンは、作動記憶の穴が巨大なウェブページ（長期記憶）につながったハイパーリンクであるかのように作動記憶が使える情報の量を増やしているだろう[16]。

――ミネソタ州のマクナリー・スミス音楽大学
音響工学教授トマス・デイ

アプリケーションソフトやプログラムの中には、思い出す練習に役立つものがある。たとえば、「Anki《あんき》」などの優れた設計の電子版単語カード「フラッシュカード・システム」を間隔反復期間に組み込めば、初めての概念などを効率よく覚えることができる。

次に、記憶の面からチャンキングを考えてみよう（図21）。作動記憶が一度に保持できる項目は四個程度だ（図では四つの穴で表している）。

これまで知らなかった概念を初めて習うと、作動記憶の四つの穴はすべて概念に占められ、思考のリボンが絡まったような状態になる（図21の左）。しかし、当の概念を理解して一つのチャンクに要約すると、絡まっていた思考のリボンがほどけて一本になる（図21の右）。それと同時に残りの三つの穴は空になるので、作動記憶は別の情報を処理することができる。出来上がった概念のチャンクは間隔反復などにより長期記憶に移行するが、本人が必要なときはいつでも長期記憶のチャンクのリボンを作動記憶に滑り込ませてそれをたどっていけば、概念を利用することができる。

このようにチャンクを自在に扱えるようになるには、巻末に解答や解法が載った参考書の問題を解くときでも必ず自力で問題解決に当たらなければならない。答えや解き方のページをめくって「そうか、こう解けばいいんだ」と納得したところで解法は脳の神経回路に組み込まれないため、ほとんど身にならない。学習能力の錯覚の最たるものが、答えや解法をちらっと見ただけでのみ込めたと思い込むことである。

やってみよう！

能力の錯覚を実感してみる

eat（食べる）を tea（紅茶）にするように、綴り替えゲーム（アナグラム）では文字を入れ替えて別の意味の語句をつくる。一つ問題を出そう。"Me, radium ace."（私、ラジウムの第一人者）という文句をフランスの著名な物理学者の名字に綴り替えることができるだろうか。[17]

答えを出すには少し考えなければならない。そのうえで答え合わせをして初めて「思ったとおりだ」とか「そうだったのか」などと心から納得できる。しかし、いきなり本書の巻末の「原註」の解答を参照しても「なるほど」と合点が行くので、実際以上に高い能力があると勘違いしやすい。教材を読み直してさえいれば知識が身につく、と思い込んでいる人も多い。このように学習能力を錯覚してしまうのは、教材には答えや解き方がすでに載っているためだ。[18]

試しに、数学や科学の教材から概念を一つ選んで該当するページをじっくり読んでみよう。次に顔を挙げて内容を思い出す。その後、再び教材に当たって概念を読み直してから内容を思い出す。この単純な思い出す練習を繰り返すだけでも、驚くほど概念を理解できるようになる。

教材内容をしっかり身につけて試験で高得点を取ったり、独創的に考えたりしたいなら、情報が記憶に残るようチャンクにする必要がある。[19]チャンクの意外な組み合わせを考えられる能力は直感につながり、世の中を動かす。『イノベーションのアイデアを生み出す七つの法則』（松浦俊輔訳、日経BP社、二〇一三年）の著者でアメリカのノンフィクション作家スティーヴン・ジョンソンの言葉を借りていえば、「長くあたためていた直感」が、イギリスの博物学者チャールズ・ダーウィン（一八〇九～一八八二年）の進化論や世界規模の情報ネットワークであるワールドワイドウェブの誕生のような飛躍的進歩を生み出した。[20]長くあたためていた直感が実を結ぶまでには集中モード思考と拡散モード思考が繰り返されただろう。こういった直感を得る秘訣は、一つの考えを多面的に検討することにある。そのうちにある面は別の面と結びつき、やがて斬新な考えが浮かび上がる。[21]前述のジョンソンによれば、マイクロソフト社の共同創業者ビル・ゲイツなどの産業界のリーダーは一週間の読書で得た情報が糧となり、一時にさまざまなアイディアを思いつくことができたという。そうして心に浮かんだアイディアを取り込みながら独自の革新的な考えを深めていった（補足すると、独創的な科学者と技術的には有能でも創意に富んでいない科学者の決定的な違いは、幅広く関心を持っているかどうかにある）。[22]

チャンキングに話を戻せば、頭の中のチャンク図書館が大きくなるにつれ問題を楽に解けるようになる。そのうえ、チャンキングの経験を積むうちにチャンク自体も大きくなり、思考のリボンは長くなる。もっとも、数学や科学の教材の一章分だけでも大した数に上る概念や問題を一つ残らずチャンクにするのは不可能に思えるかもしれない。そういうときこそ、**セレンディピティの法則**の出番だ。**運命の女神は努力家を好むのである。**[23]

何はともあれ教材に集中し、最初にぶつかった概念や問題なら何でもチャンクにして頭の中の図書館に収めてみる。さらに二回、三回と回を重ねれば、概念や問題のチャンクが図書館にすんなり入っていくようになるだろう。

チャンク図書館をつくるときには特定の問題に限らず、多種多様な問題を扱うように心がけるとどんな問題でもすばやく解く方法がわかるようになる。そのうちに問題解決が容易になる解法パターンに気づき始め、そういえば別の解き方を記憶したことがあると思い出すかもしれない。記憶が曖昧なものを勉強し直すのは簡単なので、早晩そういった解法もチャンク図書館に収めることができる（図22）。

やってみよう！

解き方がわからないとき

受講している講座で取り上げられた方程式の解き方などの方法がどうしてものみ込めないときは、過去にさかのぼってみよう。当の方法を最初に考えついた人や初めて利用した人をインターネットで調べ、出来上がっ

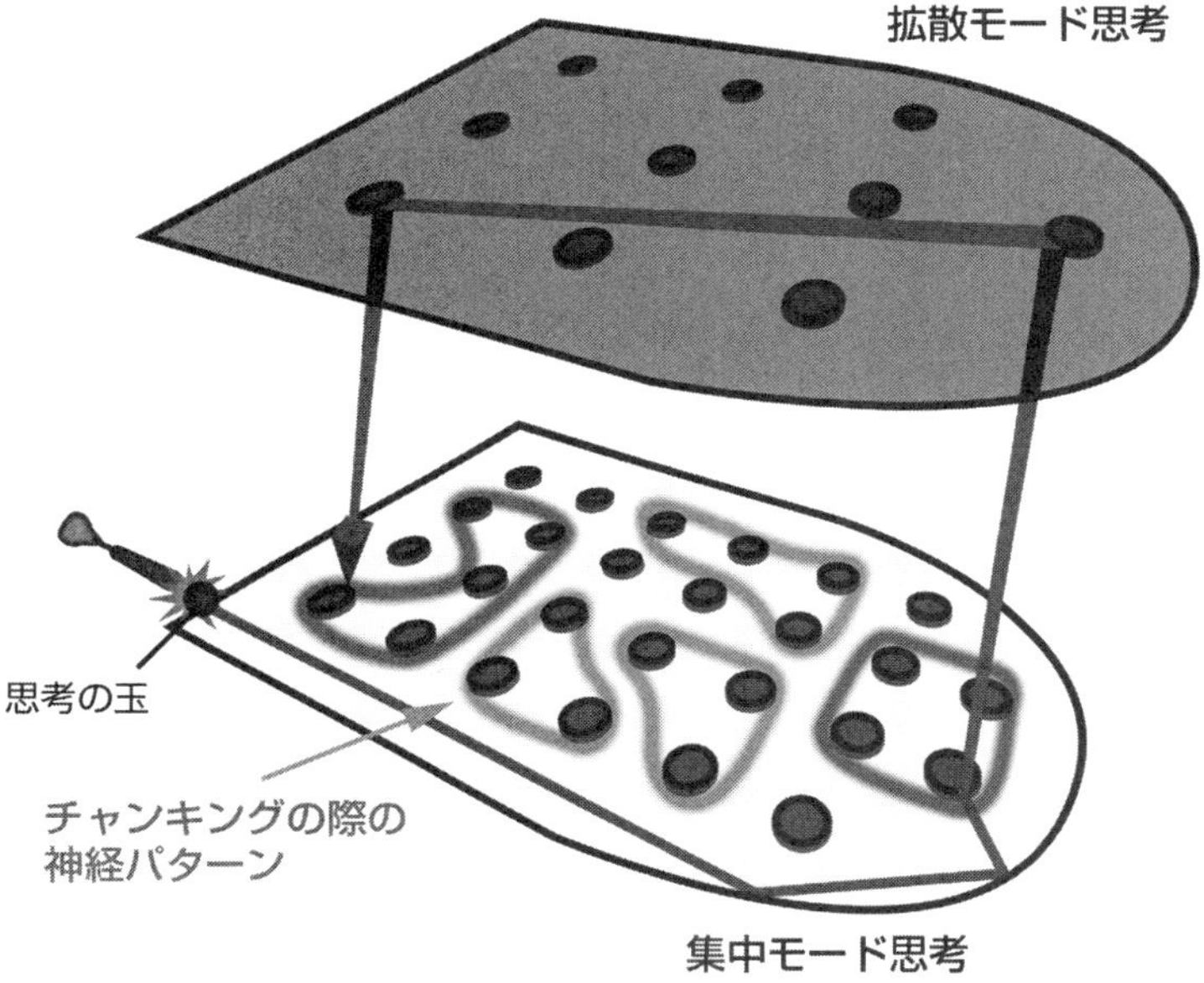

図 22　概念や解法をチャンクにして頭の中の図書館に収めれば、拡散モード時に直感が働いて正しい解き方を思いつきやすくなる。また、拡散モードでひらめいたとおりに複数の解法のチャンクを関連づけてみると、一風変わった問題が解けることもある。

問題解決の方法には逐次的・段階的な推論によるものと包括的な直感によるものの２つがある。前者の逐次的思考では１つ１つの段階を経て解法に至る。このように思考するには集中モードの状態になる必要がある。一方、後者の直感の場合は、集中モード時の種々の考えを拡散モードで独創的に結びつけたときにひらめきやすいようだ。

難問中の難問はなじみのある問題とはかけ離れているので、拡散モード時の直感によって解けることが多い[24]。もっとも、拡散モードではいくぶん手当たり次第に脳部位が接続される。このことを考えると、拡散モードで思いついた解法はその後の集中モード時に検証したほうがいいだろう。直感的洞察力といえども、必ずしも正しいとは限らないので[25]！

た経緯や利用されている理由を探ってみる。中でも、その方法をなぜ理解して使う必要があるのかを簡潔にまとめた資料は役立つ。

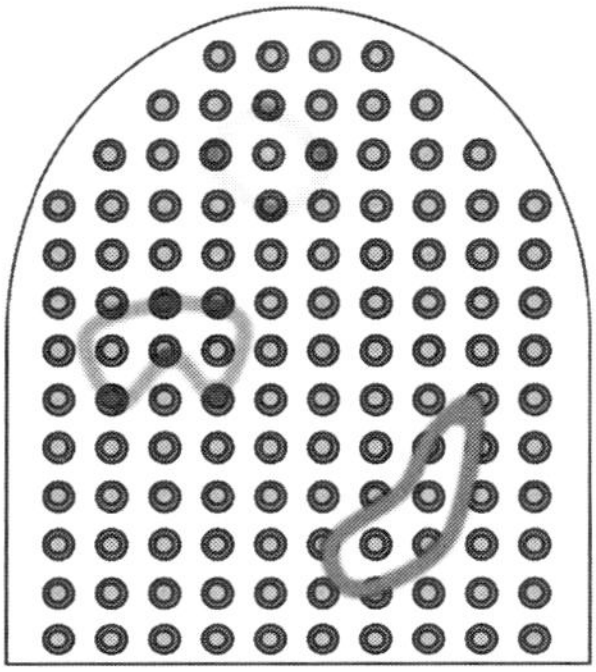

図23　数学や科学の問題を解くことは、ピアノを弾くことに似ている。練習すれば練習するほど、脳の神経パターンは堅固になり、チャンク（図のループ）はいっそう鮮明になる。

練習すれば半永久的に記憶に残る

前述のとおり、思い出しやすいチャンクをつくるには問題の解き方がわかっただけでは不十分で、チャンクを記憶に定着させなければならない。図23の「脳」のイラストを見てみよう。チャンクをつくる際は、問題を理解する過程で脳内に残った個々の記憶痕跡をまとめるので、図ではループで表したチャンクは記憶痕跡がつながったものと考えることができる。いうなれば、チャンクはまさに複雑な記憶痕跡である。

問題を理解してから一、二度問題を解く練習をしてみると、不鮮明ながらチャンクが形をなしてくる。いっそう練習を重ね、どういうときにこのチャンクを利用できるか状況を把握すれば、神経パターンは堅固になり始め、中央左のような濃いめのチャンクになる。さらに思い出す練習や間隔反復を加えると、右下の色のもっと濃いチャンクは長期記憶にしっかり定着される。

なお、練習時に間違ったやり方で似たり寄ったりの問題を何度も何度も解くと、「正しくない」解法手順が身についてしまうため、必ず解き方を確認しておきたい。誤った解法手順で正解を出せたとしても、勘違いであることに変わりない。

数学の魅力

「数学というのは、チャンキングと同じようにびっくりするほど圧縮できるんですよ。長い間、同じような経過や取り組み方が繰り返されるかもしれませんが、それを乗り越え、数学を本当に理解して広い視野から数学の全貌をとらえれば、コンパクトにまとまるものです。そうすると、数学を頭の中に整理保存しておくこともできますし、必要なときにすぐに取り出して利用することもできます。圧縮できたことで洞察力が鋭くなるのも数学の魅力です[26]」。

——数学のノーベル賞であるフィールズ賞を受賞したアメリカの数学者
ウィリアム・サーストン（一九四六〜二〇一二年）

色の濃い、堅固なチャンクをつくるのに欠かせない反復練習は退屈させるのが玉にきずだ。わけても、私が中学生だった頃の数学教師のような、下手な教師の手にかかれば、反復練習は拷問の道具になる。こういった誤用や悪用の例はまれにあるにせよ、反復練習は必須である。身近な例では、チェスや語学、音楽、ダンスなどの基本パターンをチャンクにまとめて効果的に習うには反復しなければならない。優れた教師であれば、反復練習が苦労するに値する理由を説明できるだろう。

専門知識を身につけたいなら、全体像を把握するトップダウン式の取り組み方だけでなく、チャンキングのボトムアップ式の取り組み方も必要になる。全体像をとらえて勉強するという考えに惹かれるかもしれない。**しかし、チャンクは専門知識の土台となる。反復練習によりチャンクをつくりやすくなるので、**

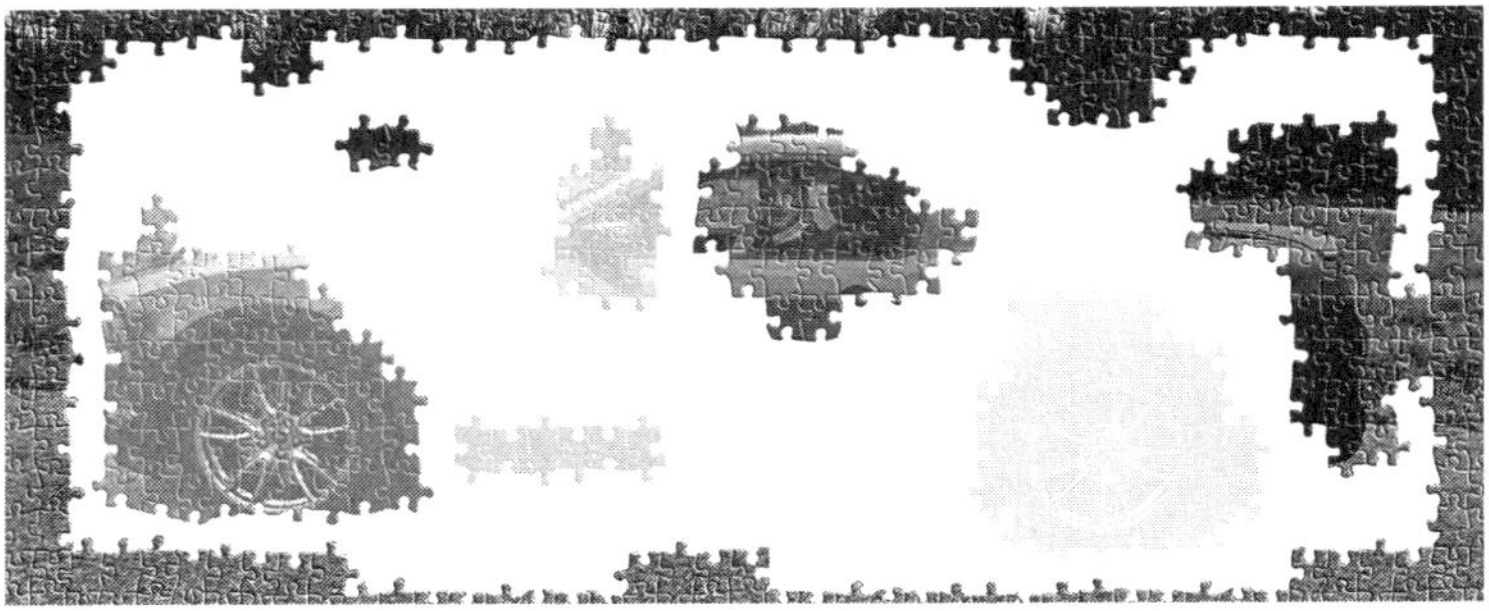

図24　チャンクを増やしても練習しなければ、ジグソーパズルのピースは色あせてしまうため、全体像が見えにくくなる。

思い出すことを含めた反復練習も適度に行わなければ、数学や科学を完全に習得できないだろう。[27]

反復練習の効果は、二〇一一年に科学誌『サイエンス』に載った研究結果が実証している。[28] 研究では、大学生は科学の教科書を熟読してから書かれていた重要な概念をできるだけ多く思い出す（検索練習）という作業を繰り返している。その結果は——。

同じ時間量では他のどの方法よりも教材内容を思い出す練習のほうがはるかに深く、たくさん学べるのである。事実、被験者の大学生の試験の成績は伸びている。他の方法には、教科書を数回読み直すことや複数の概念の関係を図で表す概念地図法などが含まれる。

以上の学習効果からいえるのは、情報を思い出すようにすれば、人間は単純なロボットではないので、思い出す過程（検索過程）そのものが学習を深め、これもチャンキングを容易にすることだ。[29] 一方、被験者の大学生は教材をただ読んで内容を思い出しても効果がないと考え、前述の概念地図法がベストな学習法と予想していた。しかし、情報を複数のチャンクにしてしっかり記憶しないうちにチャンクの関係を図にまとめようとしてもうまくいかないだろう。[30] チェスでいえば、駒をどう動かすのか基本的なこともわからないうちに高度な戦法を習おうとするようなものだ。

数学や科学の問題や概念をさまざまな状況に当てはめて練習・応用すれば、チャンクを作成して堅固な神経パターンを築くことができる[31]（図24）。数学や科学に限らず、どんな技能でも習得するにはいろいろな状況をふまえながら練習を多くこなす必要がある。それにより神経パターンを築いて当の技能を思考法の一部に組み込むことができる。

喉まで出かかるほど学習しよう

「意外にも私が試した学習法のほとんどは、この本に載っています。その一つが反復練習です。学部学生だった頃、物理化学の講義の微分に惹かれて教材の問題をすべて解いたものです。問題解決が習慣になったおかげで脳に解法が組み込まれたようです。一学期が終わる頃には問題を見たとたん解き方がわかりましたよ。問題解決の反復練習を習慣づけることは、当校の理工系学生だけでなく一般の学生にも勧めています。

もう一つ、学生には毎日勉強するようアドバイスしています。何も長時間やる必要はなく、学んだことが喉まで出かかるくらいになれば十分です。商用でフランスを訪れると、数日間は思うようにフランス語を話せませんが、そのうちにしゃべれるようになります。ところが、帰国すると一日か二日間は母国語の言葉が思い出せない！　学生や同僚の質問に答えるのに『あれは英語で何といったかな』と記憶をたどる始末です。毎日の反復練習を欠かさなければ、必要な情報はすぐに手に入り、私のように英単語を思い出すのにも苦労するようなことはないのです」。

——マサチューセッツ大学ローウェル校学務・国際関係担当副学長ロバート・R・ガメーシュ

散歩の効用――外に出て重要な概念を思い出す

重要な概念をなかなかのみ込めないときは、体を動かすのが一番だ。前章でふれたようにジェーン・オースティンのような有名作家は散歩中に妙案や着想を得ている。[32]しかも、**いつもの勉強部屋や書斎を出て屋外で重要な概念を思い出せば、別の視点から眺めることができるため、概念を把握しやすくなる。**散歩の効用は他にもある。ふだん勉強に使っている部屋とは違う場所で試験を受けると、なじみの手がかりを得られないために落ち着かないかもしれない。一方、散歩中のさまざまな物理的環境の中で概念について考えるようにすれば、特定の場所からの手がかりの影響を受けないので、最初に概念を勉強した部屋とは別の試験会場でも散歩時と同じように概念を思い出して問題に取り組めるだろう。[33]

じつは、数学や科学の解法を自分のものにすることは、中国語の単語リストやギター・コードを覚えることよりたやすい。数学や科学の問題解決は、ダンスに似ている。ダンスでは、体が次のステップを教えてくれるように感じる。これと同じように、問題を解き始めると一つの段階が次の段階をそれとなく知らせてくれるのである。

問題の練習時間は、問題の種類や本人の学習スピードと学習スタイルによって違ってくる。[34]もちろん学習の他にもやるべきことがあるものの、練習時間は必ず確保すると同時に、拡散モードが働くよう休憩時間を取る必要がある。問題解決の習得に割ける時間は人それぞれでも、数学や科学の問題の解き方を身につけることにはすばらしい利点がある。取り組めば取り組むほど楽に解けるようになり、解法がますます役に立つようになることだ。

きれいに整理できたノートなら大量の情報を覚えられる

「ともすれば、講義についていけない学生にまず求めるのは、ノートのまとめ方に気を配ることです。学生との初回の話し合いでは概念の説明は後回しにして、どうすれば情報を整理できるか、つまり情報をチャンクにする方法が中心になります。翌週、学生は教材内容がきちんと整理されたノートを持参してきます。たった一週間でたくさん覚えられるようになった、とびっくりしていますよ」。

――ピッツバーグ大学看護学部健康増進・発達学科助教ジェイソン・デイチャント

インターリーブと過剰学習

難問の解き方が直感でピンと来るようになるには、チャンクを増やすことの他に「インターリーブ」という学習法も役立つ。[35] **インターリーブとは一口にいえば、別種の勉強を挟み込んで《インターリーブ》学習を多様にすることを指す。** たとえば、種類も解き方も異なる問題を取り混ぜて練習することもインターリーブである。

インターリーブを採用している学校は少ないだろう。一般に教師が問題の解き方を教えるときはやり方を説明してから、残りの授業時間をすべて反復練習に費やし、何度も何度も生徒に練習させる。このように生徒が問題の解き方を十分に理解し、答えをすぐに出せるようになっても学習・練習し続けて記憶力や技能を強化しようとすることを「過剰学習」という。過剰学習により反射的に行えるようになるので、テニスのサーブの練習やピアノのレッスンであれば役立つ。しかし、数学や科学の授業時間を丸々反復的過剰学習に使うのは時間の無駄遣いである[36]（もっとも、次の授業で別の方法も加えて再び練習するのは効果的な方法だ）。

実際、一度覚え込んだ解法を授業中ずっと練習し続けても、肝心の長期記憶のニューロンとニューロンの接合部（シナプス）が鍛えられるとは限らない。それどころか、生徒は解き方をあっという間に忘れかねない。一つの方法に集中し続けることは、金槌の使い方だけを練習して大工仕事をものにしようとすることに似ている。当面は金槌一本で何でも修理できそうに思えても、長続きすることはない。[37]

問題を解くには、その問題にふさわしい方法を選んで利用しなければならない。それにはさまざまな方法が必要な問題を挟み込んで練習するに限る。そこで、一つの問題の解き方の基本的な考えをのみ込めたら、補助輪つきの自転車で乗り方を覚えるように別種の問題で練習してみよう。[38] 教材はこういったインターリーブに適した構成になっていない。[39] 一つの節では同じ方法を扱っていることが多いため、各章の終わりのほうをざっと見て別種の問題を探すといいだろう。また、ある問題を解くのになぜこの方法でなければならないのかと考えるのもいい。いずれにせよ、インターリーブにより種々の問題で解き方を練習すれば、ある解法はどういうときに利用できるのかがのみ込めるようになる。

解法を記憶するには索引カードが役に立つ。たとえば、カードの表側に設問を、裏側に問いと解法手順を記入し、設問が書かれた表側を上にしてシャッフルしてから、適当に引き抜いたカードの問題の解き方を思い出してみる。最初は椅子に座って白紙に解法を書き出してみよう。慣れてくれば、散歩中でもカードを取り出して試せるだろう。カードの設問を手がかりにして解法手順を思い出し、全手順がわかったかどうかカードを裏返して確かめれば、できたばかりの解法のチャンクを補強できることになる。また、問題集や参考書をパッと開き、そこに載っている問題を解くという方法もある。その際、問題だけが見えるよう他の部分は紙などで覆い隠そう。

長時間学習よりもインターリーブを重視する

南フロリダ大学の心理学教授ダグ・ローラーの数学や科学の過剰学習とインターリーブの研究は注目すべきだ。同教授が説明してくれる。

「過剰学習と聞けば、知識や技術が身につくまで学習や練習を続けることと思うかもしれませんね。しかし、研究文献では過剰学習とは標準に達してもなお勉強や練習をすぐさま再開するような学習法を指すのです。たとえば、数学の問題を正しく解いても同種の問題にただちに取りかかる場合がそうですよ。同じような問題を少しではなく、たくさん解けば、その後の試験の成績はよくなるでしょうが、引き続き類似した問題をごまんと解いたところで努力した割には成績が伸びなくなるものです。いわば、『収穫逓減《しゅうかくていげん》』ですよ。

教室でもどこでも学生が勉強や練習をするときは、単位時間当たりの習得量を最大にするべきです。つまり、費やした時間に見合うだけの成果を得たほうがいい。では、どうすればいいか。科学文献の答えは明快そのものです。同じような概念や技能を長時間勉強・練習しても過剰学習に陥るだけですから、短い時間に分けて全力を尽くすのです。といっても長時間学習は必ずしも悪いものではなく、一つの概念や技能を習うのに時間をかけすぎなければいいでしょう。こうして未知だった『X』を理解できたなら、別の問題に移り、後日また『X』に戻って復習するのです[40]」。

ある研究ではタイピングよりも手で書いたほうがさまざまな考えをのみ込みやすくなるので[41]、解法や図表、概念などは手書きにしよう。それに、Σ《シグマ》やω《オメガ》のような記号の場合、わざわざ探し出したり、Alt《オルト》キーとテンキーの数字を組み合わせて打ち込んだりするより手書きのほうが手っ取り早い[42]。解法を手書きにしても設問と一緒に写真に撮ったり、スキャンしたりすれば、それをスマートフォンやノートパソコンのフラッシュカード・プログラムに転送することができる。

学習能力の錯覚は、一つの解き方を長々と練習し続けることからでも起こる。同じ解法を使えば済むので楽であるし、問題が解ければ自分には能力があるように思えて気分がよくなる。しかし、それは錯覚であり、教科書の別の章にある問題や他の教材の問題に取り組んだりして学習を多様にすべきだ。当初は手こずるかもしれないが、このようなインターリーブで深く学べるようになる。

宿題は、やり方次第で試験準備になる

「学生が宿題の問題に取りかかるときは、そっくりな問題を一〇問ほど選んで立て続けに解こうとするものです。しかし、二、三問目あたりからは考えることもやめて前の問題の解き方を模倣するだけです。学生にはこう話しているんです。仮に、教科書の9章4節の問題を解くのが宿題であれば、その節の問題をいくつか解いてから一つ前の3節に戻って一問解く。さらに4節の問題をまたいくつか解いた後に1節に戻って一問解く。こうしていろいろな問題を取り混ぜて解いていけば、試験の際に必要な頭の切り替えを練習することにもなるんですよ。

また、とにかく片づければいいと考えて宿題をする学生が非常に多い。たとえば、教科書の6節の問題を一つ解く。巻末を見て解答を確認する。正解だ。にこっと笑って次の問題に移るという具合です。しかし、にっこりした後に、こう自問してから次の問題に進むべきなんです。今解いた問題が6節にはない問題と組み合わさって試験に出てきた場合は、どう取り組めばいいだろうか、と。学生は宿題の問題を済ませるべき課題と思わずに、このように試験準備の面からとらえる必要があるのです」。

——フロリダ国際大学数学上級専任講師マイク・ローゼンタール

ポイントをまとめよう

- 練習することで概念を理解してチャンクを作成し、堅固な神経パターンを築くことができる。
- 練習を重ねれば、頭の回転が速くなるので試験のときに有利だ。
- 以下はチャンキングの三段階。
- チャンクにしたい情報に注意を集中させる。
- 基本概念を理解する。
- 問題を反復練習して、チャンクがどういう場合に利用できるか状況を把握する。
- 外に出て重要な概念を思い出すようにすれば、当の概念を理解しやすくなるため、チャンキングが容易になる（図25）。

図25　神経回路網にフックを取りつければ、覚えておきたい概念や考えを掛けておき、後で楽に思い起こすことができる。この「神経系のフック」は思い出すことでつくり出せる。

学習の質を高めよう

1　旧ソ連の新聞記者ソロモン・シェレシェフスキーは抜群の記憶力を持っていたのに、なぜ情報をチャンクにできなかったのだろうか。

2　概念や問題をチャンクにすると、どんな利点が得られるだろうか。思いつくままに挙げてみよう。

3　トップダウン式学習とボトムアップ式学習の違いは何だろうか。優劣の差はあるだろうか。

4　概念や問題を理解しさえすれば、チャンクはつくれるものだろうか。答えがイエスでもノーでも、その理由を挙げよう。

5 読者自身はどのような「学習能力の錯覚」を経験しただろうか。錯覚を防ぐには、どうすればいいだろうか。

ここで一息入れよう

今度、家族や友人と過ごすときは、本書や講義などから学んだことをかいつまんで話してみよう。勉強中のことなら何でも口にすることでいっそう興味がわくだけでなく、頭に入れた概念がしっかりかたまってくるので、数週間や数カ月後でもその概念を思い出せるだろう。高等数学など内容が高度な場合は、簡略化してわかりやすく説明してみる。すると、相手ばかりか自分自身もよく理解できるようになる。

外傷性脳損傷を克服し、限られた時間で学ぶ術を編み出した帰還兵ポール・クラチコの物語

「私はひどく混乱した貧しい家庭に育ちました。どうにか高校を卒業してから陸軍に入隊し、戦闘が続いていたイラクに歩兵として派遣されました。ある日、われわれの小隊は道路脇に仕掛けられた爆弾の標的になり、一二発のうち八発が私の乗っていた車両に命中しました。

外地勤務期間中、幸運にも今の妻と出会いました（図26）。それで軍務を離れて家庭を持とうと決心したのです。ただし、何をしたらいいのか見当もつきませんでしたし、帰国後、人が変わったように集中力がなくなり、考えがまとまらず怒りっぽくなりました。新聞も一行読むのがやっとでしたよ。事情がのみ込めたのはだ

図26　人生をやり直すきっかけを与えてくれた妻子と一緒に写真に収まるポール・クラチコ。

いぶ後のことです。本によれば、イラクやアフガニスタンからの帰還兵には外傷性脳損傷と診断されずに私のような問題を抱えている人が多いようです。

それでも、専門学校のコンピュータ・電子工学技術講座を受講しました。外傷性脳損傷の症状は重く、最初は分数さえよくわかりませんでした。

しかし、これは不幸に見えてじつはありがたいことだったんです。学習は脳を刺激したようで、自分なりに精一杯集中することにより脳は回復し始め、気持ちが一新されたように思えました。体を鍛えるときに血液が筋肉に流れ込むよう努力すれば、持久力がついてきます。これと同じように懸命に勉強することで心を鍛えることができたのかもしれません。そのうちに心も癒され、学校を優等で卒業後、電気技師として職を見つけました。

けれども、工学の学位を取ろうと大学に入ることにしたのです。大学で工学を学ぶには、数学の中でもとくに微積分学の知識が必須です。その重要性は、現場で働く技術者を養成する際の数学の比ではありません。ところが、私には小学校で学ぶ算数の基礎が身についていなかったのです。

大学進学を決めた頃には私は結婚して一児の父親となり、フルタイムで働いていました。数学の知識の他に時間のやりくりが問題となるわけです。高度な概念を深く掘り下げて学ぶのに回せる時間は、一日当たりせいぜい数時間です。案の定、手痛い失敗が続きましたので（微分方程式の成績は五段階中四番目のDです――しまった！）、もっと効果的に勉強しようと工夫しました。

たとえば、新学期が始まるつど教授からシラバスをもらい、講座開始日の遅くとも二～三週間前には教科書に目を通し始めます。また、教科書の一章分を読んでから受講することにしていますし、問題を解く練習とチャンキングに力を入れています。他にも次のような方法を考え出して、課程を無事に修了しました。この調子で努力し、将来は家族を養うためにも専門職につきたいと考えています」。

少ない学習時間を有効に使う法

1　**宿題の問題を読み（この最初の段階ではまだ解かなくていい）、試験や小テストの問題を練習する。**こうすると、どんな概念を学ぶのか把握できるので、心の準備が整います。

2　**講義ノートを見直す。**一時間の講義は教材を二時間読むことに匹敵しますから、講義にはできるだけ頻繁に出席したほうがいい。私もきちんと講義に出て詳細にノートを取れば、もっと能率的に学習できるのに、つい時計を見て早く終わらないかと思ってしまいます。それはともかく、記憶が薄れないうちに講義の翌日にノートを調べています。また、教授への三〇分間の質問は教材を三時間読むのと同じ値打ちがあります。それほど短時間で理解できるんですよ。

3　**講義ノートにメモした数学の解法つき例題に改めて取り組む。**解き方の説明がない問題をいくら練習してもフィードバックできないので、私には全く役に立ちませんでした。その点、例題であれば、段階的な解法を適宜参考にすることができます。例題を二回解くとチャンクはしっかりしてきますよ。講義ノートを取るときは黒、青、赤、緑のボールペンを使い分けています。こうすれば読みやすくなりますし、ノートに書かれた講義のポイントが一緒くたになって数学的混乱状態に陥ることもなく、重要な点が目に飛び込んできます。

4　**宿題の問題を解き、試験と小テストの問題を練習する。**繰り返し練習して体で覚えた「筋肉記憶」のチャンクは特定の問題を解くときに思い出すことができます〔筋肉記憶については第11章「記憶力アップの秘訣」で詳述〕。

第5章　ずるずると引き延ばさない——自分の習慣を役立たせよう

何百年もの間、殺人犯に好まれただけに猛毒のヒ素は殺しにうってつけだ。朝食のトーストに粉末状のヒ素を振りかけて邪魔者に食べさせれば、相手はその日のうちにもだえ死ぬ。ところが、二人の男性は致死量の二倍以上ものヒ素を聴衆の目の前で平然と服用したのである。一八七五年の第四八回ドイツ芸術科学協会大会での出来事だ。会場は騒然となっただろう。しかし、翌日二人の男性は笑みを浮かべながら会場に姿を現した。二人ともピンピンしていた。その尿の分析結果では、両名はトリックを使ったわけではなく、たしかに毒物を摂取していた。[1]

体に悪いものを摂っていながらも死なないうえ、元気そうにすら見える。こんなことなどあり得るのだろうか。答えは先延ばしとの薄気味悪い関係にある。毒物のじわじわと効いてくる化学作用を理解するように先延ばしの心理をつかめば、予防策を講じることができる。

本章と次の章では先延ばしにどう取り組むか、その方法を考えてみよう。ポイントは、頭の中に潜む「ゾンビ」——特定の手がかりをきっかけとした脳の機械的・習慣的反応——を理解することだ。こういったゾンビの反応が起こると刹那的な快楽を求めたくなる。しかし、やり方次第でゾンビを味方にして先延ばしを防ぐことができる（ちなみに、第9章「先延ばしのQ＆A」でふれるように先延ばしにも利点がある)[2]。先延ばしの秘訣やコツ、便利なアプリケーションソフトについては第8章と第9章で詳述しよう。

物事をずるずると引き延ばしやすいのに対し、意志の力で自制するのは並大抵のことではない。ただでさえ込み入った神経活動が必要になるため、先延ばしに取り組むときは消臭スプレーをさっと吹きかける要領でごく少量の自制心を働かせよう。貴重な自制心を無駄遣いすることはない。第一、先延ばし対策では自制心を浪費せずに済むのである。

毒物の次にゾンビと来た。もっとましなものはといえば、ああ、先延ばし防止策がどっさりあった！さっそくゾンビに試してみよう。ブワッハッハッ！　これ以上面白いことは、めったにないのでは？

気の散ることと先延ばし

「やるべきことにさっさと取りかかれないのは、僕ら若い世代の最大の問題です。気を散らすものが多すぎるんですよ。僕はフェイスブックやツイッター、〔メディアミックスブログサービスの〕タンブラー、電子メールをちょっとチェックしてから宿題をしようと思うのですが、気がつけば一時間は無駄にしています。やっと宿題をやり始めてもフェイスブックなどのウェブサイトは開きっぱなしにしています。

勉強に集中できる方法を見つけなくてはならないと思います。専念できるかどうかは、環境と時間管理次第かもしれません。とにかく、何事も土壇場になってやり始めるべきではないということです」。

——微積分学専攻のある大学生

なぜ、ずるずると先に延ばすのか

マラソン大会に初めて出場するに当たって大会前日の真夜中にようやく練習を始めれば、ふくらはぎの筋肉は悲鳴を上げるだろう。同様に、土壇場になって詰め込み勉強をしても、数学や科学では何も得るものはない。

数学や科学の習得は次の二点にかかっている。短時間の集中的学習を繰り返して神経構造の「レンガ」を積み上げていくことと、短時間学習の合間にリラックスしてレンガ積みのつなぎに使ったモルタルが乾く時間を確保することである。このように、先延ばしにできる時間的余裕はないため、大学生の間で恐ろしく一般的な先延ばしの問題[3]は何とかしなければならない。

そもそも、不愉快な気分にさせることは先に延ばしたくなる。[4]医学の脳画像研究では、数学嫌いの人が数学の勉強をしたがらないのは、そう考えただけで痛みを覚えるためのようだ。たしかに、脳画像に映った被験者の大脳の痛覚中枢はパッと明るくなる。[5]

ただし、痛みを伴うのはこれから数学の問題を解かなければならないと予想した段階であり、いざ勉強に取りかかってみると苦痛は弱まり、やがて消え去る。「案ずるより産むが易《やす》し」なのに、アメリカの先延ばしの専門家・コンサルタントのリタ・エメットによれば、「作業そのものよりも、課題に取り組むのを嫌がることのほうが時間とエネルギーを多く消費する」[6]という。

嫌なことを避けたい気持ちはよくわかるが、敬遠し続けると数学や科学の勉強がますます苦痛になる。大学入試の準備も例によって先延ばしにすれば、試験当日に落ち着いて問題に取り組めるだけの神経構造の基盤ができていないためにへまをして、奨学金を受けるチャンスが泡と消えるかもしれない。

これでは数学や科学の専門知識を生かした職業に憧れても諦めざるを得なくなり、別の進路を決めるだろう。友人には数学がうまくいかなかった、と話すかもしれないが、何のことはない、先延ばしに負けたのである。

先延ばしは悪癖の「要」となるくらい非常に重要であり、無視できない。[7] 事実、悪癖を含めた習慣は人生のいろいろな面に影響を与える。しかし、それだけに習慣を変えれば、多方面で好ましい変化が起こり始める。

もう一つ、忘れてならないことがある。人は不得意なことを嫌悪しがちだが、**上達するにつれて楽しめるようになることだ。**

脳はどのように先延ばしにするのか

ジリリリリ……。土曜日の午前一〇時。大学生は目覚まし時計の音に心地よい眠りを破られる。一時間後ようやく起き出し、コーヒーを片手に教材やノートパソコンを眺める。今日はしっかり勉強しよう。学生はそう思う。計画では提出期限が来週月曜日の数学の宿題を片づけ、歴史学のリポートを書き始め、化学の教科書のわかりにくい節にざっと目を通す。

まず、数学だ。教科書に目をやる。いわくいいがたい痛みをかすかに覚える。これから込み入ったグラフや妙な専門用語を読み取らなければならない。学生の大脳の痛覚中枢がパッと明るくなる。本当に嫌だ。今は数学の宿題をやりたくない。数学を数時間も勉強すると考えただけで、教科書を開く気がなくなる。教科書からノートパソコンに注意の焦点を移す。ウーン、こっちのほうがいい。痛みを感じるどころか

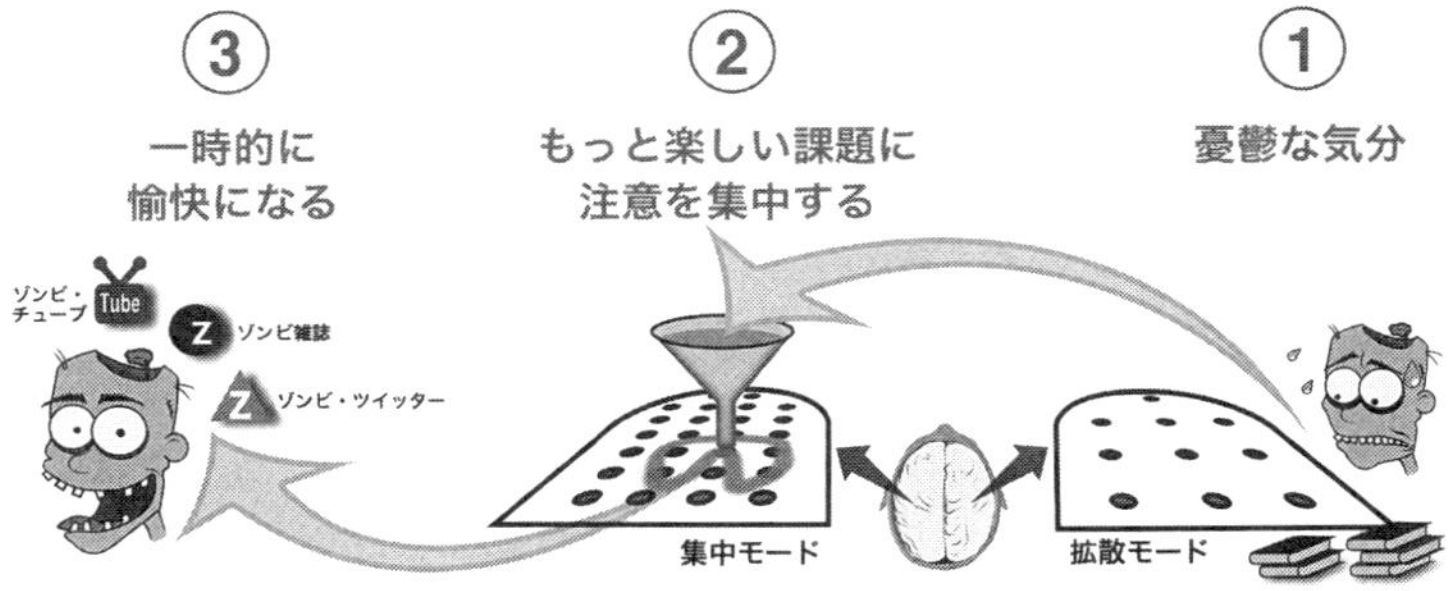

図 27　先延ばしの典型的パターン。

少し嬉しくなりながら画面を開き、メッセージをチェックする。ジェシーが面白い写真を送ってきたぞ……。それから二時間たっても、学生は数学の宿題に取りかかっていなかった。

　以上が先延ばしの典型的パターンだ。とりたてて好きではないことを考えると、脳画像では大脳の痛覚中枢が明るくなる。そのため、もっと楽しめるものに注意の焦点を移して意識の範囲を狭めるのである。[8] すると、一時的ではあるが、気分がよくなる（図27）。

先延ばしは依存症に似ている。やるべきことを先に延ばすと、つかの間ワクワクして退屈な現実世界から解放される。その間は楽しくてたまらないので、時間の最も有益な使い方は教科書を読んだり、宿題の問題を解いたりするのではなくネットサーフィンをすることだなどと思い込み、たとえば、自分にこう言い聞かせる。「有機化学では構造式を三次元でイメージできる空間認知力がものをいう。これは僕の弱点なので、苦手なのは当たり前だ」。「それに」と、いかにももっともらしい口実をでっち上げる。「試験のだいぶ前に勉強すると、覚えたことを忘れてしまう」（試験期間中は別の科目の試験もあることを都合よく失念している。先延ばしにすれば試験勉強が押せ押せになり、一気に片づけようと思っても不可能だ）。そうして期末試験の直前に一夜漬けで勉強する。試験終了後、やっと気づくかもしれない。有機化学の成績が悪いのは、度重なる先延ばしが本当の原因だ、と。

成績が下がるというのに、勉強の先延ばしが自慢の種になることもある。ある学生は得意そうにこう話す。「昨晩は実験報告とマーケティングの訪問記事を片づけてから、翌日の小テストの勉強もしたんだよ。もちろん、できたさ。やるべきことが山ほどあるんだから、当然だろう?」[9]。勉強熱心な人でさえ、かっこよくて頭が切れるように見えるという理由から「きのうの晩、とうとうやったよ。中間試験の一夜漬けをね」と誇らしげにいうことがある。

先延ばしは癖になりやすい。その手がかりをつかむと先延ばしの心地よい反応に身を委ねてくつろぎ、一時の楽しさを味わう。これが続けば反応するのが習慣になり、しだいに自信が持てなくなる。そのため、効果的な学習法を知りたいという気力も衰えてくる。ずるずると引き延ばしやすい人は高いストレス、健康状態の悪化、成績の落ち込みを自覚している[10]。さらに時が経過して先延ばしが根づいてしまうと、直すのは非常に困難になる[11]。先延ばしの問題は、今のうちに手を打たなければならない。

先延ばしを改めることはできる

「私も先延ばしの常習者でした。でも、変わったんです。高校のＡＰクラス〔大学一年生レベルの特進クラス〕でやる気になって。先生から出されたアメリカ史の宿題を一晩で終えるには四~六時間もかかります。ずるずると引き延ばせない分量ですから、地道に一つずつ課題をこなすことにしたんです。この作戦がうまくいきました。課題を一つ仕上げると達成感を覚えるので、次の課題にすっと移るというように順調に進みますよ」。

——文芸創作を学ぶ大学一年生ポーラ・ミアシェアート

徹夜で勉強するとある種の高揚感（「報酬」）を覚えるだろうし、そこそこの成績が取れれば、また危険を冒して勉強を先に延ばしかねない。下手をすると、先延ばしは身長や髪の色と同じように持って生まれた特性だと自分に言い聞かせるかもしれない。このまま放っておけば、先延ばしを習慣づけることになる。

今はまあまあの成績でも、数学や科学の内容が高度になれば、そうはいかず、先延ばしをコントロールする必要がある。習慣というものは、初めの頃はうまくいったとしてもやがて害になるかもしれないのである。ふだんは気に留めていない先延ばしの習慣が、その最たるものだ。おいおいわかるとおり、先延ばし対策は意外に単純で実行しやすい。

本章の冒頭で紹介したヒ素の話のからくりを解き明かせば、二人の男性は前もって少量のヒ素を服用し始めていた。量が少なければヒ素は無害に思えるし、摂り続けるうちにヒ素に対して耐性ができるため、多めにのんでも一見、元気に見える。実際、二人の男性は大会での公開実験後もピンピンしていた。しかし、毒物はがんになるリスクを高め、臓器を損なう。

同様に先延ばしにする人は、当初は些細なことをずるずると引き延ばしただけだと思うかもしれない。しかし、何度も繰り返すうちに耐性ができて引き延ばすことに慣れてくる。今のところ健康そうに見えても、長期にわたれば問題である。

コツコツ勉強するのが一番

「落第点を取ったことに納得できない学生の話を聞くと、試験前日に一〇時間ぶっ続けで勉強したそうです。『それが原因だ』と私がいっても学生は怪訝そうな顔をしますから、こうつけ加えるんです。『一夜漬けではなく、少しずつ、勉強し続けるべきだね』と」。

――フロリダ国際大学数学上級専任講師リチャード・ナーデル

ポイントをまとめよう

- 嫌なことは先延ばしにしがちだ。しかし、だからといって遊んでも一時的な喜びを得るだけであり、長い目で見れば先延ばしは決して望ましいことではない。
- 先延ばしは少量の毒物を摂取するようなものだ。当初は無害に思えても先延ばしが長期にわたれば、ダメージが大きい。

ここで一息入れよう

前章「情報はチャンクにして記憶し、実力がついたと錯覚しない」では、学習の場を変えて重要な概念を思い出すことの利点にふれた。いったん勉強部屋を出れば、その場所に固有の手がかりと無関係になるため、試験会場でもどこでも落ち着いて事に当たれる。

では、実際に試してみよう。本章の主要点は何だろうか。今この場で思い出せた人も別の部屋に行ったり、外出したりするときにもう一度、思い起こしてほしい。

学習の質を高めよう

1 先延ばしの習慣がある人は、どのような影響を受けただろうか。

2　友人などから先延ばしの理由を聞いたことがある人は、何が弱点で先延ばしが起こるか、つかめただろうか。自分の場合はどうなのか分析してみよう。

3　自制心にあまり頼らなくとも先延ばしの習慣をコントロールできそうな方法を思いつくまま挙げてみよう。

図28　アメリカ工学教育協会専務理事ノーマン・フォーテンベリー。

積極的にアドバイスを求めよう

「将来は技術者になるつもりでしたので、大学一年生のときに通常の微積分学ではなく応用微積分学の受講登録を済ませました（図28）。これが失敗でした。このクラスの学生の多くは高校ですでに微積分学を学び、大学で知識基盤を拡充しているところだったんですよ。微積分学の初学者の私は不利でした。

　しかも、応用微積分学を受講した学生は圧倒的に少ないため、学習仲間になってくれそうな人がなかなか見つかりません。高校と違って大学では何でも独力でやるのは、あまりほめられたことではなく、ハンディになります。チームワークがとくに重要になる学問分野は工学です。工学の教授であれば、他の学生と一緒に勉強し、状況に応じて宿題も自分たちで考えて取り組むべきだと思うものです。私はかろうじてBの成績を取りましたが、微積分学の基礎を直感的にも概念的にも理解するには不十分だといつも感じていました。次の講義の微積分学の一部でもわかるよう、その場しのぎに講義の合間に一人で猛勉強しましたよ。その分、他の目的に使えた時間を犠牲にしましたが。

　幸い、機械工学の学士号を取って卒業にこぎ着けることができたうえ、励ましてくれた友人や指導教官のおかげで大学院に進み、機械工学の博士号を取得しました。とはいえ、苦い経験から学んだのは、科目を選んだら仲間や教師のよき助言を求めるということです。彼らの豊富な知識は非常に役立ちますよ」。

第6章　ゾンビだらけ——どうすれば、さっさと勉強に取りかかれるか

『ニューヨーク・タイムズ』紙記者チャールズ・デュヒッグは洞察力に富んだ著書『習慣の力』〔渡会圭子訳、講談社、二〇一三年〕の中で日常生活をうまくやっていけない中年女性リサ・アレンを取り上げている。一六歳のときから酒とタバコをのみ始めたリサは思うように体重が減らず、肥満気味だ。夫はリサを捨てて他の女性の元へ走った。リサは仕事を見つけても一年以上持ったためしがなく、莫大な借金を抱えている。

しかし、四年かけて人生をすっかり好転させた。体重を二七キログラムも落とし、修士号を目指して勉強する傍ら酒とタバコをやめてマラソンを始めた。リサがこれほど劇的に変貌できた理由は習慣にある。

習慣は役立つこともあれば、害になることもある。一言でいえば、あらかじめ脳にプログラムされた「ゾンビ」〔機械的・習慣的反応〕モードが始動すると、もろもろの習慣が起こる。また、チャンクは頻繁な練習によりつくりやすくなるので、習慣はチャンキングとも密接に関係している。[1] **習慣はエネルギーを節約してくれる。おかげで本人は別種の活動に注意を向けることができる。**たとえば、初めて車をバックさせながら車道に出るときはひどく慎重に行う。ハンドルをこう切ってから車を後進させて、と情報がどっと押し寄せてくるので、非常に難しい作業に思える。しかし、いったん情報を整理してしまえばあとは

「出発しよう」と決心するだけでいい。気がつけば、車道に出ているだろう。車をバックさせている最中の脳は一種のゾンビ・モードの状態にある。ゾンビ・モードでは、脳はあらゆる動作を把握しているわけではない。

こういった習慣的なゾンビ・モードに入る頻度は想像以上に高い。実際、顔を洗うときに一連の動作をじっくり考えていない。だからこそ、習慣はエネルギーの節約になる。

習慣的行為がどれほど続くかは場合によりけりだ。非常に短いこともある。通りすがりの美人に思わず微笑みかけたり、指の爪が伸びすぎていないかどうかちらっと見たりするときの時間的間隔は数秒足らずだ。一方、帰宅後にランニングをしたり、テレビを観たりするのが習慣になっていれば、数時間はかかるだろう。

どの習慣も次の四つからなる。

1　手がかり

ゾンビ・モードに入らせるきっかけとなるのが手がかりである。たとえば、「来週が提出期限の宿題を始める！」と書かれたメモや「ぶらぶらしようよ！」という友人の携帯メールなど、ちょっとしたことが手がかりになるかもしれない。手がかりそのものは害にも益にもならない。問題は、この手がかりに反応して本人が起こす行動、日課である。

2　日課

手がかりを受けとると、脳は機械的・習慣的反応を示し、ゾンビ・モードに突入して日課が始まる。機械的・習慣的反応には無害で有用なものもあるが、最悪の場合、常識では考えられないような行動に駆り立てることもある。

3 報酬

習慣が根づいて継続しやすいのは、多少なりとも快感という報酬を与えるためだ。先延ばしが好例である。勉強そっちのけでもっと楽しいことに注意の焦点を移せば、たちまち報酬が手に入る。だから、先延ばしが癖になる。ただし、よい習慣を身につければ、同じように報われる。そこで、数学や科学の望ましい学習習慣に何らかの形で報酬を与えるようにすれば、先延ばしを防止できることになる。

4 信念

本人の揺るぎない信念がある限り、習慣はしぶとく残る。たとえば、ぎりぎりまで勉強を引き延ばす習慣を変えるのはぜったいに無理だと信じきっているかもしれない。悪《あ》しき習慣を改めるには、自分の信念を変える必要がある。

「やらなければならないものに取りかかれないときは、近所を走り回るとか体をちょっと動かしてみると手をつけやすくなりますよ」。

——経営システム工学を学ぶ大学一年生キャサリン・フォーク

習慣を上手に利用する

習慣をうまく利用すれば、最小限の自制心で先延ばしを防ぐことができる。しかも、いつもの習慣を全面的に変える必要はなく、一部を修正しつつ別の習慣をいくつか取り入れて実行すればいい。習慣を修正するコツは、先延ばしのきっかけとなる手がかりに自分はどう反応しているか見極めることだ。**手がかりに対する反応を変えるときにだけ自制心を働かせる。**

ポイントがつかめるよう前述の習慣の四つの構成要素を先延ばしの面からとらえ直してみよう。

1 手がかり

何がきっかけとなって先延ばしのゾンビ・モードに入ってしまうのだろうか。手がかりになるものには場所、時、感情、相手への反応、偶然の出来事などがある。[2] たとえば、インターネットで調べものをするつもりだったのが、いつの間にかネットサーフィンをしていたことはないだろうか。課題を仕上げようと思っても、受けとった携帯メールが気になって調子を取り戻すのに一〇分ほどかかったことはないだろうか。先延ばしの厄介な点は無意識的な習慣なので、ずるずる引き延ばしたと自覚しにくいことだ。しかし、帰宅後すぐに、あるいは講義後休憩を取ったらすぐに宿題に取りかかるというように手がかりを新たにつくり出すことで対処できる。

ダメージが最も大きい手がかりは携帯電話やインターネットである。そこで、後述の二五分間単位の時間管理術「ポモドーロ・テクニック」を利用して宿題に取り組むときは、この二つの電源を切っておくか近づかないようにしたい。ある女子学生は「勉強するから、ちょっと見ていてね」と携帯電話やノートパソコンを妹に預けている。この方法は二重の意味で賢い。こうすれば、携帯電話やネットから遠ざかることができるし、「勉強するから」という公約が取りも直さず誘惑の排除につながる。同様のことを友人や家族に打診できるかもしれない。また、ポモドーロ・テクニックは手がかりへの反応を変えるのにとくに役立つ。

2 日課

いざ勉強する段になると決まって楽なことに注意をそらしていれば、やがて手がかりを受けとり次第、脳は自動的に日課を始めたくなる。これはいつもの習慣を改める際に弱点となる。**習慣を変える秘訣は計画を立て、別の習慣的行為をつくり出すことにある。**たとえば、スマートフォンを車内に置いてから講義に出席する。これを日課とする。また、図書館の静かな一角に落ち着いたり、居心地のよい場所でお気に入りの椅子に腰掛けたりすれば、インターネットに接続できなくとも勉強が捗るだろう。しばらく試してもうまくいかなければ、計画を修正する。一度に何もかも変えようと焦る必要はない。『ヒトはなぜ先延ばしをしてしまうのか』〔池村千秋訳、CCCメディアハウス、二〇一二年〕を著した先延ばしの専門家・カナダのカルガリー大学ビジネススクール教授ピアーズ・スティールのいうとおり、「日課を守れば、ゆくゆくは日課に助けられる」のである。[3]

もう一つ、難問に取り組む前に食べ物を口に入れると、少しの間自制心を発揮できるため、その勢いで問題に取りかかれるだろう。[4]それに、「何かつまんでおいたほうがいいな……」と席を立って気を散らすことも防げる。

3　報酬

先延ばしの理由を探れば、何が報酬になっているのかつかむことができる。不愉快なことを先に延ばせば、ほっとするなど感情的に報われるから？　取るに足らないことでも、一夜漬けで切り抜けると優越感を覚えるから？　それとも満足感から？　先延ばしにできるかどうかを賭けに見立て、それに勝ちたいから？　カフェラテを飲んで好きなだけのんびりしたり、お気に入りのウェブサイトを見たりすることができるから？　先に延ばすと決めれば、あまり罪悪感を覚えずに夜遅くまで漫然とテレビを観たり、ネットサーフィンをしたりすることができるから？　報酬が映画のチケットやセーターなどの些細な買い物であろうと、先延ばしが成功すればするほど報酬が増えていくから？

報酬は快感を与えてくれるため、一度で終わらずに二度三度と先に延ばして快感を味わいたくなる。こういった渇望に対しては報酬を絶つのではなく、別の報酬を加えたほうがいい。脳が当の報酬をもらえると期待し始めれば、しめたものだ。そのときにようやく脳の再配線が始まるので、新しい習慣をつくり出すことができる。

その際、ちょっとしたことでも「よくやった！」と自分を励ますようにすると、脳の再配線がスムーズに進む。再配線によって「後天的勤勉性」が身につけば、それまでは退屈に思えた課題が魅力的に見えてくるだろう[5]。こうして学習の流れに乗ること自体が報酬となり、椅子に座って勉強し始めるとかつては想像もしていなかった充実感を覚えるようになる。新たな報酬は、たとえば正午にカフェテリアで友人とランチを取るとか午後五時に数学の問題を解くのを中断して一休みするとかいうように、時間を決めて自分に与えたほうがいい。このようにして短い期限を設けると、勉強に弾みがつく（図29）。

初めのうちはなかなか調子に乗らず、没頭できないものだ。私など初めての分野の骨折り仕事が軌道に乗るまで数日間かかることがある。それでもポモドーロ・テクニックを数回繰り返すうちに仕事が楽しくなる。学習にしても理解できるにつれて面白くなる。

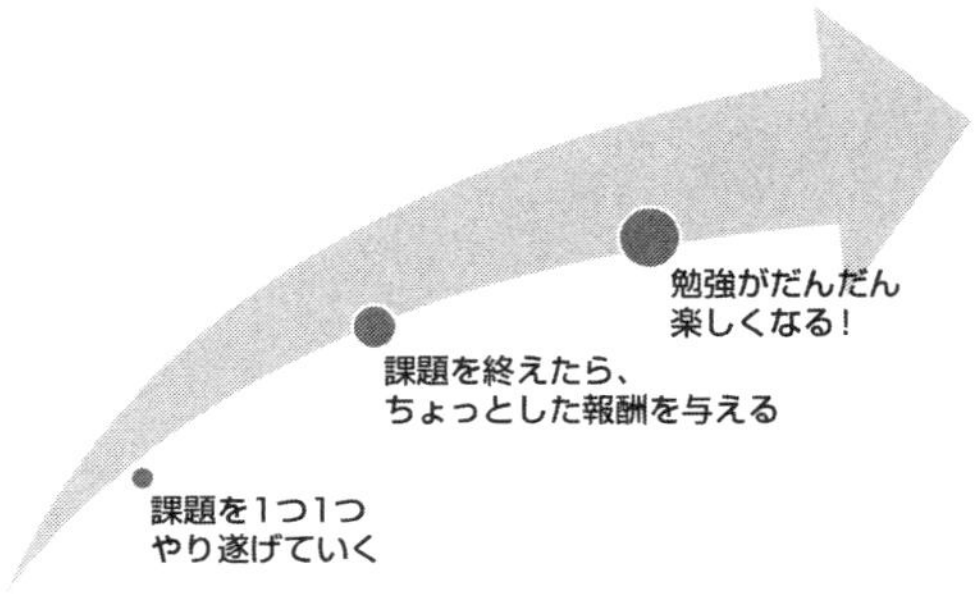
課題を1つ1つ
やり遂げていく
課題を終えたら、
ちょっとした報酬を与える
勉強がだんだん
楽しくなる！
図29　報酬を上手に利用すれば、学習するのが面白くなる。

「課題を期日までに仕上げると、ボーイフレンドと一緒に映画館に行くんです。二人とも映画を観るのが大好きですから。この報酬があるおかげで勉強や宿題をきちんと終わらせよう、とやる気が出てきます。それだけでなく、手がかり・日課・報酬のシステムを確立することで新しい学習習慣を身につけることもできたのです」。

——看護学士取得を目指す心理学専攻のシャーリーン・ブリソン

4　信念

先延ばしの習慣を改めるに当たって最も重要なことは、ずるずると引き延ばす習慣を変えることができる、と強い信念を持つことである。ストレスがたまると、以前の心地よかった習慣に後戻りしたくなるかもしれない。そういうときに今、実行中の**手がかり・日課・報酬の新しいシステムはうまくいくと確信すれば、ピンチを乗りきることができる。**友だちづき合いも心強い支えになる。弱気になっているときに「なせばなる精神」の前向きなクラスメートとつき合ったり、考え方や目標が同じ友人と励まし合ったりすれば、自分に活を入れられるだろう。中でも効果的な方法は、現在の自分と明るい将来像を比べる**メンタル・コントラスティング**だ。[6]たとえば、医学部の試験に合格して医者になりたい人は、休暇を取って旅行の支度をしていたときでも急患を救おうとする自分を想像してみる。翻って現在の暮らしぶりはどうだろう。ポンコツ車、コンビニ弁当の夕食、借金の山……。それでも望みがある！

実現したい自分の夢を思い出させる写真を勉強部屋や居間などの壁に貼っておこう。やる気が失せかけたときに写真を見れば、自分を奮い立たせることができる。将来の明るいイメージと、いつか抜け出したい現在の日常生活を比べてみる。確固たる信念があれば、現実を変えることができるのである。

逆境が夢の実現に駆り立てる

「メンタル・コントラスティングはすばらしい！　この方法は子どもの頃から試しています。いろいろな状況に応用できると思います。

僕の場合は暑い最中、メリーランド州の鶏肉生産工場で何カ月も働くうちに行き詰まってしまった。どうにかしなくてはならないと思い、大学で学位を取ろうと決心しました。メンタル・コントラスティングに使ったのが、鶏肉生産工場での経験です。惨めな日が一日でもあれば、夢の実現に突き動かされることがあると思うんです。決心がかたまれば、あとは楽ですよ。現在の状況から抜け出して夢を実現するための方法を探ればいいのです」。

——電気工学専攻の大学三年生マイケル・オレル

やってみよう!

メールのチェックがやめられないとき

朝、目を覚ますとすぐに電子メールやフェイスブックをチェックしたくなる人は、真っ先にタイマーを一〇分にセットして勉強に取りかかろう。一〇分後にネットにつないで自分の努力に報いる。こういった自制心を鍛える練習の効果は一日中続き、先延ばしのゾンビをコントロールしやすくなる。

一つ注意しておこう。練習の初日は、頭の中に潜むゾンビがギャーギャーわめいて抵抗するかもしれない。予想どおりゾンビがこうささやいたら、笑い飛ばそう。「一回だけなら構わないさ。ほら、フェイスブックをチェックしようよ」。

結果ではなく、過程を重視して流れに乗る

やるのが苦痛なので課題に取りかかりたくない人にぴったりの方法がある。結果ではなく、過程に意識を集中することだ。

「過程」とは時間の流れを指す。たとえば、習慣や行為の時間の流れは「これから二〇分間勉強しよう」というように自分の時間の過ごし方を表す。「結果」は「宿題を終える」というように結末を指す。

先延ばしを防ぐには、結果に意識を集中することなく過程を積み重ねて習慣をつくり出すことに注意を向けなければならない。そうすれば、嫌な課題を済ませることにもなる。

例を挙げよう。目の前には大嫌いな数学の宿題がある。見れば五問しかない。これなら軽いものだと考え、ずるずると引き延ばすことにする。ところが、空想の世界ではぎりぎり間に合うのに実際に始めてみると、五問を解くのがいかに骨が折れるか思い知る。

このように宿題の問題を解くという**結果**に意識を集中しないようにしよう。結果を考えれば、苦痛を覚える。だから、先延ばしにするのである。結果ではなく、宿題の問題を解いたり、試験の準備をしたりするのに必要な時間の積み重ね（**過程**）に注意を向けてみる。わずかな時間の積み重ねを考えればいいのであって、ある時間内に宿題を片づけようとか重要な概念を把握しようなどと思わずに少しの間（過程に）全力を尽くす。

これを習慣づければ、頭の中に潜むゾンビは過程を気に入るようになる。習慣的な事柄が大好きなゾンビには結果よりも過程の段階で協力を得られやすい。

付箋の効用

「読書課題を出されたときは読み終わった箇所にしおりを挟んだり、付箋を貼ったりすれば、それまでの経過をたちまちフィードバックできるので、最後の一行を見れば、読み続けようとやる気が出てきますよ」。

――サクラメントシティカレッジ天文学・物理学教授フォレスト・ニューマン

勉強は処理しやすい量に分けて短時間、集中的に行う――ポモドーロ・テクニック

「ポモドーロ・テクニック」は少しの間、学習や仕事などに注意を集中できるよう開発された技術だ。

図30　トマト型タイマー。

「ポモドーロ」はイタリア語で「トマト」を指し、一九八〇年代後半にイタリアの起業家・作家フランチェスコ・シリロがトマト型のキッチンタイマーを利用して、この時間管理術を考え出した（図30）。ポモドーロ・テクニックではタイマーを二五分にセットする。タイマーがカチカチいい始めたら、勉強に取りかかる。途中でこっそり席を立ってネットサーフィンをしたり、仲間にインスタントメッセージを送ったりしないことだ。ポモドーロ・テクニックのよさは今、手が離せないと周知できることにある。友人や家族が周りにいる中で勉強するときは、この技術を説明しておこう。友だちがたまたま邪魔しに来ても「今ポモドーロをやっているところ」とか「勉強を始めたところ」とかいってやんわり断ることができるので、相手も好意的に受け止めて干渉しないだろう。

タイマーを使うとストレスがかかるように思えるかもしれないが、予想外の効果がある。ポモドーロ程度の軽いストレスを受けながら学習すると、もっと強いストレスに楽に対処できるようになるのである。現に、アメリカの心理学者シアン・バイロックが著書『なぜ本番でしくじるのか――プレッシャーに強い人と弱い人』（東郷えりか訳、河出書房新社、二〇一一年）の中で述べているように、他の人が見ている前でパッティング練習をするゴルファーはコンペで大勢のギャラリーを前にしても取り乱さない。同様に、時間が刻々と迫る状況で問題を解くことに慣れてくれれば、プレッシャーのかかる試験本番でもさほどミスをしないだろう。[7] 外科やコンピュータ・プログラミングなどさまざまな分野のやり手がわざわざ探し出してくる人物とは、自分に難題をふっかけてストレスをかけ、結果的に腕がさらに上がるよう指導してくれるコーチである。[8]

ポモドーロ・テクニックを初めて試したときは、いつもの習慣で携帯電話のような勉強とは無関係のものをちらっと見たくなるかもしれない。しかし、すぐに思いとどまって勉強に注意を向け直すことができる。二五分間という時間の長さは、成人や一〇代後半の若者のほとんどが注意を集中できるほど短い。しかも、二五分間みっちり勉強した後に達成感を味わうことができる。

始めよければ終わりよし！

「先延ばしにしないコツは、とにかく始めることです。いいスタートを切れば、軽く一仕事終えられますよ。図書館の静かなフロアに行くと、僕と同じように本気で勉強したい人がいるものです。宿題に精を出している人を見ると、自分もやろうという気持ちになるんです」。

——歴史学専攻の大学三年生ジョゼフ・コイン

それでも注意散漫になるときがある。そういうときは気を散らすものを無視するに限る。私が先延ばしの対処法についてアドバイスできる中で、これがいちばん大切なことかもしれない。もちろん、上の空になりにくいよう工夫することもできる。たとえば、静かな場所に移動したり、騒音を打ち消すノイズキャンセリング・ヘッドホンや耳栓を使ったりすると集中できるだろう。

音を遮断して集中しよう！

「私は生まれつき外耳道〔耳の穴〕が閉じているため、耳がよく聞こえません。トリーチャー・コリンズ症候群が原因です。ですから、研究するときは補聴器を外します。すると、すごく集中できるんですよ！　ハンディキャップ様々です！
小学校二年生に進級する前に知能テストを受けました。結果は平均より低い九〇です。母はうろたえましたが、私はといえばAの成績を取ったと思いましたので、有頂天になったものです。現在の私のIQ（知能指数）がどの程度なのかわかりませんが、耳が聞こえていれば、指数は数段階落ちるのではないでしょうか。雑音のオンとオフが自在なのはありがたいことです」。
——ウイルスの共同発見者にして最優秀教師賞を受賞したフロリダ大学植物病理学科名誉教授
F・ウィリアム・「ビル」・ゼトラー

二五分間単位のポモドーロ学習を一回終えたら、休憩を挟んで再開する。休憩時間は状況による。提出期限が数週間先の課題に取りかかりたい場合は三〇分間ネットサーフィンをして自分に報酬を与えることができそうだ。期限が迫っているものがまだたくさん残っていれば、五分ほど一休みしよう。ポモドーロ学習とタイマーを使わない学習を交互に行うこともできる。タイマーがないとぐずぐずし始め、集中できなくなれば、ポモドーロ学習に戻すことだ。

ポモドーロ式のタイマーを用いた時間管理術では、過程が最重要になる。二五分の間、問題を一つ一つ解いていくことに集中すれば、何かに気を取られずに黙々と勉強を続ける状態に入り、時間内にやり終えるだろうかとやきもきすることもない。[9] こういった状態に入れば、拡散モード時の能力を利用しやすくなるかもしれない。いずれにせよ、**結果ではなく過程に集中すると「もう少しで終わるだろうか」などと進捗状況を判断することもないために肩の力が抜け、勉強の流れに乗る**（図31）。こうして調子が出てくれ

図 31　結果ではなく過程を重視し、毎日、一定の時間に勉強の流れに乗るようにすれば先延ばしを防ぐことができる。そこで、25 分間のポモドーロ学習を試そう。25 分の間、課題を仕上げることではなく、1 つ 1 つこなしていくことに意識を集中する。写真中のアメリカの理論物理学者アントニー・ギャレット・リジーも大波を乗り越えることではなく、一瞬一瞬に焦点を合わせている。

ば、数学や科学の学習に限らず、リポートなどの作成もずるずると引き延ばさずに済む。**複数の課題を同時に処理すること（マルチタスク）は、植物をしょっちゅう引き抜くようなものだ。注意がたえず移るので、新しい概念が根づいて大きく育つ暇がない。**そのうえ、勉強しながら別の用件を片づけていれば、すぐに疲れてしまう。注意があちこちに転じると、エネルギーはあっという間に尽きるのである。注意の切り替え自体は些細なものであっても、度重なれば何一つ満足に全うできず、努力は報われない。また、記憶力が悪くなってミスが増えるし、応用力が低下する。中でも典型的な悪影響は、勉強中や講義中に用事を済ませたりする学生は総じて成績が下がることである。[10]

先延ばしは鉛筆を削り始めるなど、たわいない作業から始まることもある。鉛筆を削るのは、その時点では課題を仕上げようという気持ちがまだ残っているためだ。しかし、本筋からそれてしまう。脳はこのようにして一杯食わせようとしている。この種の先延ばしには、第8章「先延ばし防止策」で取り上げる実験ノートが役立つ。

やってみよう！

ひと呼吸置いて自分の気持ちを確かめる

勉強中に友人からのメールをチェックしたくなったら、少し間を置いてどんな気持ちになっているか探ってみよう。期待感でも何でもいい、自分の気持ちをよしとして認める。その後は、メールのことをひとまず忘れることだ。

このように気を散らすものを無視できるよう練習する。これは注意散漫の元となるものを意志の力で考えないようにすることより、ずっと効果的な方法である。

ポイントをまとめよう

- やるのが億劫《おっくう》でも少しずつ勉強することが結局ためになる。
- 先延ばしのような習慣は次の四つからなる。
  - 手がかり
  - 日課
  - 報酬

・信念
・悪癖を改めるには手がかりに反応して起こす行動、日課を新たにつくり出したり、携帯電話の電源を切るなど手がかりを取り除いたりすることだ。また、報酬をつけ加えれば日課は継続しやすくなるし、信念を持てばピンチを脱することができる。
・結果（課題を済ませること）ではなく、過程（時間の流れ、自分の時間の過ごし方）に意識を集中する。
・やらなければならないことを先延ばしにしがちな人はタイマーを二五分にセットし、課題に集中してみる。作業中、携帯メールやネットサーフィンのような気晴らしは厳禁だ。二五分後に好きなことをして自分に報酬を与える。
・新しい習慣をつくり出してもまたぞろ勉強を先に延ばしそうになったときは、今の生活の最悪な面と明るい将来像を比べるメンタル・コントラスティングでやる気を起こすことができる。
・複数の課題を同時に処理すると、課題にかかわる脳部位の神経結合が不十分になるため、考えがまとまりにくくなる。

ここで一息入れよう

例によってこの本を閉じて顔を挙げよう。本章の主要点を思い出してほしいが、何となくだるい人や頭がすっきりしない人、この章の同じ段落を何回も読んでいた人は腹筋運動や腕立て伏せ、ラジオ体操などを始めて体を動かしてみよう。ちょっとした運動で理解力や記憶力は大幅にアップする。その後、本章の要点を思い出

してみよう。

学習の質を高めよう

1　頭の中に潜むゾンビ（脳の機械的・習慣的反応）は過程と結果のどちらが気に入るだろうか。本書を読み終えてから二年後でも過程を重視できるようになるテクニックを思いつくだろうか。

2　携帯電話の電源を切って勉強に取りかかるというように、現在の習慣をちょっと変えるだけでも先延ばしを防げそうなものはあるだろうか。

3　手軽で新しい日課を採り入れることで先延ばしを防ぐこともできる。その例を考えてみよう。

4　先延ばしの手がかりに対する反応を変えたり、手がかりを受けとらないようにしたりするにはどうすればいいだろうか。

失敗は成功の元

全米の他にイギリスとカナダの教授や二年制・四年制大学を評価するサイト「レイト・マイ・プロフェッサーズ」で学生が大いに推薦したのが、テキサス州ダラス郡コミュニティカレッジ地区にあるイーストフィールド・カレッジ数学教授オラルド・「バディ」・ソーシドである（図32）。「成功のチャンスを提供する」ことが教える際のモットーであるバディ自身は、失敗したおかげで成功しようという意欲がかき立てられたそうだ。

「講義中に学生から質問されることがあるんです。『先生はずっと優等生だったんですか』。これには思わず噴き出してしまいますよ。それでテキサスA&M大学〔テキサス農工大学〕に在学していた頃のGPA〔成績評価平均値。最高点は四・〇〕の話を始めるんです。こんな具合です。ホワイトボードに『4.0』と書きながら『一学期目のGPAはあと少しで4.0というところまで行った。まずまずだろう?』と話せば、学生は『へえ』と思いますよね。それからおもむろに黒板ふきを取り出して、小数点の .と0を左側に書き直すのです。すると『0.4』になります。

0.4が実際のGPAです。僕は惨めにも落第し、大学を追い出されました。しかし、まもなく復学し、やがて学士号と修士号を取ったんです。

世の中には失敗を経て成功をつかんだ人が大勢います。そういう人たちも僕と同じような経験をしたと思いますよ。失敗したことがなければ、成功したいという気持ちをかき立てるのに失敗がいかに重要になるか、わからないかもしれません。

図32 数学教授オラルド・「バディ」・ソーシド。

次に紹介するのは、大学復帰を含めて成功への道を苦労しつつ歩み始めたときに学んだ教訓です。

- 成績は人を表さない。人は成績より優れている。成績は時間管理の得手不得手や成功率を指している。
- 成績が悪いからといって駄目な人間というわけではない。
- 先延ばしは成功の命取りになる。
- ほどほどのペースで前進し、時間を上手に管理するのが学習の秘訣。
- 準備万端整えておけば、いつかは成功する。

- 失敗しやすい人もいれば失敗しにくい人もいるように、失敗率は人それぞれだ。割合が違っても誰だってしくじる。だからこそ、宿題をきちんと済ませて失敗率を使い果たす。
- 『練習によって完璧になる』というのは真っ赤な嘘。実際には練習することで上達してくる。
- 間違えそうなところを練習する。
- 試験当日を除いて（!）いつでも、どこでも練習する。
- ほったらかしにしていた課題を一夜漬けで済ませようと思ってもうまくいかない。
- 一夜漬けの試験勉強は小技《こわざ》を使った勝負であり満足感は少ないし、一時的な成果しか上がらない。
- 学習は息の長い勝負であり、人生最大の報酬を手に入れることができる。
- 人は生涯学習者であるべきだ。人生のどの段階でもつねに学ばなければならない。
- 失敗を認め、一つ一つの間違いを尊重する。
- ゾンビでさえしくじっても立ち上がり、もう一度挑戦する！

経験は最良の教師とよくいわれますね。しかし、失敗こそが最高の教師と思いますよ。自分の間違いから多くのことを学べますから、失敗と上手につき合って、間違いを学習手段として利用できる人が最も優れた学習者なのです」。

第7章　チャンキングと、ここぞというときに失敗すること

——専門知識を増やして不安を和らげよう

発明品の多くは最初から完成品として華々しくデビューしたわけではなく、何度も改良を重ねている。たとえば、「携帯」電話第一号は持ち運びができるといってもボウリングのボール並みにかさばった。初代冷蔵庫も使い勝手が悪く、主にビール工場で使用された。最初期のエンジンは図体の大きい怪物でありながら、出力は現在のゴーカート程度だった。

発明品が世に出れば、エンジンにターボチャージャー（過給機）を取りつけるというように、いくらでも改良して新しい機能を加えることができる。技術者は燃料を増やすと同時に、エンジンにターボチャージャーを装着して燃焼室に空気を多く送り込めば出力が増して元が取れるとふんだのだろう。ドイツやスイス、フランス、アメリカなど各国の技術者は基本コンセプトに手を加えてエンジンを改良しようと競い合ったものだ。

第2章のコラムでアドバイスしたとおり、本章をざっと読み、章の終わりの質問リスト「学習の質を高めよう」の項目をチェックすると要点を把握しやすくなる。

チャンキングの腕を磨く

この章では、発明品を改良するようにチャンキング技能に磨きをかけることにしよう。出来上がったチャンクを頭の中のチャンク図書館に収めていけば、試験の成績は上向き、問題を独創的に解けるようになる。どんな分野でも専門知識を身につけるには、チャンキングが基礎となる。[1] 機械的暗記が必要な学科の学習に比べて、数学や科学の問題解決の基本概念は楽に習得することができる。といっても、暗記を軽視しているわけではない。医学生などは専門医試験に備えて懸命に暗記している。

数学や科学の問題解決の基本概念が比較的習得しやすいのは、**数学や科学の問題にいったん取り組み始めると、一つの段階を終えるごとに当の段階が次の段階ですべきことをそれとなく教えてくれる**ためだ。こうして問題の解き方を自分のものにすれば、解法のチャンクを増やすことができるし、神経活動が活発になって直感が働きやすくなり、問題を見ただけで解法がピンと来ることもある。このようにチャンク図書館は、他のどの学習法もまねのできないやり方で問題解決の基本概念を理解できるようにしてくれる。

それでは、さっそく解法のチャンキング法を挙げよう。

役立つチャンクのつくり方

1　問題を紙に書き出して解いてみる

以前にも解いたことがある問題や参考書の解答・解法つきの問題のように解き方がわかるものを選んで紙に書き写し、問題を解いてみよう。解き終わるまで決して解答をちらっと見たり、解法手順をいくつか省いたりしないこと。一つ一つの手順を確かめながら解いていく。

2　解法手順に注意しつつ、再度問題を解く

たった一回の練習ではギターを弾くことも体を鍛えることもできないのと同じように、問題解決の腕を磨くには反復しなければならない。

3　休憩を取る

同じ問題を二度解いたら休憩する。休憩時間を利用してアルバイトをしたり、別の学科を勉強したり、[2] 部屋を出てバスケットボールを始めたりしよう。問題の解き方を習得するには、このようにして拡散モードの時間を確保する必要がある。

4　睡眠を取る

就寝前にまた問題を解こう。[3] ある段階で行き詰まっても、問題が問うていることに耳を澄ますようにすれば、睡眠中に脳は次の手順を耳打ちしてくれるだろう。

5　駄目押しの反復練習をする

翌朝、同じ問題に取り組むとこれまで引っかかっていたのが嘘のようにあっさり解けるだろう。こうして解き方を十分に理解できた時点で、解法の各手順を冷静に振り返ってみる。その際、いちばん難しかった手順を取り上げて念のために練習することを「意図的練習」という。「何回練習するんだ」とうんざりするかもしれないが、効果はある。意図的練習の代わりに、同じような問題を楽に解けるかどうか試すこともできる。練習後、問題の解き方をチャンクにして頭の中の図書館に収める。

6　別の問題をつけ加える

解答・解法つきの問題を新たに選んで解いてみよう。その解き方は、最初の問題の解法に続いて二番目のチャンクにすることができる。新しい問題を一度解いたら、本コラムの2〜5の段階を繰り返す。そうして問題になじんだら、解法をチャンク図書館に収め、次の問題に移る。チャンクが二つ増えただけでもびっくりするほど問題をよく理解でき、初めての問題でも効率よく解けるだろう。

7　体を動かしながら反復する

散歩や運動をしながら問題の解法手順を思い出して復習してみよう。あるいは、講義が始まる前とか、バスの到着を待っているときとか、車の助手席に座っているときなど空き時間を利用してもいい。頭の中で解法手順を確認することも「リハーサル」の一つだ。リハーサルを繰り返せば宿題の問題を解いたり、試験を受けたりするときに解法を思い出しやすくなる。

以上のようなチャンキング法で問題の解き方を記憶・想起していけば、ニューロンが相互につながった神経回路網は強固になり、解法のチャンクの内容は充実してくる。[4] そうはいっても、役立つチャンクをつくるには同じ問題を四回解く必要がある。他に宿題の問題や仕事をたくさん抱えていれば、そんな暇はないとぼやきたくなるかもしれない。

しかし、学習の真の目的は何だろうか。宿題を提出するためだろうか。試験問題をすらすら解いて科目の成績を底上げするためだろうか。その試験問題にしても、教材の問題を一つ片づけておけばうまく解けるというわけでもない。何より一問解いただけでは身にならないのである。

時間の余裕がなければ、前述の意図的練習に絞って解法手順を確認しよう。これにより学習スピードが上がり、問題解決技能が向上してくる。

セレンディピティの法則

運命の女神は努力家を好むので、未知の科目であっても、あれもこれも勉強しなければならないと途方に暮れる必要はない。重要な概念を把握することに全力を挙げよう。このように初めての科目の枠組みを知ることが、今後の学習にものすごく役立つ。

意図的練習は演奏家の腕の磨き方と一脈相通じるものがある。たとえば、バイオリンの巨匠は楽曲の初めから終わりまで繰り返し演奏してみるだけでなく、指がよく動かずに音程を外しやすい、いちばん難しい部分を重点的に練習する。[5]同じ要領で、意図的練習では問題をすばやく解けるよう解法手順の中で最もわかりにくい部分に的を絞る。[6]

教材内容を思い出すことは、効果的な意図的練習ということができる。ある研究では、教材をたんに読み直すのではなく、教材内容を思い出すことに努力すれば努力するほど、その内容は記憶に深くとどまる。[7]チェス名人の場合は、最高の次の一手となる盤面の駒の配置をチャンクにまとめることに力を入れて当のチャンクを長期記憶に保管している。おかげで試合本番では最適な指し手を選ぶことができる。[8]名人と下位のチェスプレイヤーの違いは、練習時間の使い方にある。名人は自分の弱点を見極め、それを補強することに時間を多く割いている。[9]気晴らしにチェスを楽しむのとは大違いで、楽な練習ではないが、満足の行く結果が出るだろう。

思い出す練習、検索練習は教材のたんなる読み直しよりずっと有益であり、[10]最強の学習形態である。先の解法のチャンキング法が効果的であるのは、解き方の手順を思い出すという検索練習を採り入れているためだ。頭の中で解法手順を再現することもなく、机の上に広げた教材とただにらめっこしたところで、理解できたように勘違いするのが落ちである。

検索練習を始めた当初は、大の大人がピアノのレッスンを初めて受けたときのようにうまくいかないかもしれないが、練習を重ねるうちに調子が出てくる。短気を起こさずにじっくり構えていれば、練習を楽しめるようになる。ピアノのレッスンだって、そのうちに熱演できるかもしれない。努力は報われるのである！

頭の中の「チャンク・コンピュータ」

「僕は工学の学生ですが、技術者を補佐するエンジニアリング・テクニシャンとしてフルタイムで働いているものですから、大学で勉強したことをすべて覚えておくのは大変です。そこで、熱力学の講義、機械設計、プログラミングというように分野別のチャンクを頭の中のパソコンに保管することにしたんです。学習課題の内容を思い出さなければならないときは、取りかかっていることをひとまず措いて目当てのチャンクを参照します。チャンクはデスクトップに貼りつけたリンクのようなもので、目的の資料を探し出せるんです。

また、特定の分野のチャンクに意識を集中することもできますし、拡散モードのときにデスクトップを思い浮かべると、二つのチャンクの概念上のつながりに気づくこともあります。別々の分野のチャンクなのに関連づけることができるわけです。チャンクが整然と並ぶデスクトップのおかげで頭の回転が速くなったうえ、問題を深く掘り下げることもできるようになりました」。

――電気工学専攻の大学三年生マイケル・オレル

壁にぶつかるのは自然なこと

学習は理屈どおりにはいかないもので、「知識の棚」に収めるべきものがほとんどない日々が続くこともある。ときには壁にぶつかり、わかっていたはずの問題にまごついたりする。[11]

こういった「知識の崩壊」は脳が理解していたことを整理し直し、改めて基礎固めを図っているときに起こるようだ。語学学習者の場合は、ある日突然外国語が宇宙人の言葉のように聞こえ、わけがわからなくなる時期がたまにある。

しかし、知識を吸収するにはある程度、時間がかかる。その間、前進するどころか後退していくように思えて腹立たしいだろうが、脳が教材と真剣に取り組んでいるのであって、ごく自然な現象だ。イライラが募る時期を乗り越えれば、知識基盤はびっくりするほど拡充する。

問題と解答・解法をセットにして整理する

試験に備えて問題と解答や解法をきちんとまとめておけば、すばやく調べることができる。たとえば、記憶に残りやすいよう解答と解法を手書きにし、その紙を教科書の当該ページの問題に接着テープで貼りつける（マスキングテープや付箋を使うときれいに剝がせる）。また、講義ノートや参考書から重要な問題と解答・解法を選び出してバインダーに綴じれば、試験前にもう一度練習することができる。

偉大な心理学者の教え

「妙なことに、記憶には受動的反復より能動的反復を利用したほうが物事を覚えやすいという特性がある。たとえば、書物の一部の言葉を暗記する際におおかた思い出せれば、再び書物を開いて確認するよりしばらく後に一生懸命に思い出したほうが割に合う。後者の方法で言葉を思い起こすことができれば、次に試すときもうまくいくだろうが、前者の場合は以前のように書物が必要になるだろう[12]」。

――アメリカの心理学者ウィリアム・ジェームズ（一八四二〜一九一〇年）

日頃のチャンキングがへまを防ぐ

作動記憶の容量が限度に達して問題解決に必要な情報をつけ加えることができなくなると、試験のようなここ一番のときに上がってしまい、失敗しやすい。しかし、**解法をチャンクにして記憶しておけば、試験でもミスをしにくくなる。**チャンキングは知識を圧縮して作動記憶に余裕を持たせるため、問題を解くのに必要な情報を加えることができるのである。かくして、試験本番でもそう簡単に精神的にまいることはないだろう。しかも、作動記憶に空きができると、問題解決の細部を思い出しやすくなる[13]。

試験は理解度を測るための手段になるだけではない。**試験を受けること自体が非常に効果的な学習経験となる。**[14]**事実、試験を受ければ知識は修正・追加されるし、教材内容を記憶にとどめておく能力が大幅に伸びる。**試験によって知識や記憶が深まる効果を「テスト効果」という。試験は該当する脳領域の神経パターンを強化するため、こういった効果が上がるようだ。第4章「情報はチャンクにして記憶し、実力がついたと錯覚しない」の図23（八二ページ）の右下の色の濃いループ状のチャンクがまさに神経パターンの強化の現れで、神経パターンは反復練習によっても安定してくる。[15]

試験の成績が悪くて後日試験問題を見直さなかった場合でもテスト効果は期待できるものの、理解できているかどうか自分をテストする自己試験のときは解答や解法が載った参考書などを利用し、問題を解いた後に必ず答えや解き方を確認したほうがいい。こういったフィードバックは教師に質問したり、仲間と一緒に問題を解いたりすることでも図ることができる。[16]

チャンキングは思い出す能力、想起力のちょっとした自己試験になる。実際、役立つ解法のチャンクをつくるには解き方の手順を思い出さなくてはならない(検索練習)。学生ばかりか、ときには教師でさえこの検索練習による想起力の自己試験の利点に気づいていない。[17]

しかし、想起力の自己試験もとっておきの学習法であり、椅子に座って教材をただ読み直すことよりずっと効果がある。解法手順を繰り返し思い出して自分の想起力をテストしながらチャンクをつくっていく。これにより深く学べるようになる。

やってみよう!

ピンチに役立つチャンク図書館

問題の解法パターンのチャンク図書館を頭の中につくると考え方が柔軟になり、専門知識が増えてくる。問題解決が容易になる解法パターンが収まっているので、この図書館はピンチのときに便利なデータベースとなり、数学や科学の難問を解くのに役立つ。問題解決の解法パターンを考えることは、人生のいろいろな場面に当てはまる。一例が機内やホテルの一室に落ち着いたら万一に備えて非常口の場所を調べることであり、こうすればピンチを切り抜けることができるだろう。

ポイントをまとめよう

- 「チャンキング」とは、チャンクにしたい概念をニューロンが相互につながった神経回路網の思考パターンに組み入れることでもある。
- チャンキングによって作動記憶の容量を増やすことができる。
- 概念や解法のチャンク図書館をつくると、問題解決時に直感が働きやすくなる。
- チャンキングの際は難しい解法手順に的を絞って意図的練習を繰り返す。
- 問題を数回解いたら散歩や運動をしながら解法手順を思い出して復習してみる。
- 猛勉強しても運悪く試験でしくじるかもしれない。そういうときはセレンディピティの法則を思い出そう。試験前に一生懸命に練習を重ねてチャンク図書館をつくっておけば、やがて運が向いてくる。何も準備しなければ失敗しても不思議ではない。一方、日頃からチャンキングに励むと試験の成績が伸びるなど成功体験が増えてくる。

ここで一息入れよう

本章の主要点は何だろうか。細かい点まで思い出せなくとも結構だ。とにかく今、勉強していることと関係のある要点を押さえておけば、学習がいちだんと捗るだろう。

学習の質を高めよう

1　参考書の巻末の解答や解法を見て納得できれば次の問題に移れそうなものを、役立つチャンクのつくり方ではなぜ同じ問題を再三再四解かなければならないのだろうか。また、試験前に何をどう整理すれば練習や調べものがスムーズになるだろうか。

2　テスト効果とは何だろうか。

3　自身の経験もふまえながらセレンディピティの法則の例を挙げてみよう。

4　ここぞという場面でしくじる原因は何だろうか。また、「知識の崩壊」はどういうときに起こるだろうか。

5　教材を繰り返し読めば知識は身につくと錯覚している人は多い。こういった落とし穴にはまらないようにするには、教材を読み直す代わりに何を試せばいいだろうか。

創造的刺激の源

ニール・サンダレサン博士（図33）が発案した事業にイーベイ・インスパイア育英事業がある。同事業で奨

図33　イーベイ社のイーベイ総合研究所専務理事ニール・サンダレサン博士。

学金を獲得した社会的・経済的に恵まれない大学一年生のグループが先頃初めて申請した特許は、アメリカ最大手のネットオークション企業イーベイ社のモバイルコマースに不可欠な知的財産となっている。半生を振り返りながらサンダレサン博士が創造的刺激について語ってくれる。

「私はエリート・コースを歩んだわけではなく、通った学校は平均以下のレベルでした。適任といえる教師も少なかったのですが、記憶力や笑顔がすばらしいとか何かしら得るところに努めて目を向けると教師を高く評価できるようになりましたし、クラスのみんなとも分け隔てなく接することができたんです。

相手の長所を見つけ出すという積極的な態度はキャリアを築くうえでずいぶん役立ちました。今でも人の好ましい面を探しますよ。探すのをやめると精神的に落ち込みます。そうなったときが潮時で、心の中をのぞき込んで気持ちを変化させなければなりません。そんなこともあって私は同僚や仕事先の人から刺激を受けることに貪欲です。

陳腐な言い草に聞こえるでしょうが、母にはだいぶ感化されました。母はインドで独立の機運が高まった激動の時代に成長し、高校の教育を受ける夢は叶いませんでした。進学するには生まれ育った田舎町を離れなければならなかったためです。母の目の前でドアが閉じられた。そのドアをこじ開け、大いなるチャンスをつかめるのだということを恵まれない人に気づいてもらおう。私はそう決心したのです。

母は『学習の基礎は書くこと』を金科玉条としていました。この考えにも影響されましたね。たしかに小学校から大学院までの勉強では、体系的に理解することや知識を身につけるための段階を一つ一つ書き出すことが非常に効果的でした。

院生だった頃の話です。他の学生は教材のある節の文や数学の証明の各段階を蛍光ペンでせっせとマークしている。私にはどうしても理解できませんでした。一度蛍光ペンで強調してしまえば、原文が台無しになり、その内容を自分の中に取り込んで考えを発展させることができなくなります。

蛍光ペンの話は本書の所見と一致しますね。経験上、蛍光ペンでマークしてものみ込めたように錯覚するだけですから、避けたほうがいい。それよりも検索練習を試すことです。教材を読むときは、重要な概念をしっかり覚え込んでから次のページをめくるようにするのです。

学生時代は頭が冴える午前中に数学のような難しい科目に取り組んでいました。この習慣は今も続いています。難問が解決しやすいのは、数学から注意をそらして浴室でシャワーを浴びているときです。つまり、拡散モードの不思議な力のおかげというわけですよ」。

第8章　先延ばし防止策

アメリカの有名な経営コンサルタントのデイヴィッド・アレンが著書『仕事を成し遂げる技術――ストレスなく生産性を発揮する方法』〔森平慶司訳、はまの出版、二〇〇一年〕の中で、物事をずるずると引き延ばさないための秘策を述べている。「なすべきことに取りかかれるコツがある（後略）。最高の業績を挙げている人たちが日頃、大いに採り入れているものだ（後略）。人間の賢い部分がやるべきことをお膳立てすると、さほど賢くない部分がほぼ自動的に反応して行動を起こし、上々の結果を出すのである」[1]。

この例にはトレーニングウェアを着ると運動する気分になることや、玄関ドアの近くに重要な報告書を置いておけば忘れないことなどがある。他にお膳立てとして、図書館の静かな一角のように邪魔な手がかりがほとんどない環境に移動すると先延ばしを防ぐことができる。勉強に専念できる場所は非常にプラスになる[2]。

また、瞑想を利用すると、よけいな考えに気を取られなくなる[3]（瞑想は東洋思想などに傾倒した一九八〇年代前後の「ニューエイジ運動」向きのものではなく、科学的に高く評価されている）[4]。インターネットで検索して瞑想の実用的なアプリを利用するのもいいだろう。

関心事をとらえ直すことも先延ばしを防ぐ。たとえば、ある学生は「体がだるいだろうなあ」と思わずに「朝食はさぞかしうまいだろう」と考え直すことで平日は毎朝四時半に起床して勉強に取りかかれるようになった。

中でも驚くべき実例が、一マイル競走で史上初めて四分を切ったイギリスの医師・陸上競技選手ロジャー・バニスター（一九二九年〜）である。医学生だったバニスターにはトレーナーやランナー用特別食を利用する余裕がなかった。しかも、医学研究に追われているため、日に三〇分練習するのが精一杯だった。しかし、バニスターはこういったレースに勝てそうもない理由にいっさい注意を払わず、自分なりに目標を達成することに意識を集中し直したのである。運命の日、バニスターは起床していつもの朝食を摂り、ふだんと同じように回診してからバスに乗って競技場に向かった。

このように注意を否定的な面から肯定的な面に転じれば、宿題は提出期限ぎりぎりに片づくと考えるような、ろくな結果にならない先延ばしの策を弄さずに済む。

勉強を始めようとすると多少、憂鬱になるのは自然なことだ。問題は、そういった否定的な感情をどう扱うかである。ある研究では、ずるずると引き延ばさずにさっさと始める人はマイナス思考を追い払い、次のように自分に言い聞かせている。「時間を無駄にしないで、やるべきことをやろう。一度取りかかってしまえば、気分がよくなる」[5]。

先延ばしの上手な利用法

「学生には次の三つのルールに従っている限り、先延ばしにできると教えています。

1　夢中になりすぎるため、先延ばしの時間にインターネットには接続しない。

2　数学の宿題の問題の中でいちばんやさしそうな問題をあらかじめ選んでおく。この時点ではまだ解かなくていい。

3 その問題を解くのに必要な方程式を紙にコピーする。当の紙は先延ばしを切り上げるまで持ち歩く。その後、部屋に戻って宿題の問題を解き始める。

このようにすれば、拡散モードの状態になっても宿題の問題は頭からなかなか消えませんから、ずるずると引き延ばしている間も学生は問題に取り組んでいることになるんですよ」。

――カナダのブリティッシュコロンビア州ビクトリアにあるカモーソン・カレッジ物理学講師
エリザベス・プラウマン

先延ばしを観察してみる

カリフォルニア大学バークレー校心理学名誉教授セス・ロバーツ博士(一九五三〜二〇一四年)が院生だった頃、講義で学んだ実験法を自分に応用することにした。ニキビを診てもらった皮膚科医からは抗生物質テトラサイクリンを処方されていた。そこで、テトラサイクリンの服用量を変えながら顔にできたニキビの数を数えていった。その結果は、差がなかった! テトラサイクリンにニキビの数を減らす効果は認められなかったのである。

ロバーツ博士がたまたま見つけた所見は時代を先取りしていた。およそ一〇年後に発見されたテトラサイクリン系抗生物質も痤瘡《ざそう》に必ずしも効くとは限らないし、有害な副作用がある。一方、過酸化ベンゾイル配合のクリームは予想外に効き目があった。博士はこう述べている。「痤瘡の調査から気づいたことが二つある。一般の人も自分を実験台にすれば、専門家の意見が正しいかどうか判断できることと、何かしら学び取れることである。自己実験にこのような効果があるとは想像もしていなかった」[6]。博士の自己実験は続く。気分はどう変化するのか、体重を落とすことは可能か、オメガ三脂肪酸は脳機能をどれほど高めるのか等々、さまざまな問題を研究している。

博士によれば、概念を検証したり、仮説を立てて発展させたりするのに自己実験は非常に役立つという。この実験の利点を次のように指摘している。「自己実験ではふだんやりそうもないことを数週間続けることになるため、当人の生活は大きく変化する。しかも、自分を観察する方法は多数あるので、自己実験では思わぬ結果が出やすい(後略)。そのうえ、ニキビの数でも睡眠時間でも何にせよ、実験では毎日測定する。その測定値を基準にすれば、予期せぬ変化に気づきやすいのである」[7]。

ロバーツ博士の自己実験は先延ばしにも応用することができる。仕上げるつもりだった課題に手をつけなかったときは何が手がかり(きっかけ)となり、その手がかりに自分はどう反応したのか実験ノートにメモしよう。こういった記録が圧力となり、先延ばしの手がかりに対する反応が変化し始め、学習習慣が徐々に改善してくる。また、心理学者・コンサルタントのネイル・A・フィオーレが著書『戦略的グズ克服術――ナウ・ハビット』〔菅靖彦訳、河出書房新社、二〇〇八年〕の中で勧めているように、その日の活動スケジュールに従うということを一~二週間ほど続ければ、先延ばしが起こりやすい問題箇所が明らかになる[8]。自分の行動を観察する方法は他にもいろいろある。どんな方法でも習慣を変えるには数週間は記録を取り続けることだ。さらに、静かな図書館よりもがやがやした喫茶店にいるほうが勉強が捗る人もいるだろう。どのような環境が自分に合っているのか、確かめる必要もある。

正反対の先延ばし対処法

「先延ばしを防ぐ秘訣は、人を含めて気を散らすものから離れること。集中できるように別室に移ったり、図書館に行ったりするのが一番ですよ」。

――電気工学専攻の大学二年生オーカリー・カワート

「課題を持て余したときはグループ学習が役立ちます。その場で質問できますし、クラスメートと一緒に勉強するとお互いに何を勘違いしているのか、よくわかるんです」。

――機械工学専攻の大学三年生マイケル・パリソー

課題リストをつくる

先延ばしをコントロールするのに最適な方法は、いたって単純だ。まず、週に一度課題のリストを作成する。次に、毎晩寝る前にその週間リストの項目の中で翌日に済ませられそうなものをいくつか選び出して列挙するのである。

前日に課題リストを書き出すと睡眠中に脳はリスト中の項目に取り組み始めるため、本人は課題をどう仕上げるかがおぼろげにつかめる。[9] しかも、前日の晩に課題リストをつくっておけば、当日、「ゾンビ」（脳の機械的・習慣的反応）がその気になり、リスト中の項目を消化できるよう協力してくれるのである。

課題リストを用意しないで翌日、課題に取りかかると作動記憶がフル回転する羽目になる（図34）。

リポートの提出期限などの大切な期日は、オンラインカレンダーや紙のカレンダーなどに記録しているかもしれない。そういった「〆切り」入りのカレンダーを見て、二〇項目程度の課題の週間リストを作成

図34　翌日に取りかかるべき課題を前もってリストにまとめないと、課題はバラバラになって作動記憶の4つの穴をすべて占拠してしまう（左）。一方、課題リストを作成して作動記憶に余裕を持たせれば、問題を解く際に作動記憶を存分に働かせることができる（右）。ヤッター！　ただし、毎日必ず課題リストをチェックするかどうか確信できないと作動記憶の穴は再び課題に塞がれるので、自分ならやれると自信を持とう。

しよう。毎晩寝る前には週間リストを参照しながら翌日の課題リストを書き出す。課題の数は四項目以上、最大でも一〇項目にしたい。思いがけず課題が増えた場合を除いて項目を追加する必要はない。また、一度決めたら日々の課題リストの項目を入れ替えないことだ。

「朝一番に嫌な大仕事を片づける」。ライティング・コーチのダフネ・グレイ－グラントのこのアドバイスは、先延ばしを防ぐコツでもある。翌朝、目が覚めたら重要でありながら嫌いな課題に真っ先に取りかかろう。

次に挙げるのは、私のスケジュール帳兼日記帳から作成したある日の課題リストの見本だ。全部で六項目しかないが、後述のとおり他にも用事がある。項目の中には、機関誌への提出期限が数カ月後の論文のように準備段階にあるものが含まれている。論文を仕上げていく過程が大事なので、やや集中しながら取り組んでいる。一方、限られた時間内で済ませられる項目の場合は結果を重視して、当日に終えなければならない。

一一月三〇日

- 機関誌『アメリカ科学アカデミー紀要』の論文(一時間)
- 散歩
- 教材に目を通す(一節分)
- ISE 150〔勤務先オークランド大学の工学・科学入門講座〕——公開講座の準備
- EGR 260〔オークランド大学の経営システム工学の講座〕——期末試験の一問を作成
- 近く公開の講演の原稿を仕上げる
  集中しつつ楽しむ!
  当日の終了予定時刻——午後五時

課題リストの終わりのほうのメモにあるとおり、各項目に取り組むときは集中しつつ楽しみたいと思っている。もっとも、リストどおりにうまくいかず、電子メールをオフラインにし忘れたために課題を後回しにしそうになったこともある。そういうときはパソコンにダウンロードした二五分間単位の時間管理術「ポモドーロ・テクニック」を利用して調子を取り戻す。これで仕事が捗り始める。前掲の項目を処理するだけでなく、合間に会議に出席したり、講義したりしなければならない。ときにはわが家の庭の雑草を抜き取ったり、台所を掃除したりと動き回る課題もこなす。それほど好きな課題ではないが、拡散モードの休憩ととらえれば、掃除などをして体を動かすのが待ち遠しくなる。このようにちょっとした運動の課題を混ぜると楽しくなるし、長時間椅子に座って勉強するという不健康な状況を防ぐこともできる。

経験を積む他に、一定の時間内で終えられるものを見極めれば、一つの課題を済ませるのにかかる時間の見当がついてくる。おおよその所要時間を判断できれば、課題の優先順位をつけてみる。こうすると、課題リストの項目を確実に実行できるだろう。ある人は課題リストの各項目の横に一から五まで番号を振り、一は最優先すべき課題で、五は翌日に延びても構わない課題と決めている。また、最優先課題に星印をつけたり、済ませたかどうかチェックできるように仕上げた課題を箱に入れたりする人もいる。私自身は一つの課題を終えるつど、その項目に黒い線をでかでかと引いている。その他、自分に適した方法を見つけよう。

以前に課題リストを作成してもうまくいかなかった人は、もっとはっきり肝に銘じられるよう自室のドアの近くにホワイトボードを置き、そこに課題リストを貼っておくことだ。目立つ分、課題が一つずつ片づいていくのが如実にわかるので心底ワクワクするだろう。

スケジュール第一で行く

「やるべきことは全部スケジュールに組み入れて先延ばしと闘っています。たとえば、金曜日にリポートに取りかかって土曜日に完成させる。土曜日には数学の宿題の問題も解く。日曜日にドイツ語の試験勉強をする。こんなふうにスケジュールを立てると心の準備ができるので、ストレスをあまり感じなくなります。スケジュールを守らなければ、翌日の勉強量が二倍になる。これだけは避けたいですから、先延ばしを防げるのです」。

――ドイツ語が副専攻科目の機械工学専攻の大学生ランドル・ブロードウェル

課題リストの見本中の「当日の終了予定時刻」に注目しよう。「午後五時」という時間は早すぎるように思えるかもしれない。しかし、じつは当を得ている。翌日の課題リストを作成する際に終了時刻を決めることは、学習時間を設定するのと同じくらいに重要だ。かくいう私も未知の分野を勉強しているときは就寝前にもう一度調べたくなるし、研究課題を仕上げなければならないときもあるが、おおむね午後五時に仕事を終えることにしている。残りの時間は家族と一緒に過ごしたり、多分野の書籍に目を通したりすることに充てている。その代わり、日曜日を除いて毎日、早朝に起き出し、課題をこなしている。仕事が立て込んだときにだけ、こういうスケジュールを立てているわけではない。

とはいえ、こんな声が聞こえてきそうだ。「なるほどね。しかしまあ、教授なら早めに切り上げることができるだろうよ。勉強に追われる学生は、そうはいかない」。しかし、私が心から敬服するジョージタウン大学コンピュータサイエンス助教キャル・ニューポートは学生時代でも午後五時に勉強を終え、[10]マサチューセッツ工科大学で博士号を取得した。つまり、午後五時の終了時刻はきついスケジュールを組まざるを得ない学部学生や院生にも有効ということだ。しかも、猛勉強しつつレクリエーションの時間をつくり出して学生生活を楽しんでいる人は、毎日がほとんど同じことの繰り返しで生活が単調な学生より優れていることが多いのである。[11]

そこで、翌日の課題リストをつくるときは終了時刻を決めたい。予定の時間が来ても勉強し続けた場合は翌日の勉強時間を微調整すればいいし、途中で時間切れになって課題が残ったときは「宿題の問題を解く」というように翌日の目標を課題リストにメモしておく。さらに、当日済ませた項目にはチェックマーク「✓」をつけよう。

中には、講義や仕事をたくさん抱えているので、余暇を楽しむどころか休む暇さえない人もいるかもしれない。それでも、なんとか時間をやりくりして休憩時間を確保しよう。

分量の多い課題を予定どおりにこなす秘訣は、最終期限を日々設けることである。最終期限まで少し間がある課題でも量が多ければ、翌日が期限と考えて取りかかる。具体的にいうと、大量の課題を三つ程度に小分けにしてからその一つを課題リストに載せ、翌日に当の課題を仕上げる。「千里の道も一歩から」。少しずつ、着実に取り組もう。

やってみよう!

とりあえず課題の一部に手をつける

先延ばしにしていた課題の一部を抜き出し、いつ、どこで取り組むか計画を立てよう。今日の午後、携帯電話を機内モードにして図書館に行ってみようか。明日の夕方、ノートパソコンは自分の部屋に置いて筆記用具と課題を持って自宅の別室にこもろうか。何にせよ、課題を確実に終えられそうな方法を考えてみよう。[12]

後ろめたさもあまり覚えずに先延ばしが日常茶飯事になっている人は、課題リストの利用が先延ばしに効果的とはにわかには信じられないかもしれない。それに、いつも大急ぎで片づけているため、時間をどう配分すれば課題を仕上げられるのか見当がつきにくいだろう。また、毎度毎度の先延ばしでも「一回限り」の二度と繰り返さない行為と見ているはずだ。これはいかにもすばらしい考えで本人も納得できるため、課題リストで確認しない限り、その思いは変わらないだろう。アメリカの喜劇俳優マルクス兄弟の長男チコ・マルクス（一八八七～一九六一年）もこう述べている。「誰を信用するんだい？　俺か、それともお前の考えか」。

三段構えの先延ばし対策

1　僕もスケジュール帳に宿題を書き込みますが、その提出期限は実際の期限の前日です。こうすると、土壇場になってあわてて片づけることもなくなるし、提出する前に丸々一日使って宿題をじっくり検討することもできます。

2　友人たちには宿題に取りかかると伝えておきます。そうすれば、友人の一人がフェイスブックで僕が話題になっているのに気づいても、今頃は宿題をやっていると考え、連絡を差し控えてくれますから。

3　僕は将来、生産技術者になるのが夢で、その初任給が書かれた紙を額に入れて机に置いています。課題に集中できないときは紙を見て、今勉強しておけばいつか必ず実を結ぶと思い直すんです。

――生産工学専攻の大学生ジョナソン・マコーミック

たまに先延ばしにするのは致し方ない。しかし、数学や科学を効率よく学ぶには、自分の習慣をコントロールする必要がある。そのために課題リストを利用して先延ばしを防ぎ、週間リストと照らし合わせて勉強の進み具合をチェックしよう。最初のうちは意気込むあまり、達成不可能な目標を掲げるかもしれないが、微調整するうちに適度な分量の課題をこなせるようになる。

中には、どの課題が最重要なのかわからないという人もいるかもしれない。課題の週間リストの意義はそこにある。取り組むべき課題を週に一度列挙すれば、全体像を把握して課題の優先順位をつけることができる。また、前の晩に課題リストをつくっておくと、土壇場になってやり始めることもなくなる。もちろん、急用ができるなど不測の事態が起きたときは計画を変更することができる。ただし、運命の女神は努力家を好むということを忘れないでおこう。計画を上手に立てることも努力の一環だ。課題リストの目標を見据え、たまに障害にぶつかってもあまり動揺しないようにしたい。

課題リストを持ち歩き、進捗状況を確かめる

「毎日罫線入りの紙に課題を列挙すると、気持ちが落ち着いてきます。課題リストの紙は畳んでポケットに突っ込んでおく。そうして日に数回、紙を取り出して、すでに済ませたものとこれから取りかかるものを確認するんです。仕上げた課題には線が引かれていますから、区別がつきます。線を引くと嬉しくなる。ものすごく長いリストの場合はとくにそうですよ。引き出しには折り畳まれた紙がいっぱい入っています。

一度に一つか、余裕があれば複数の課題に取り組むとあとが楽です。何しろ一度扱っていますから、次に同じような問題を勉強するときに困ることはないんです」。

――生産工学専攻の大学二年生マイケル・ガシャジ

学習に役立つアプリケーションとプログラム

先延ばしを防ぐのにいちばん手軽な方法は紙とペンとタイマーを使うことだが、科学技術を利用することもできる。以下は学習者にぴったりの役立つアプリとプログラムである。

やってみよう！

課題をやり通すのに最適なアプリとプログラム

（「ポモドーロ・テクニック」と「フリーダム」を除いて無料）

タイマー

- ポモドーロ・テクニック（このテクニックを採用したアプリやタイマーは種類も価格もさまざま）——http://pomodorotechnique.com/

時間・情報管理とフラッシュカード

- 30/30（サーティ・サーティ）——課題や仕事の内容に合わせてタイマーをセットできる。http://3030.binaryhammer.com/
- StudyBlue（スタディブルー）——フラッシュカードと後述の「エバーノート」に携帯メール機能を組み合わせたもの。復習に最適。教材へのリンクつき。http://www.studyblue.com/
- Evernote（エバーノート）——私のお気に入りの一つ。資料の保存や管理、検索を容易に行える。このノートに課題リストを書き込めるし、いろいろな情報を利用できる。エバーノートはアイディアを記録しておくための従来の手帳やメモ帳に取って代わるもの〔日本語版あり〕。http://evernote.com/
- Anki——間隔反復を採り入れた最高の純正フラッシュカード・システム。勉強したい分野にぴったりの「カードデッキ」（単語帳）を探せる。このデッキも秀逸〔アプリのダウンロード後の言語設定の画面で「日本語」を選択できる〕。http://ankisrs.net/

- Quizlet（クイズレット）——英単語の暗記に便利。クラスメートと宿題を分担し合えるし、小テストも試せる。音声つき。http://quizlet.com/
- Google Tasks and Calendar——ToDo（やること）リスト機能搭載のGoogle《グーグル》カレンダー。スケジュール調整・管理にもってこい〔日本語版あり〕。http://mail.google.com/mail/help/tasks/

時間の無駄遣いを防ぐウェブサイト

- Freedom（フリーダム）——大勢の人が頼りにしているプログラム。最大八時間インターネット接続を遮断する。マック、ウィンドウズ、スマートフォン、タブレット型コンピュータのアイパッドなどで利用可能。有料。https://freedom.to/
- StayFocusd（ステイフォーカスト）——指定したウェブサイトへの接続時間を制限。ウェブブラウザGoogle Chrome《クローム》用。https://chrome.google.com/webstore/detail/stayfocusd/laankejkbhbdhmipfmgcngdelahlfoji?hl=en
- LeechBlock（リーチブロック）——特定の時間に、指定したウェブサイトへの接続を遮断。ウェブブラウザFirefox《ファイヤーフォックス》用。https://addons.mozilla.org/en-us/firefox/addon/leechblock/
- MeeTimer（ミータイマー）——サイトの閲覧時間を記録するプログラム。Firefox用。http://www.meetimer.com/

元気が出てくるウェブサイト

- 43 Things（フォーティスリー・シングズ）——自分の目標を定め、他のユーザーと応援し合えるサイト。

http://www.43things.com/

・StickK（スティックK）――同右。http://www.stickk.com/

・Coffitivity（コフィティビティ）――喫茶店にいるときのような、適度な背景雑音が流れる。スマートフォンやアイパッドでも利用可能。http://coffitivity.com/

ちなみにパソコンやスマートフォンでメール着信音が鳴らないよう設定すれば、気が散るのを簡単に防ぐことができる。

ポイントをまとめよう

・次に挙げるのは、先延ばしを最も効果的に防ぐ秘訣だ。

・図書館のように邪魔な手がかりがほとんどない場所に落ち着く。

・余計な考えが頭に浮かんでもあるがままに任せ、気を取られないようにする。

・心構えに問題があれば、関心事をとらえ直して注意を否定的な面から肯定的な面に移してみる。

・勉強を始めようとすると多少憂鬱になるのは自然なことだと気づく。

・先延ばし防止策の要は、課題の週間リストを基に翌日の課題リストを作成することだ。週間リストを参照すれば、毎日の勉強の進み具合を全体像から把握できるので、課題の分量を加減しやすくなる。

・重要でありながら嫌いな課題から手をつけ始める。

・課題リストに終了時刻を明記してレクリエーションの時間を捻出すれば、先延ばしを防げるだけでなく先延ばしを避けたい最大の理由となる。そのため、自ずとずるずる引き延ばさなくなる。

ここで一息入れよう

この本を閉じて顔を挙げよう。本章の主要点は何だろうか。主要点を思い出せたら、この本の一章分を読み終えたのだと満足しよう。やり遂げたことは何でも励みになる！

学習の質を高めよう

1 椅子に座っていざ勉強を始めようとすると多少憂鬱になるものだ。この障害を乗り越えるには、どうすればいいだろうか。
2 先延ばしをコントロールするのに最適な方法は何だろうか（ヒントは何かを作成することだ）。
3 課題を仕上げる当日ではなく、前の晩に課題リストをつくる理由は何だろうか。
4 物事の否定的な面にとらわれないようにするには、どうすればいいだろうか。
5 すべての課題を仕上げる目安として終了時刻を設定することの利点は何だろうか。

やってみよう！

無理のない目標を立てる

この章を読み終えた読者がさっそく試せるよう課題リストの目標の立て方をまとめておこう。まず、これから二週間、週の初めにその週の目標とする課題を書き出してみる。次に、この週間目標を基に翌日の目標とする課題を四〜一〇項目ほど選んでリストに載せる。リストには当日の終了時刻も忘れずに書いておく。翌日から課題を一つ仕上げるたびに当該項目に線を引いて達成感を味わおう。分量の多い課題は三つ程度に分けると、やる気が持続する。

終了時刻までに課題を済ませるようにすれば、後ろめたさを感じずに自分の自由に使える時間を持つことができる。こうして新しい習慣を身につけ始めれば、人生はもっと楽しくなるだろう！

一日の目標とする課題が載ったリストは、部屋のドアの横に置いたホワイトボードに貼ってもいい。自分にぴったりのやり方で始めよう。

数学の難問を漬け込んだ「魔法のマリネ」のすごい効果

「私が生後三週間のときに父は家族を見捨て、九歳のときには母が亡くなりました。そのため、小中高校と惨めな学校生活を送りましたし、一〇代で里親の家を出たんです。全財産は六〇ドルでした。

今は大学に通っています。生化学を専攻し、ＧＰＡは三・九です。目標は、来年に志願して他大学の医学部に進むことです。この目標に向かって毎日勉強しています。

図35　軍隊生活で勉強の技を磨いたメアリー・チャ。

以前まで軍に所属していました。軍隊に入ったのは二五歳のときです。その頃には生活が立ち行かなくなったので、入隊を決断したのは賢明なことだったと思います。といっても、軍隊生活は楽ではないですよ。アフガニスタンに派遣されたときは、とくに厳しかった。私は自分の任務に満足していましたが、そういう同僚はほとんどいなかったので疎外感を覚え、空いた時間に数学を勉強していました。

軍で経験したことが学習に役立っています。軍隊では即断即決が求められるんです。自分にできることを数分で判断して行動に移さなければならない！　しかも、問題はしじゅう起こりますから、一気に務めを果たす必要があります。

そういうときに数学の難問を『マリネ』に漬け込んであれこれ考えればいいのだ、と気づいたんです。あれは解決の糸口さえつかめない数学の問題をいくつか抱えていたときのことです。爆発事故に対処するよう呼び出されました。それで出動したのですが、難問が気になって仕方がなく、班を率いて現場に向かう間も待機している間も心の奥底ではマリネに漬け込んでおいた数学の問題のことを思い巡らしていました。つまり、拡散モードで問題を処理していたわけです。その後、夜遅く部屋に戻って問題に取り組んでみるとすべて解けたんですよ！

このマリネの他にも『積極的見直し』と名づけた技を思いつきました。髪をとかしたり、シャワーを浴びたりしながら一度解いた問題を頭の中で復習するんです。こうすれば記憶に残るので、問題を忘れにくくなります。

私の学習過程は次のとおりです。

1　難問や一風変わった問題を教材の一節分から抜き出して全問解いてみる（あるいは、「種類」別に問題を集めてもいい）。

2　問題をマリネに漬け込んで、あれこれ考える。
3　問題を解くうえで鍵となる概念を紙に書き出し、覚えておきたい問題の種類ごとに例題を一つ挙げる。
4　試験の前に、試験科目と各科目の教材の節ごとにまとめた種類別の問題および解法を紙に列挙する。

種類別の問題と解法はいうまでもなく、試験科目と節も書いておくと非常に役立ちます。文字にすると、あの科目の何節の問題だというように思い出しやすくなるので、落ち着いて試験に臨めます。

以前は、要点をすぐにのみ込めないということは、頭がよくないからだとか今後もわかることはないだろうなどと思ったものです。もちろん、そんなことはないですよ。大事なのは、問題をじっくり考えるための時間が取れるように早めに取りかかることです。時間に余裕ができればイライラすることもなく問題を理解できるようになりますから、勉強が段違いに楽しくなるんです」。

第9章　先延ばしのQ&A

本章では、複数の章にわたって検討してきた先延ばしの問題を総括することにしたい。その前に先延ばしを新たな視点からとらえ直してみよう。

徹夜の勉強は非能率的

一九八八年の金曜日の夜中。あるパーティでマイクロソフト社の二人のコンピュータ技術者が出会ったことにより、同社が半ば匙を投げていたＯＳ（基本ソフト）の難点が解決することになった。二人はパーティを抜け出して話し合うことにした。まずはコンピュータを起動して問題のプログラムを詳しく調べてみる……。アイディアを出し合ううちに何かに気づいたようだ。スウェーデン出身の作家・起業家フランス・ヨハンソンが著書『成功は〝ランダム〟にやってくる！――「クリック・モーメント《チャンスの瞬間》」のつかみ方』（池田紘子訳、ＣＣＣメディアハウス、二〇一三年）で述べているように、その何かがお蔵入りになりかけていたプロジェクトを始動させ、ウィンドウズ3.0の開発につながったのである。ウィンドウズ3.0は大いに売れ、マイクロソフト社を世界規模の巨大テクノロジー企業に押し上げるきっかけとなった。[1] すばらしいひらめきがどこからともなくわき起こる時があるようだ。

もっとも、マイクロソフト社のコンピュータ技術者のように神経がすり減る仕事を夜遅くまで続け、その後のリラックスした時間に突破口を思いつくことはまれであるし、そもそも数学や科学を勉強する日々とはまるで違う環境だ。深夜まで働けば、凄まじいストレスを覚える。日常生活ではスポーツの試合などを除いて強いストレスにめったにさらされない。

夜更けまで勉強し続ければ、相当数の課題が片づきそうなものだが、じつはそれほどでもない。後日、課題リストで確認すれば、手つかずの課題がいくつか残っているだろう。実際、先延ばしにしたあげく大量の課題を一気に済ませている人は、勉強量がほどほどの人より少しも生産的ではない。[2] アドレナリンの力を借りても、無理な勉強で燃え尽きてしまうのである。[3]

課題の提出期限が差し迫れば、ストレスレベルは上昇し始める。そういうときに遅ればせながら課題に取り組むと、ストレスホルモンのアドレナリンが効き出して頭が冴えるなど「極度の集中状態《ゾーン》」に移行する。しかし、アドレナリンに頼ってもストレスレベルが高くなりすぎれば、明晰な思考力は消え失せ、考えがまとまりにくくなる。しかも、数学や科学の試験勉強は報告書を仕上げることとはずいぶん違う。ヒトの脳は進化して報告書を作成するのに必要な、言語重視の神経系の足場を組むのはうまい。一方、数学や科学の勉強ではこれとは別の神経系の足場を築かなくてはならない。この神経系の足場は、当人が集中モード思考と拡散モード思考を交互に繰り返して教材内容を把握するうちに徐々にしっかりしてくる。一夜漬けの勉強では神経系の足場はとうてい完成しないため、「提出期限が迫りながらも全力を尽くした」と先延ばしを言い訳しても得るものは何もない。[4]

この本の第5章「ずるずると引き延ばさない」の冒頭で紹介したとおり、先延ばしと毒物のヒ素には共通点がある。先延ばしを繰り返すとヒ素常用者のように耐性ができるものの、長期にわたればその弊害は大きいのである。

当座は苦痛に感じても、それを乗り越えれば結局は健康によい。このように先延ばしの兆候をとらえて、先送りにしたい衝動を抑えよう。これができるようになれば、ためになる他の些細なストレッサー（ストレス要因）にも強くなる。

「仕事をしないときは、何か他のことをしないでリラックスしなければならない！」。

——何もしない息抜きの時間の必要性に気づいたことが研究上の転機となったアメリカの心理学者
バラス・フレデリック・スキナー[5]（一九〇四〜一九九〇年）

賢明な先延ばし

物事には一長一短がある。チェスでは以前にうまくいった方法にとらわれると次のよい一手が頭に浮かびにくい（「構え効果」）。通常は好ましい集中的注意にしても度が過ぎれば、他に適切な解法がありながら本人が気づくことはない。

同様に先延ばしも全くの悪癖というわけではなく、まともな先延ばしもある。この場合、物事をずるずると引き延ばすのではなく、性急に事を済ませようとしないで間を置いてしばし考える。つまり、賢明にも決断を先に延ばしてみる。そうすれば大局をつかんでから決定できるので、何らかの成果が必ずあるものだ。ときには待つことで難事がひとりでに解決することもある。

数学や科学の問題解決でも間を置いて考えることが重要になる。物理学の問題の解き方は、数学のプロ（数学が専門の教授と院生）と数学の素人（学部学生）ではだいぶ違う。なんと、数学のプロは問題を解き始めるのがやや遅いのである。[6] 教授や院生は物理学の原理をふまえながら問題のカテゴリーを見極めるのに平均四五秒かけている。

一方の学部学生はせっかちだ。問題の解き方をわずか平均三〇秒で決定している。教授や院生と違って、学部学生は物理学の原理を考慮しないで問題のうわべの印象から結論を引き出しているため、不正解になりやすい。いってみればプロは、ブロッコリーは野菜でレモンは果物だと結論づけるのに時間をかける。これに対して素人は見た目から「いやいや、そうじゃない。ブロッコリーはちっぽけな木で、レモンは間違いなく卵ですよ」と口を挟む。急いで結論を出す前に間を置いて頭の中のチャンク図書館を調べれば、広い視野（この場合は物理学の原理）から問題をとらえることができるだろう。

数学や科学の概念をよくのみ込めなくともイライラしたり、抽象的で難しすぎると切り捨てたりしないで、しばらく時間を置いて頭を冷やしたほうがいい。これは緊急事態が発生したときにも当てはまることだ。内容にぴったりのタイトル『引き延ばし戦術を取る』の著者の元ＦＢＩ（アメリカ連邦捜査局）捜査官・人質交渉人ゲーリー・ノーズナーによれば、人質交渉には一般の人も学ぶところが多いという。[7] 交渉人とて感情が高ぶり、一刻も早く事態を打開したくなる。しかし、性急に行動したい気持ちを抑えれば、感情はやがて鎮まり、冷静に対処できるようになる。結果、多くの人命を救えるのである。

感情の赴くままに突っ走ると進むべき道を誤りかねない。たとえば、将来の職業を選択する際に「己の情熱に従う」のは、現実を度外視して憧れの映画スターとの結婚を決めたようなものだ。その結果は――。

ここ数十年の調査では、慎重に職業を選んだかどうか合理的に分析することなくやみくもに情熱に従った

学生は、情熱と合理性を併せ持って熟慮した学生よりも自分の職業選択に不満を覚えている。[8]

私の半生を振り返ってみても情熱と合理性は両立し得る。当初は数学を学ぶことに情熱を燃やしていたどころか全く無関心であったし、数学の才能もなかった。しかし、合理的に考えたすえ数学が得意になりたくなった。そのために猛勉強したが、それだけでは不十分だった。先延ばしにするなど自分をごまかすようなまねはしないよう気をつけなければならなかった。

そうして数学に強くなり、科学を学ぶ道が開けた。やがて科学も得意になると、情熱がわき起こってきたのである。このように不得意な分野に思えても、理解できるにつれて熱い思いが生まれてくるため、初めから苦手意識を持たないほうがいい。

先延ばしのQ&A

Q　考えないようにしているのですが、手をつけていない課題がすごくたまっています。どうすればいいの？

A　まず、精一杯集中できるように数分で済ませられそうな「ミニ課題」を三つ書き出すこと。次に目を閉じて自分にこう言い聞かせてください。「何も心配しなくていい。最初のミニ課題に取りかかろう」。「目を閉じる」は言葉のあやではなく、それまでの思考パターンと縁を切るのに役立ちますよ。[9] また、二五分間単位の時間管理術「ポモドーロ・テクニック」を利用できるかどうか試してください。二五分以内に教材の一つの章の数ページに載った問題に取り組めるか、ゲームをしてみるのです。

たまってしまった大量の課題を一時に済ませようと思っても、サラミを丸呑みにするようなもので、どだい無理な話です。サラミを薄く切る要領で課題を小分けにして少しずつ取りかかることです。少しの課題でも仕上げるたびに自分をほめると、どんどん捗りますよ！

Q　先延ばしの習慣を改めるのにどのくらい時間がかかりますか？

A　すぐに結果が出ると見ているかもしれませんが、自分に合った習慣に調整することも含めると数カ月程度かかるでしょう。忍耐強くなることです。それに、いきなり習慣をがらっと変えても長続きしませんから、がっかりするだけです。

Q　注意があちこちに移りやすいので、課題になかなか集中できません。こんな私は先延ばし予備軍ですか？

A　とんでもない！　非常に独創的な教え子の多くは、この本で取り上げた方法を利用して注意欠陥多動性障害（ＡＤＨＤ）や注意力不足を克服していますから、あなたも試せばいいのです。

注意が持続しにくい場合は、短時間でも課題に集中できるようになる方法が便利です。たとえば、課題リストの作成、ドアの横にホワイトボードを置いて課題リストを貼る、タイマーの利用、スケジュール・時間管理のアプリとプログラムをスマートフォンやパソコンにダウンロードすることなどです。どの方法もゾンビの先延ばしの習慣をゾンビが「協力を買って出る」習慣に変えるのに役立ちますよ。

最初のひと月が勝負

「注意欠陥障害（ＡＤＤ）を抱えているものですから、先延ばし防止には人一倍苦労しますが、こういう障害だからこそスケジュールを立てることがいちばん確実な方法なんです。それで宿題の期日や勉強時間、友人とぶらぶらすることでも何でもスケジュール帳やノートに書きつけています。また、勉強に取りかかるときは携帯電話の電源を切るなど気を散らすものはすべて取り除いています。

今では毎週だいたい決まった時間に勉強しています。勉強する場所もいつも同じです。注意散漫でも体はスケジュールや日課を守るのが好きなんです。ですから、先延ばしの習慣から抜け出す当初は大変でも、一カ月間でなんとかなじんでしまえば、新しい習慣を楽に維持できます」。

――大学二年生のウェストン・ジェシュラン（専攻科目は無回答）

Q　先延ばしに対処するときに自制心はほんの少ししかいらないそうですが、この機会に働かせれば自制心を強くできるのでは？

A　自制心は筋肉に似ています。筋肉を増強するには筋肉を使わなければならないし、エネルギーをだいぶ消耗します。自制心を鍛える場合もかなりのエネルギー[10]が必要になりますから、自制心の鍛錬とエネルギーの消耗の微妙なバランスを取らなくてはなりません。そのため、先延ばしの手がかりを受けとったときの反応を変えるときにだけ自制心を発揮したほうが効果的です。

Q　机に向かって勉強することは苦痛ではありません。でも、済ませるのに三時間はかかる課題をやり始めると、とたんにフェイスブックや電子メールをちらっと見始め、気がつけば八時間も経過している

んです。

A　ポモドーロ・テクニックのタイマーは多目的に利用でき、気を散らすゾンビ（図36）にも効果がありますよ。先延ばしの習慣を改めるのに完璧主義は不要で、課題を仕上げていく過程を重視しながら取り組めばいいのです。

図36　よきにつけ悪しきにつけ習慣が大好きなゾンビ。

Q　先延ばしにした事実を認めようとしないで、他の人や何かのせいにする学生にはどうアドバイスしていますか？　また、試験で落第点を取りながら、成績はよくないけれど教材内容はちゃんと理解していると言い張る学生もいます。

A　「こうなったのもあの人のせいだ、自分に落ち度はない」と思う事態に何度も陥る人はどこか間違っています。人生を航海にたとえれば、人はみな運命という名の小舟を操る船長なのです。不本意な成績を取ったなら、他人に責任を押しつけず、波が穏やかな海岸を目指して舵を切り替えるべきです。

私の教え子の中にも、たまたま試験にしくじったので落第点を取ったが、教材内容はよくわかっていると強弁する者がいます。しかし、チームメートによれば、ほとんど勉強していないとか。こうなると、見当違いの自信過剰が妄想のレベルに達しかねないと心配になってきます。企業が数学や科学の成績のよい学生を雇用したがるのも一理あります。面接に加えて客観的データに基づいた数学や科学の成績を参考にすれば、本人が難しい教材内容をどの程度理解しているのか推し量ることができるのです。

さまざまな分野の世界一流の専門家は平坦な人生を歩んできたわけではなく、専門家になるまでの道は険しかったといいます。それでも、つらい時期を乗り越えて高度な専門知識を身につければ、道は緩やかになり、楽々と進むことができます[11]。この点を、自分の非を認めようとしない学生に伝えてください。

やってみよう！

先延ばしにする前にこう考えてみる

先延ばしにしていた難問でも、考え方次第で取りかかれるようになる。たとえば次のように考え直すのである。「案外難しくないかもしれない」。「うじうじしないで思いきって始めてみれば、気が楽になる」。「楽しくないことでも、たまにはやってみるか」。「課題を済ませたら、好きなことをやるぞ[12]」。

ポイントをまとめよう

先延ばしは非常に重要な問題なので、この本では本章の他に複数の章で検討してきた。それらをふまえたうえで先延ばしの克服法を次に要約しておこう。

- 課題リストを作成すれば、どういうときにどのような課題を済ませたか、あるいは済ませられなかったかが一日で把握できる。
- 日課を守り、毎日課題に取り組む。

- 目標とする課題を前の晩に書き出しておけば、脳は翌日の目標を達成できるようじっくり考えることができる。
- 大量の課題は小分けにして取りかかる。自分に与える報酬はたっぷり用意しておく。課題を仕上げたら、しばし満足感や勝利感を味わおう。
- 課題をやり終えるまで報酬をお預けにすると、やる気が持続する。
- 先延ばしのきっかけとなる手がかりに気をつける。
- 図書館の静かな一角のように先延ばしの手がかりがほとんどない環境に身を置く。
- 先延ばしの原因を外的要因に転嫁しない。何もかも誰かのせいにする人は、一度鏡をのぞき込んでみよう。
- 先延ばしを防ぐための新しい習慣に信を置き、集中すべきときは勉強に専念し、リラックスするときは罪悪感を覚えずに羽を伸ばす。
- 重要な課題でありながら、嫌いな課題から手をつけ始める。

さあ、ゾンビとの実験を楽しもう！

ここで一息入れよう

この本を閉じて顔を挙げよう。本章の主要点は何だろうか。今晩寝る前にもう一度思い出せば、主要点を心にしっかり刻みつけられるだろう。

学習の質を高めよう

1 急いで行動を起こす前に間を置いて考えたおかげで助かったことはあるだろうか。そのときの状況を思い出してみよう。

2 職業選択の際に情熱の赴くままに決断すると、自分の選んだ職業に不満を抱きやすい。この理由は？

3 勉強に集中できずに気が散りやすい人はどのような方法を試せば先延ばしを防げるだろうか。

4 腰を据えて課題に取り組もうと思っても、つい他のことに時間を無駄遣いしてしまう人はどうすれば課題に速やかに立ち戻れるだろうか。

5 何かに挫折した経験を思い出してみよう。その責任は自分にあると考えただろうか。あるいは、被害者の役回りを演じただろうか。どんな責任の取り方が結局、自分のためになるだろうか。その理由は？

第10章　記憶力を高めよう

ジョシュア・フォアはごくふつうの男性だ。しかし、ふつうの人がとんでもないことをままやってのける。

最近、大学を卒業したフォアは両親と一緒に暮らしながらフリージャーナリストとして成功してやろうとがんばっている。記憶力はいいほうではない。恋人の誕生日のような、大切な日をしじゅう忘れる。車のキーをどこに置いたのか思い出せないし、あたためようと思ってオーブンに食べ物を入れていたのを失念することもある。仕事でもそうだ。いくら気をつけても、*it is* と *it has* の短縮形の *it's* を *its* とうっかり書いてしまう。

しかし、世の中には記憶力抜群の人がいる。順番がバラバラの一組のトランプのカードをわずか三〇秒で記憶することも、多数の電話番号や名前、顔、事件とそれが起こった年月日をわけなく覚えることもできるのである。本人が知らない詩でも数分で暗唱してしまうだろう。

フォアは嫉妬した。記憶力がすばらしい人たちが大量のデータを造作なく思い出せるのは、脳の配線具合がふつうとは違っているせいかもしれない。そう考えて記憶の達人に取材したところ、こんな答えが返ってきた。「思い出す能力は以前まで全く平均的でしたよ」。ありそうもない話だが、古くからの視覚化のテクニックのおかげですばやく、楽に思い出せるようになったそうだ。しかも、誰にでもできることだという[1]。「フォアさんにもできますよ」。
その後、事は本人も予想外の展開を見せる。達人の言葉に刺激されて記憶力を鍛え始めたフォア（図37）は二〇〇六年の全米記憶力選手権で決勝戦に進出し、ついに優勝したのである。

「『バラバラの情報をただ記憶するよりチャンクにまとめなさい』と熱心に指導しているせいか、えてして学生には『方程式は覚えなくていいんだ』と誤った印象を与えてしまうようです。もちろん、重要な情報は暗記しなければなりません。そうしてこそ、独創的なチャンキングが可能になるんですから！　結局、覚え込んだ情報を頭の中でああでもない、こうでもないとよく考えてチャンクをつくるということです」。

——サクラメント・シティカレッジ天文学・物理学教授フォレスト・ニューマン

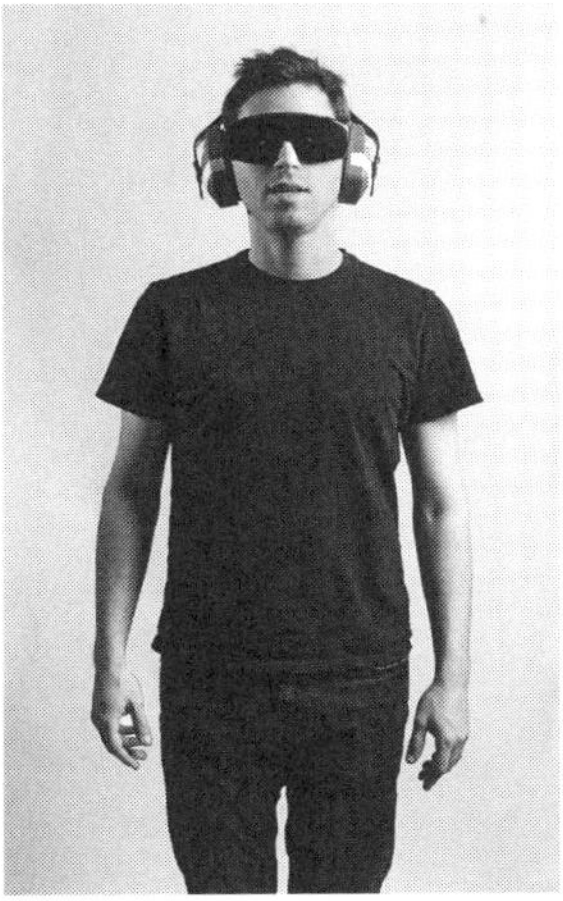

図37　全米記憶力選手権出場の準備に余念がないフリージャーナリストのジョシュア・フォア。記憶力を競う人にとって気が散ることは最大の敵だ。防音イヤーマフを耳に当て、両目の部分に小さな穴の空いたピンホールアイマスクをかければ、注意散漫にならずに済む。重要な概念などを記憶しなければならないときは、気をそらさないで集中しようと肝に銘じておこう。

抜群の視空間記憶力

人は生まれながら優れた視空間記憶システムを備えている（「視空間記憶」とは視覚系によって知覚される対象やその位置についての記憶をいう）。このシステムを利用した楽しくて覚えやすい方法であれば、反復一辺倒で情報を脳裏に焼きつける必要はない。それどころか、記憶したい情報を見たり、感じ取ったり、聞いたりすることができるようになる。しかも、この方法では体系的に検索（想起）できるよう情報をいくつかのグループにまとめて覚えるため、作動記憶に負担をかけず、長期記憶を強化することができる。情報を思い出しやすいということは、緊張を強いられる試験ではありがたいことだ。

人間の視空間記憶はたしかに抜きん出ている。初めて訪れる家であろうと、そのうちに間取りや家具のおおよその配置、室内の配色、浴室の戸棚に収まった薬（ストップ！　調べるのはそこまで）までも把握できるだろう。事実、数分足らずで大量の情報を手に入れて記憶にとどめる。同じ数分間でも、がらんとした部屋にいれば数週間後には忘れるものだ。それに比べ、人間の記憶は場所についての全般的な情報を保持するようになっているので、数週間たっても訪問先の家の間取りなどを覚えているだろう。

今も昔も記憶の達人が活用してきたのが、この**生来の抜群の視空間記憶力**である。人類の祖先が名前や数を覚えるのに記憶力は大して問題にならなかった。それよりも鹿狩りを終えてから洞窟のわが家へ戻るまでの道や、野営地の南側の岩だらけの斜面に生えるブルーベリーの場所を覚えるのに記憶力が欠かせなかった。このような進化上の必要性があったので、「場所や外観を把握する」記憶システムが発達することになったのである。

覚えやすい視覚的イメージ

手始めに視覚的記憶システムを利用してみよう。記憶したい重要な項目を視覚化して、非常に覚えやすいイメージ（像）をつくってみる。[2] たとえば、物体の質量（m）に及ぼす力（F）と加速度（a）の関係を示したイギリスの物理学者・数学者アイザック・ニュートン（一六四二〜一七二七年）の「運動の第二法則」（ニュートンの運動方程式）$F=ma$がある。この場合、Fは飛ぶ《フライング》、mはラバ《ミュール》、aは空気《エア》と考え、加速度を受けて「空を飛ぶラバ」を思い描く（図38）。

イメージは右脳の視空間中枢に直結しているため、[3] 記憶に利用する価値は大いにある。また、視覚野を働かせてイメージをつくり出せば、覚えにくい概念を一目瞭然のイメージに端的に要約することができる。

五感を刺激するイメージであれば、感覚を呼び起こすことで概念とその意味をやすやすと思い出す。空を飛ぶラバの場合、加速度を受けて飛んでいくラバが見えるだけでなく、ラバの匂いをかいで、ラバと同じように風圧を感じ取り、ピューピューと鳴る風の音も聞こえるだろう。面白くて感覚がよみがえるようなイメージをつくってみよう（イメージではないものの、拳《こぶし》も記憶を助ける。図39を参照）。

図38　ニュートンの「運動の第二法則」の視覚的イメージ。

記憶の宮殿

「記憶の宮殿」という記憶術では視空間記憶システムを活用する。宮殿となるのは自宅、学校や勤務先までの道、行きつけのレストランなど、なじみのある場所だ。そこに覚えておきたい概念イメージを次々に収めていく。そうして瞬きをしてみると、ほら！　記憶の宮殿が完成している。この宮殿は、はぎ取り式のメモ用紙として利用でき、一枚目のメモ用紙の宮殿に概念イメージを収納し終わったら、その用紙をはぎ取り、二枚目の宮殿には別の概念イメージを収めることができ

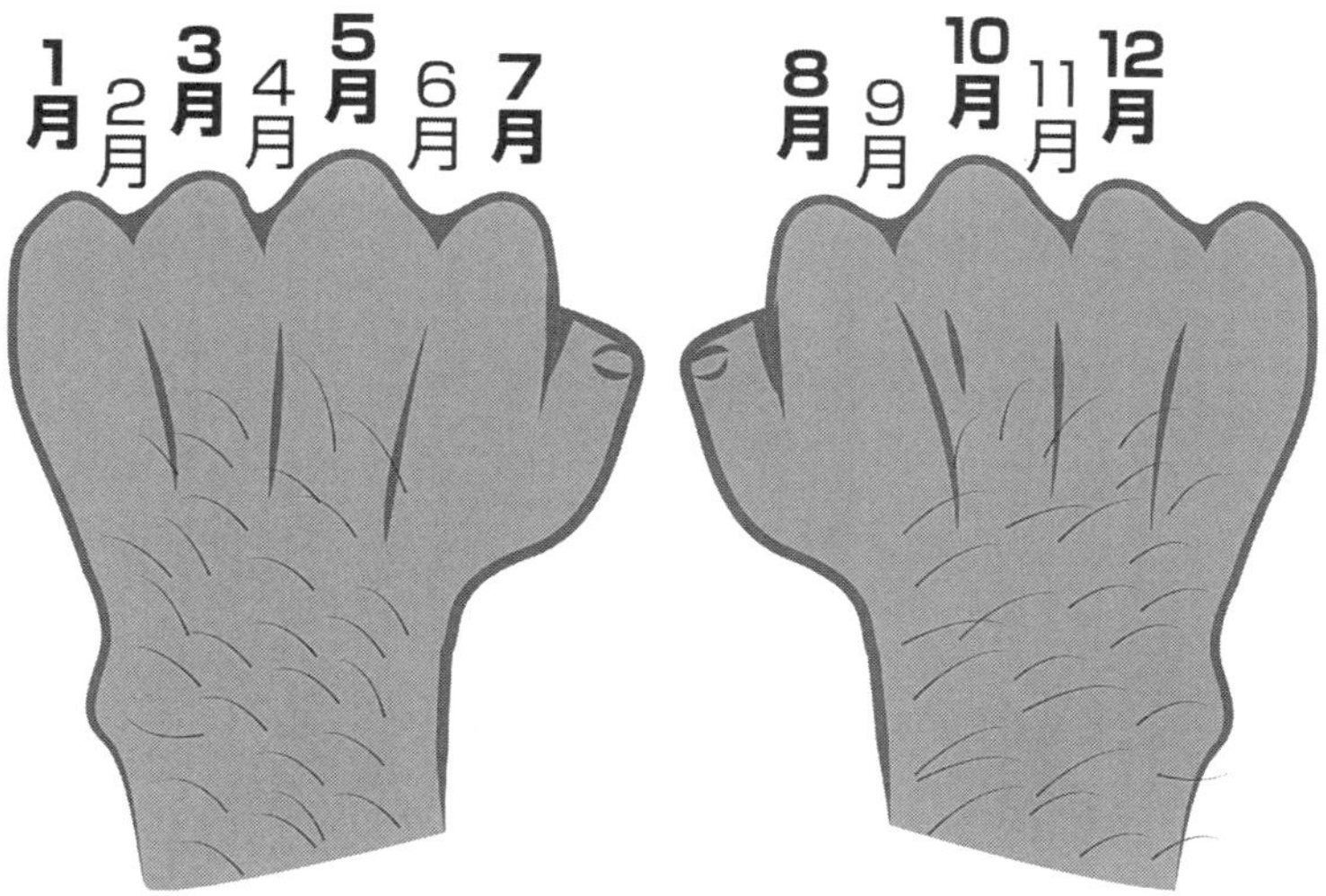

図39　拳はユニークな記憶装置だ。突き出た指関節は31日ある月を表している。以下は微積分学専攻の大学生の感想。「びっくりしたことに、拳も記憶の道具だったんですね。指関節を見れば、1年12カ月のうち、どの月が31日間なのかすぐに確認できます。わざわざ反復して記憶するまでもないと思って20年間放っておいたことが、10秒でわかるんですよ」。

る。

記憶の宮殿は食料品店での買い物リスト（牛乳、パン、卵など）のような、関連のない項目を思い出すのに便利だ。何しろ、宮殿はこんな状態になっているのだから。自宅の玄関に入ると巨大な牛乳瓶が出迎えるし、パンはソファにポトンと落ち、卵は割れて中身がコーヒーテーブルの端からポタポタ滴り落ちている。このように覚えておきたい概念を非常にわかりやすいイメージにして勝手知ったる場所を歩き回りながらイメージを収めていくのがコツである。

硬度基準となる一〇種類の鉱物を覚える場合は、モース硬度一のいちばんやわらかい滑石《かっせき》（talc）から鉱物中、最もかたいモース硬度一〇のダイヤモンド（diamond）まで、それぞれの頭文字をつなげて次のような文に直す方法がある（「覚え文」の記憶術）。「恐ろしい巨人は具合よく消化できそうなワニや風変わりな小人に出くわす」（Terrible Giants Can Find Alligators or Quaint Trolls Conveniently Digestible.）。意味のある文だが、一言一句思い出せないかもしれない。しかし、宮殿の正面玄関には巨人が立っていて、客間にはワニや風変わりな小人がいる……というように記憶の宮殿にイメージを配置すれば、一〇種類の鉱物をはっきり思い出せるだろう。財政学や経済学、化学などの概念を覚えるときにも同じような方法を利用できる（図40）。

最初のうちは、心の中に描いたイメージを思い起こすのに少し手間取るだろう。しかし、回を重ねるにつれてスピードアップしてくる。ある研究では、地元の大学を宮殿に見立てて四五項目を収めていった被験者は一〜二回「歩き回る」練習をしただけで九五パーセント以上もの項目を思い出している。[4] 項目を収納するときには創造力を働かせるため、脳をこのように使えば、記憶することは創造力を育む練習になりそうだ。また、項目を思い出すことで考えを掛けておくための「神経系のフック」が出来上がるので、ますます独創的に思考できるかもしれない。いうことなしと思いたいところだが、記憶の宮殿では視空間記憶システムを使うため、車の運転など空間課題に携わっているときは試さないほうがいい。[5] 宮殿内に項目を収めていくのに気を取られると危険だ。

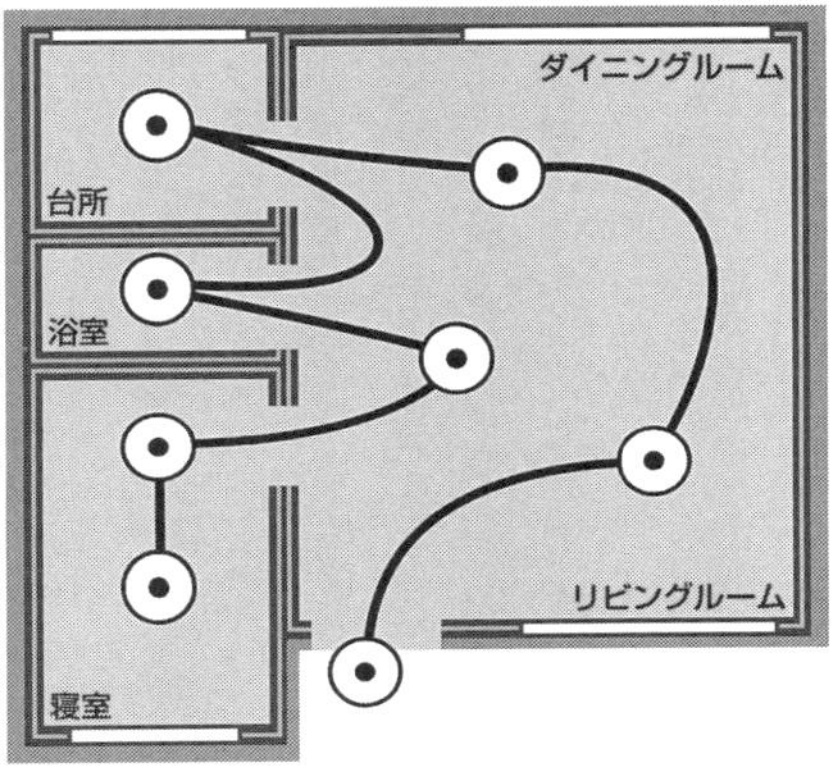

図40　記憶の宮殿を歩き回りながら覚えやすいイメージを収めていこう。記憶の宮殿は、科学的方法の各段階や物語の構成要素などリストに載った項目を思い出すのに役立つ。

やってみよう！

教授も記憶の宮殿を利用している

サドルバックカレッジ生物科学教授トレーシー・マグランによれば、記憶の宮殿は表皮の細胞層を覚えるのに応用できるという。

「皮膚表面に近い部分、表皮は最下層の基底層《きていそう》から有棘層《ゆうきょくそう》、顆粒層《かりゅうそう》、淡明層《たんめいそう》（透明層）、最上層の角質層まで五層に分けられます。この五層を覚えるには一軒の家を思い浮かべることです。地下室は最下層の基底層です。そこから屋上（最上層）まで見て回ることにして、地下室の階段を上っていくと……足元に気をつけて！　サボテンの棘（有棘層）がいっぱい落ちています。一階の台所に入ると、グラニュー糖（顆粒層）が床中にばらまかれています。気を取り直して二階に移動し、日焼け止めローションを塗ってから屋上へ向かうことにします。ただし、淡明層は手のひらと足裏にしか存在しませんので、ローションはこの二カ所につけます。さあ、屋上につきました。日光浴をしながらおいしそうなトウモロコシ（角質層 *stratum corneum*）にかぶりつきます」。

教授のやり方を参考にして記憶の宮殿を学習に採り入れてみよう。

記憶の宮殿では、脳の右半球を優先的に使う。覚え歌の場合も右半球を働かせながら概念を記憶していく。歌のメロディに合わせて二次方程式の解の公式や幾何学図形の体積の公式、その他のいろいろな方程式を覚え込むことができるだろう。「二次方程式の解の公式」や「歌」をキーワードにしてインターネットで検索すれば、覚え歌が見つかるだろうし、自分で創作するのもいい。また、古くからの童歌《わらべうた》のように動作や飛んだり跳ねたりといった動きを加えれば、そのときの感覚も記憶に残るので歌に込められた概念をしっかり覚えることができる。

以上、記憶を助ける三つの工夫――視覚的イメージ、記憶の宮殿、覚え歌――の応用範囲は広い。概念や買い物リスト、方程式のみならず、必死の覚悟で臨むスピーチやプレゼンテーションにも使える。人前で発表したい考えをイメージにまとめれば忘れにくくなるため、言葉に詰まることはあまりないだろう。この点に関しては、アメリカの非営利団体ＴＥＤ主催の講演会でのフリージャーナリストのジョシュア・フォアの話は参考になる。古代ローマの政治家・哲学者マルクス・トゥッリウス・キケロなどが記憶の宮殿をどう利用して演説を覚えたか、その方法を巧みに説明している。[6] 公式を暗記したいときは、スキルズツールボックス・ドット・コムのウェブサイトをのぞいてみよう。公式に使われる除算（割り算）記号の一つ「／」を遊具の滑り台で表すなど、数学の記号を覚えやすいイメージにまとめている。[7]

気もそぞろなときでも覚えておきたい事柄をわかりやすいイメージや宮殿に視覚化したり、歌のメロディに乗せたりするうちに集中できるようになる。また、記憶を助ける三つの工夫は、思い出すには何はともあれ概念などの意味を理解しなければならない点にも気づかせる。現に、表皮の五層を心得ていなければ、記憶の宮殿は使いものにならない。要するに記憶術は学習内容に意味を持たせ、勉強を覚えやすくて楽しいものに変えるのである。

コマーシャルソングでアボガドロ定数を覚える

「高校一年生のときに化学の授業で、一モル（グラム分子）の物質中の原子や分子などの数を表すアボガドロ定数を習いました。ところが、この6.02214×10^{23}を誰も覚えることができない。そこで、友人はシリアルのゴールデングラハムのコマーシャルソングのメロディを使って覚え歌をつくったんですよ。調べてみると、このコマーシャルソングの原曲は曲名が『ああ、黄金のスリッパよ』というずいぶん昔の流行歌のようです。それから三〇年たった今、私は中年の大学生ですが、覚え歌のおかげでアボガドロ定数をいまだにいえますよ」。

——コンピュータ工学専攻の大学四年生マルコム・ホワイトハウス

一流の教授が明かす思い出す秘訣

「部屋の中を歩き回ったり、廊下を行ったり来たりすると記憶しやすくなります。また、知的活動の際に脳はエネルギーをそうとう消費しますから、何かつまんでおくのもいいですね。

学習時にはさまざまな脳領域を働かせることです。そもそも見たものを思い出すのに脳の視覚野を使いますし、聞いたものに関しては聴覚野を、さわったものに関しては感覚野を、拾い上げたり、動かしたりしたものに関しては運動野を使って思い出します。学習するときに脳領域を多く使うほど記憶パターンはしっかりしてきますから、緊張しやすい試験でもうっかり忘れることは少なくなるはずです。

解剖学研究室では主に視覚野と感覚野を働かせています。学生は人体解剖模型を選んだら目を閉じて構造を手で確かめながら、さわった部位の名称を挙げていくのです。嗅覚と味覚は省いていいですよ。どこかで区切りをつけないと！」。

——サドルバックカレッジ生物科学教授トレーシー・マグラン

ポイントをまとめよう

- なじみのある場所に覚えておきたい概念イメージや項目を収めていく記憶の宮殿は、人の優れた視空間記憶システムを生かした記憶術である。
- 概念のイメージづくりなどで鍛えながら記憶力を独創的に利用できるようになると、突飛な連想をして記憶形成を図っているときでも注意が持続しやすい。
- 理解した概念を記憶することで当の概念を完全に自分のものにすることができる。

ここで一息入れよう

この本を閉じて顔を挙げよう。本章の主要点は何だろうか。明日、朝の日課の歯磨きでも始めたときにもう一度思い出せるかどうか記憶力を確かめてみよう。

学習の質を高めよう

1　重要な方程式を思い出すのに役立つイメージとは、どういうものだろうか。

2　覚えておきたい概念を四つ以上選んでから各概念のイメージをつくり、記憶の宮殿に収めてみよう（この本の教師の読者に一言。イメージづくりの際は学生の自由な発想を尊重し、よけいな口出しをしないほうがいい。イギリスのある女優はユーモアたっぷりにこう述べている。「人が何をしようが気にしないわ。街中でやり始めて馬を驚かさない限りね」）。

3 お年寄りでもわかるように記憶の宮殿を説明してみよう。

空間能力は後天的に身につけられる

受賞歴のある工学者シェリル・ソービーの研究対象の一つは、複雑な動きを視覚化する三次元コンピュータグラフィックスだ。しかし、初めから空間能力〔物体の空間関係を把握し、記憶にとどめる能力〕に恵まれていたわけではないという。[8]

図41　ミシガン工科大学工学教授シェリル・ソービー。

「空間的知能は生まれつきのもので持てる者と持たざる者に分かれる。こう思う人が多いのですが、そういうことは断じてありません。その証拠に、私は空間能力を後から身につけたんです。学生の頃は工学の専門職につくのを諦めかけたほど空間認識技能はお粗末でした。しかし、努力してこの技能を伸ばし、無事に学位を取得しました。大学院卒業後は苦労した経験を生かそうと工学の教師の道に入り、今では後述の練習によって教え子の空間認識技能は向上しています。

人間の知的能力は音楽や言語や数学などさまざまな形を取ります。中でも重要なものが空間的思考です。空間的思考に優れた人は見る位置によって物体の様子がどのように変化し、回転させたり、二つに切ったりすると物体がどう目に映るか想像できるのです。地図を見ただけで、ある地点から別の地点に行くまでの道がわかるのも空間的思考のおかげです。

工学や建築、コンピュータサイエンスなどの分野で成功するには、空間的観点から思考できる能力が必須です。たとえば、航空管制官は、ある時間に上空を飛ぶ航空機の飛行経路を把握できなければ、航空機相互の衝突を防げません。自動車整備士に空間認識技能がなければ、部品を元通りにエンジンにすばやく取りつけられませんよ。また、最近の研究では新機軸を打ち出せることや創造力も空間的思考と関係があります。ということは、空間的思考が得意になれば、今よりもっと独創的で進取の気性に富んだ人になるわけですよ！

子ども時代におもちゃをバラバラに分解してからまた組み立てるといった空間認識技能が育まれる経験をあまり持たなかった人は、この技能に多少劣るようです。ある種のスポーツも子どもの空間認識技能を発達させます。たとえば、バスケットボールでは選手は自分の位置から投げるとボールがどのような弧を描いてバスケットに入るか想像できなくてはなりません。

子どもの頃にスポーツや物を分解して組み立て直すことに熱心ではなかった人もまだ間に合います。空間認識技能は根気よく練習すれば、成人期に入っても身につくのです。

では、実際にどう練習するのか。まず、物を正確にスケッチする。次に、観察する位置を変えながら物をスケッチすること。3Dコンピュータゲームをやること。立体ジグソーパズルを完成させること（平面ジグソーパズルから始めたほうがよさそうですね！）。友人の車に乗ったときはカーナビではなく、地図を見て道を指示すること。なかんずく諦めないこと。取り組み続けることです！」。

第11章　記憶力アップの秘訣

概念を何かにたとえて思い浮かべてみる

ある物が別の物に似ていると気づけば、前者を後者にたとえることができる。この比喩を利用すると、数学や科学の概念を記憶しやすくなるだけでなく、よく理解できるようになる。[1] 比喩はありありと目に浮かぶようなものであればあるほどいい。たとえば、地理の教師がシリアの国土を「シリアルの入ったボウル」に、ヨルダン〔英語読みでは「ジョーダン」〕の国土をナイキのバスケットシューズ「エアジョーダン」になぞらえると、生徒は何十年たっても忘れないだろう。

他にも電流を把握したいときは水の流れをイメージできるし、圧力（電圧）をかけることで水の流れ（電流）の向きが変わるので、電圧は圧力に似ていると思えるかもしれない。電気のことに詳しくなれば、比喩に手を加えるか、新たに比喩を考え出してみよう。

微積分学の「極限」〔数列または変数がある値に限りなく近づくときの値〕の概念をのみ込むには、スローモーションカメラでとらえたランナーの姿を思い浮かべてみる。「極限」はランナーがゴールに近づくほどランナーの動きが遅くなり、テープを切ることができない状況だ。極限については、イギリスの物理学教授シルヴァーナス・P・トンプソン（一八五一～一九一六年）の微積分学の入門書『わかりやすい微積分学』が役立つ。教科書では細部まで取り上げていることがあるため、概念の全体像を把握しにくい。トンプソンの本や微積分学の参考書であれば、いちばん肝心な点は何なのか、すぐにつかめる。

理解したい概念に自分がなりきることもできる。たとえば、電線の中心には銅線があり、電子は銅線の中をゆっくり流れている。そこで、電子でできたあたたかいスリッパに潜り込んで銅線の中を移動したり、代数方程式の未知数 x の中にこっそり入り込んで、解が求められたときの爽快感を味わったりしてみよう（ゼロで割るようなことをして台無しにしないように）。

物理化学であれば、陽イオンのカチオン（cation）を足（paws）のある猫にたとえると、カチオンは「ポージティブ」（pawsitive）な正電荷を持つイオンと覚えることができる。一方、陰イオンのアニオンをオニオンになぞらえれば、涙を流させるのでアニオンは「ネガティブ」な負電荷を持つイオンと覚えることができる。

比喩が夢に現れる

「寝る前に勉強すると、どういうわけかその学習内容の夢を見るんです。ずいぶん奇妙な夢なんですが、役に立つのは確かです。たとえば、オペレーションズ・リサーチ〔軍事作戦や経営管理などのシステムの問題を数学的・科学的に解決する手法〕の講義を受けたときは、夢の中で僕は二つのノード〔点と線からなる図形の点のこと。節点〕の間を駆け足で往復していました。つまり、二つのノード間の最短経路を求める計算法を体で表現していたわけです。友人には変わっているといわれるんですが、夢のおかげでクラスメートほど勉強しなくても済むのですから、すばらしいことですよ。夢には、僕が半ば無意識につくった比喩が表れていると思うのです」。

——経営システム工学専攻の大学四年生アンソニー・シュート

比喩は完璧なものではない。しかし、不完全という点では科学的モデルはすべて比喩であり、[2]ある段階でモデルが成り立たなくなることもある。いずれにせよ、比喩を使えば数学や科学の概念の中心をなす考えが具体的になるので理解しやすい。それに、比喩は最初に思いついた考えにとらわれて別のうまい解法に思い至らない「構え効果」も防ぐ。実際、さまざまな方向から要塞を攻撃した軍隊の話がヒントになって、医学生らは悪性腫瘍を効果的に破壊するのに低線量放射線をどのように照射すればいいか、ひらめいている。[3]

また、比喩は記憶にかかわっている脳領域の神経構造と結びつくため、概念などを忘れにくくなる。比喩はトレーシングペーパーで模様を書き写すようなものなので、少なくとも模様（概念）の輪郭をつかむことができる。適当な比喩を思いつかないときは、紙に言葉や絵をかき出しながらあれこれ考えてみよう。びっくりするほどうまくいくものだ。

ケクレが視覚化したベンゼンの構造

比喩や視覚化はユニークな形で科学の進歩に貢献してきた。[4]一八〇〇年代には化学者が想像力を働かせながら心に描いたミクロの世界を目に見えるようにしたところ、研究は大いに進展した。その一例が、ドイツの化学者フリードリヒ・アウグスト・ケクレ・フォン・シュトラドニッツ（一八二九〜一八九六年）が夢から思いついたというベンゼン環である。ベンゼン環を模したサルの絵（図42）はドイツの化学の研究生活を茶化した一八八六年発行の雑誌に載っていたもの。[5]六匹のサルが手をつなぎ合い（炭素原子間の単結合）、隣り合った

―サルは尻尾を絡ませている（炭素原子間の二重結合）。―

間隔反復の方法

注意を集中させることで、ある概念を一時的な作動記憶に保管することができる。しかし、その概念を作動記憶から長期記憶に移すには概念を覚えやすい形にしたうえで（ラバがソファの上を飛び回り、「$F = ma$」とわめいている！）間隔を置きながら反復しなければならない。さもないと、自然な代謝過程が、できたばかりの不鮮明な神経パターンを吸血鬼のように吸い取ってしまう（図43）。もっとも、日常の出来事の多くは些細なものなので、不鮮明なパターンが除去されるのは幸運なことでもある。何もかも覚えていれば、無用な記憶がたまる一方で収拾がつかなくなる。

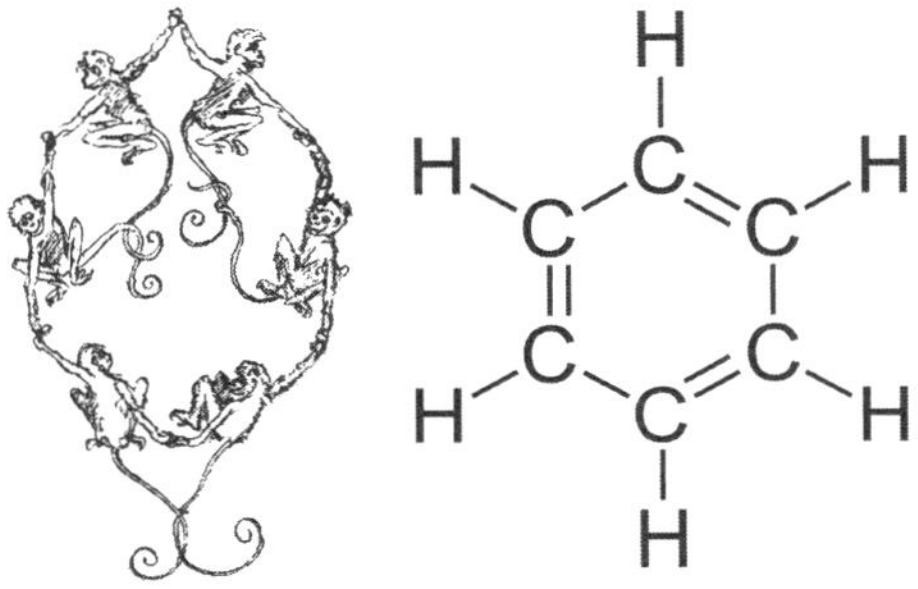

図42　6個の炭素原子からなる六角形のベンゼン環。Cは炭素原子を、Hは水素原子を表す。

前述のとおり、概念を覚えやすい形にしてもそれを長期記憶に移すには間隔反復が必要になる。では、どの程度繰り返し、次の反復までどれほど間隔を置けばいいのだろうか。[6] また、反復過程を効果的にする方法はあるのだろうか。

物質の単位体積当たりの質量「密度」に関連した情報を例に取って考えてみよう。密度は「ρ」（ロー）という記号で表現し、密度を測定するときは立方メートル当たりのキログラム（kg/m^3）を基

図43　記憶したい概念を反復しなければ、当の概念の記憶と関係のある神経パターンを「代謝の吸血鬼」が吸い取ってしまうため、神経パターンを強化できなくなる。

本単位とする。こういった密度の情報をうまい具合に記憶に結びつけるにはどうすればいいだろうか（ちなみに、この程度の少ない情報量のチャンクを長期記憶に収めていけば、勉強中の科目の全体像を把握するのに役立つ）。

まず、索引カードの表側に密度の記号ρを、裏側に残りの情報を書き込む。**手書きにすると、覚えておきたい情報をコード化して神経回路網の記憶構造に変換できるようだ。**索引カードの裏側に「密度の単位は立方メートル当たりのキログラム」と書きつけるときには、一辺の長さが一メートルの立方体の特大の鞄（体積は一立方メートル）を思い浮かべ、その中に図体の大きいキログラム（キログラムの重みを感じ取ること！）が隠れている様子をイメージしてみよう。このようにありありと目に浮かぶ形にすると、密度の単位を思い出しやすくなる。また、索引カードの表と裏に書き留めた文字を声に出して読めば、聴覚も刺激しながら密度の情報を覚えることができる。

次に、索引カードの表側のρを見ただけでカードの裏側の情報を思い出せるかどうか試してみる。思い出せなかったら、カードを裏返して密度の単位を改めて覚え込む。十分に思い起こせるようになるまでこれを繰り返す。

このようにして索引カードを作成しつつ、情報を記憶・想起していく。索引カードが数枚程度になれば、通しで練習してみる。一通り思い出せるようになれば、カードをいったん片づけ、就寝前にもう一度試す。

睡眠中に脳は同じ作業を繰り返し、索引カードの情報をまとめる。この睡眠の働きを利用しようというわけだ。

その後、数日の間索引カードの順番をときどき変えながら毎朝か毎晩数分ほど思い出す練習を続ける。情報が記憶に残るようになれば、反復の間隔を少しずつ延ばしていく。そうすることで情報を脳のあるべき場所にしっかり収めておくことができるだろう[7]（「Anki」などの優れたフラッシュカード・システムでは数日から数カ月の間隔で反復する手順をふんでいる）。ついでながら、間隔反復は人の名前を覚えるのに最適な方法でもある。[8]

見直さなかった情報は、あっさり記憶から薄れる。そのため、**試験勉強ではまんべんなく復習したほうがいいだろう。見直すのを省けば、該当箇所の記憶はやがて損なわれるのである。**[9]

大学教授も間隔反復を活用している！

「私が担当している工学概論講座と古代土木史講座の学生には数日間や数週間、反復してから間隔を置くよう勧めています。聞き慣れない名前や用語を記憶するには数日間、練習するのが一番ですね。じつをいうと、私も用語を思い出しながら声に出すことを数日間続けています。こうすると講義中に用語を口にしやすくなるんです」。

——オハイオ州立大学土木工学教授フェビアン・ハディプリーノ・タン

やってみよう!

比喩を考えてみる

勉強中の分野の概念を一つ選ぼう。次に、その概念と同じような経過をたどるものや、どことなく似ている考えを別の分野から探し出し、役立つ比喩を思いつくかどうか試してみよう(ちょっぴりばかばかしい比喩にボーナスポイントを提供!)。

意味のあるグループをつくる

「記憶」は物事を覚えてその情報を保ち続け、ときに応じて想起する過程や機能を指す。情報を簡略にして意味のあるグループにまとめることも記憶に役立つ。たとえば、吸血鬼が恐れる植物のニンニク(garlic)、バラ(rose)、サンザシ(hawthorn)、カラシナ(mustard)を思い出したいとしよう。これら四つの植物の語頭の文字をつなげれば「GRHM」と省略することができるので、後は「グラハム(GRAHAM)クラッカー」のイメージを思い起こせばいい。四つの植物がたちどころに判明する(記憶の宮殿からクラッカーを回収するときに二つの母音「A」を取ろう)。

数字の場合は「一九六五年」を身内の誕生年と結びつけるように、覚えやすい出来事と関連づければ楽に思い出せる。また、なじみのある別の数字に関係づけることもできる。「一一・〇秒」であれば、一〇〇メートル競走の好タイムであるし、「七五」であれば、ニット帽を編み始めるときの棒針にかける編み目の数かもしれない。私は数字と自分の年齢を重ね合わせて覚えている。「一八」は入隊したときの年齢だ。「一〇〇」を超えて「一〇四」になると、だいぶ年を取っているが、その頃には幸せな曾《ひい》おばあちゃんになっているだろう！

概念を記憶するのに便利な文もある。一種の語呂合わせのようなもので、文の各単語の最初の文字は覚えておきたい概念の最初の文字に当たる。一例を挙げると、一〇数えるごとに位が上がる「十進法《じっしんほう》」は、「ヘンリー王はチョコレート・ミルクを飲むうちに亡くなった」（King Henry died while drinking chocolate milk.）と覚える。この文に十進法の単位が読み込まれている。つまり、「王《キング》」のkは10^3倍（一〇〇〇倍）の「キロ」、「ヘンリー」のhは10^2倍（一〇〇倍）の「ヘクト」、「亡くなった」のdは10^1倍（一〇倍）の「デカ」を表し、飲む「うちに」は基本単位（$10^0=1$）と考え、「飲む」のdは10^{-1}倍（一〇分の一）の「デシ」、「チョコレート」のcは10^{-2}倍（一〇〇分の一）の「センチ」、「ミルク」のmは10^{-3}倍（一〇〇〇分の一）の「ミリ」を表している。

こういった記憶術は役立つことが多いので、インターネットで検索したり、自分で考え出したりしてみよう。

記憶術の誤用に注意

「化学の学生はラップのリズムに乗って *skit ti vicer man feconi kuzin* と覚えています。これは周期表の四段目の横列に並んだ遷移《せんい》元素《げんそ》を指しています（Sc「スカンジウム」、Ti「チタン」、V「バナジウム」、Cr「クロム」、Mn「マンガン」、Fe「鉄」、Co「コバルト」、Ni「ニッケル」、Cu「銅」、Zn「亜鉛」）。残りの遷移元素は自分なりに覚え方を工夫すれば、周期表のどこに収まるか見当がつくと思いますよ。たとえば、ある学生はAg「銀」

とAu「金」はCu「銅」と同じく硬貨の材料になることから、この二つの遷移元素を銅と同じ縦の列に入れて記憶しています。

しかし、同じ縦列に置く理由を勘違いして、銀と金と銅は硬貨鋳造に使われるから、と思い込んでいる学生もいます。本当の理由は、三つの遷移元素の化学的性質や原子価が類似していることにあるんです。

このように覚え方の根拠を取り違えると、本物の知識が身につかなくなります。比喩は記憶を助けてくれますが、比喩と事実を混同しないよう気をつけることです」。

――カナダのオンタリオ州トロントのヨーク大学化学教授ウィリアム・ピエトロ

物語に仕立てる

チョコレート・ミルクを飲むうちに亡くなった気の毒なヘンリー王の例のように、情報を意味のあるグループにまとめるとちょっとした物語になることもあるので、よけいに忘れにくくなる。物語を話したり、書いたりすることは情報を理解して記憶にとどめるのに重要な手段となってきた。この点をふまえ、科学・科学技術史が専門のカナダのトロントのライアソン大学歴史学科教授ヴェラ・パヴリは、講義を講義ととらえずに筋があり、さまざまな人物が登場し、概して討論に値する物語と考えるよう学生を指導している。数学や科学の文句なしにすばらしい講義は推理小説のように構成され、学生が解いてみたくなる、好奇心をそそる問題から始まる。これまでの講義や教材内容に答えを知りたくなるような疑問を覚えなかった場合でも、改めて問題を探し出し疑問を解いてみよう。[10] もちろん、自分なりに覚え方を工夫するときは試しに物語に仕立ててみることだ。

手書きの効用

「私に相談しに来た学生には、手と脳は直結しているのだから文字を書くことが大切だと口を酸っぱくしていっています。講義ノートも書き直して整理すれば、大量の情報をわかりやすいチャンクに分けられるのです。ノートをワード文書にタイプする学生は多いのですが、タイプするのをやめて手で書き始めた学生はつまずくこともなくなり、成績も伸びていますよ」。

――ピッツバーグ大学看護学部健康増進・発達学部助教ジェイソン・デイチャント

筋肉記憶

手書きにすると情報が記憶に残りやすくなるものの、この分野の研究は非常に少ない。[11] ただし、手書きと、体で覚え込んだ「筋肉記憶」〔技能や物事の手順についての記憶である「手続き記憶」の一種〕の関連性を指摘する教育専門家は多い。たとえば、最初は数字や記号の羅列にしか見えなくとも、よく考えながら方程式を紙に数回書きつけると頭に入り始め、その式が何を意味しているのか何となくわかることがある。中には、問題や公式を読み上げると理解しやすいという学生もいる。もっとも、方程式を一〇〇回書き出せば、ただの機械的練習になる。手書きの効果を期待するなら、数回程度で十分だ。

独白の勧め

「学生には教材をたんに読み直したり、蛍光ペンでマークしたりする代わりに独り言をいうようアドバイスしています。すると学生は頭が変になったのかといぶかしげに私を見るのですが〔その可能性はなきにしもあらず）、教材内容を思い出しながら声に出していうのは効果的ですよ。半信半疑だった学生も『よくわかるようになったので、独り言を学習法の一つにしている』と報告しに来ますから」。
——サンディエゴメサカレッジ心理学助教ダイナ・ミヨシ

正真正銘の筋肉記憶

記憶力を本当の意味で高めながら学習能力も伸ばすには、運動が適しているだろう。動物と人間を対象にした最近の実験では、定期的な運動で記憶力と学習能力はおおむね向上する。運動をすると記憶にかかわっている脳領域のニューロンが増える他、信号伝達経路が新たに出来上がるようだ。[12]分子レベルでは運動の効果は若干異なるものの、ランニングやウォーキングなどの有酸素運動もレジスタンス運動（筋力トレーニング）も記憶力と学習能力に好結果を挙げている。

記憶術で専門知識が早く身につく

結論を出そう。情報を記憶する際に言葉を使う代わりに、心の中にイメージを描けば、あまり苦労せずに専門家のレベルに近づく。言い換えると、数学や科学の概念を視覚的に処理することが、教材内容を習得するのにすこぶる効果的な方法である。[13]その他の記憶術も利用すれば、教材内容を覚えてその記憶を保つ能力が格段に伸びる。

正統派は記憶術を妙な小細工と見て鼻であしらうかもしれない。しかし、概念の視覚化のような記憶術を利用した学生の能力は、別の方法を試した学生より勝っている。[14] しかも、専門知識を身につける過程を調べた脳画像研究では、記憶術はチャンキングを速めるため、初学者は数週間足らずでセミプロ級の専門知識を習得する。[15] 研究に参加した被験者は記憶術のおかげで長期記憶の情報をやすやすと手に入れ、これにより作動記憶の機能を拡張しているのである。

そのうえ、情報を「覚える」過程そのものが創造力を育むための練習になる。実際、画期的な記憶術を利用して概念を習得すると、さまざまな脳部位のニューロンがつながり始めるので、記憶術で覚えれば覚えるほど独創的に考えられるようになるだろう。また、練習を繰り返すほど楽に記憶できるようになる。最初のうちは、たとえば方程式のわかりやすいイメージをつくってから記憶の宮殿に収めてしっかり覚え込むのに一五分かかってもやがて数分か数秒で済むようになる。

さらに、最重要点を記憶にとどめるのに少し時間をかけることで教材内容を深く理解できるようになる。公式にしても教材で調べるだけでなく、記憶してこそ試験に役立つし、実社会でも応用できるだろう。

比較的最近の研究では、俳優は台本を丸暗記していない。登場人物を行動に駆り立てるもの（動機づけ）や欲求をつかんだうえで科白《せりふ》を覚える。[16] 記憶するときも公式や解法手順が何を意味しているのか、把握することが何より重要だ。そうすれば、速やかに覚えられるようになる。

もっとも、読者の中には方程式や理論はドラマの主人公のようにたいそうな動機づけや感情的欲求を持たないので覚えにくいし、自分はそれほど独創的ではないと反論する人がいるかもしれない。しかし、そういう人も心の奥底には二歳の幼子が潜んでいる。子どものような、豊かな創造力はまだ残っているのである。それを掘り起こして利用しよう。

独自に編み出した記憶術

「工学の学位取得のための勉強の他にも、二カ月後（！）に迫った救急救命士の国家試験に備えて成人患者と小児患者用の薬剤と投与量を記憶しなければなりません。人の命にかかわることですし、膨大なデータに圧倒されてしまうのですが、うまい手を思いついたんです。たとえば、利尿剤『フロセミド』の投与量は四〇ミリグラムです。『四〇』は四《フォー》と〇《オウ》をつなげて「フォロウ」と読めますから、『四－〇セミド』（フロセミド）と覚えればいいんですよ。こういう語呂合わせで記憶すると、概念と情報が頭の中でぴたっと結びつくので、『あの薬の投与量は……』と考え込まなくても済むのです。本当にすごいことですよ」。

――機械工学専攻の大学二年生ウィリアム・コーラー

やってみよう！

歌は記憶するのにうってつけ

恒等式〔式の中の文字にどんな値を入れても成り立つ等式〕や積分公式、物理学などの科学の公式は自分で作曲したメロディに乗せて覚えることもできる。恒等式などの重要な概念を記憶してしまえば、込み入った問題でも楽に、すばやく解けるようになる。

ポイントをまとめよう

- 比喩を使えば、難しい概念を速やかに覚えられるようになる。

- 覚えたい概念は忘れてしまわないうちに間隔を置きながら反復する。さらに、就寝前と翌朝起きたときに概念を思い出せば、記憶に定着しやすい。
- 意味のあるグループにまとめたり、略語を利用したりすると情報が簡略化されてチャンクにしやすくなるため、情報をわけなく記憶することができる。
- ばかばかしい筋になっても記憶したい情報をちょっとした物語に仕立てると忘れにくくなる。
- 覚えたい方程式や公式などを手で書いたり、声に出していったりするとよく理解できるし、記憶が薄れにくいようだ。
- ニューロンの軸索が伸びていき、その先端がシナプスを介して別のニューロンにつながるには運動が非常に重要になる。

ここで一息入れよう

別の場所に移動して本章の主要点を思い出してみよう。本書を自宅で読んでいた人は椅子やソファの座り心地を、喫茶店で読んでいた人は店の壁にかかっていた絵やバックグラウンド・ミュージックなどを思い出すと記憶がよみがえりやすくなる。

学習の質を高めよう

1　数学や科学の理解したい概念を別の言葉でたとえるか、ケクレのベンゼン環の絵のように視覚的にたとえて紙にかき出してみよう。

2　数学や科学の教材の一章分にざっと目を通し、答えを知りたくなるような設問を考えてみよう。

第12章　自分の能力を正しく判断しよう

直感的に理解できる学習

数学や科学の学習法はスポーツから教わる点が多い。たとえば、野球ではヒットの打ち方が一日で身につくことはない。選手は長年反復練習をたくさんこなして一連の動きをチャンクにまとめ、体で覚える。こうして出来上がった筋肉記憶のおかげで選手はヒットを放つまでの複雑な段階をいちいち思い出す必要はなく、何をすべきかは体が心得ている。[1]

数学や科学でも情報をチャンクにして記憶しておけば、些細な点に気を配らなくとも自動的に問題を処理できるようになる。また、ある手順をふむ理由がひとたびわかれば、それを行うつどやり方を自分に言い聞かせる必要もなくなる（図44）。$10^1 \times 10^1$ は100だと理解するのにポケットから豆を取り出しては床に並べていき、一列が一〇粒の列を一〇列つくらなくてもいいのである。基数が同じ数を掛け合わせるときは $10^4 \times 10^5 = 10^9$ のように冪指《べきし》数《すう》（x^n における n）を足す、と記憶しておけば、その記憶をたぐるだけで $10^1 \times 10^1$ の答えが出る。こういった手順を利用して別種の問題を解いていけば、問題ごとの手順の意味がしだいにわかり始めるため、従来どおりに教師の説明を聞いてから問題を解くより手順をふむ理由も

図44　数学や科学では、ある手順をふむ理由がいったんわかれば、それを行うたびにやり方を自分に言い聞かせなくとも済むようになる。考えすぎると、かえってへまをしやすい。

手順のやり方もはるかに深く理解できるだろう。実際、教わったことをそのまま受け入れるだけで複雑な概念を会得できたためしはめったにない。人は情報の意味をわかろうと努力することで習得するのである（数学教師が日頃いうとおり、数学は見て楽しむスポーツではなく自分が参加するスポーツだ）。

チェス名人や緊急救命室の医師、戦闘機のパイロットなど、その道のプロは込み入った決定を即下さなければならない。その際は感情や自意識を抑え、場数をふんで培ったチャンクを活用しつつ、直感を大いに信頼する。[2] これに対して、ある時点で自意識を働かせ、自分が取ろうとしている行動の理由を考え出すと足踏み状態になり、波に乗れずにまずい決定を下すかもしれない。

高校教師や大学教授はえてして直感よりも規則に従うことに熱心だ。ある実験では、ビデオの中で心肺蘇生を施している六名のうちプロの救急救命士は一人しかいない。[3] その人物を見分けられるだろうか。被験者の中で専門技術を身につけた「本物」の救急救命士の九〇パーセントは「やり方を心得ている」と見て取り、正しく言い当てた。[4] 一方、学校などで心肺蘇生を教える被験者ではわずか三〇パーセントが正解した。心肺蘇生の教官は理論が先走り、患者の胸部を圧迫して心臓マッサージを行うときの時間の取り方が正しくないなどと本物の救急救命士のやり方を批判した。教官にとって規則をきちんと守ることは、実用性よりも重要な意味を持つようである。

天才をうらやむ必要はない

オリンピック選手が週末の数時間のジョギングや暇なときの数回のウエイトリフティングで運動能力を伸ばしているのではないように、チェスのグランドマスターは、にわか仕込みの知識で神経構造を築いているわけではない。名人といえども時間をかけて問題解決に必要な知識基盤を充実させ、大局的状況をつかめるよう練習を重ねている。このように練習すれば情報を長期記憶の倉庫に収め、いざというときには長期記憶にかかわっている脳領域の神経パターンをすばやく利用できるようになる。[5]

この本の第2章「ゆっくりやろう」の冒頭で紹介した頭の回転が速いチェスの天才マグヌス・カールセンの場合は、過去の膨大な対局パターンを心得ている。試合終盤のチェス盤の駒の配置を見れば、ここ数百年にわたる一万以上もの試合のどれが該当するのか答えられるのである。言い換えると、カールセンは解法パターンが収まった巨大なチャンク図書館を頭の中につくり上げている。そのため、チャンク図書館を調べれば、自分と同じような局面にぶつかったときに他のチェスプレイヤーが使った手をただちに確かめることができる。[6]

カールセンほど巧みに行えるチェスプレイヤーは非常に少ないものの、グランドマスターであれば、少なくとも一〇年間練習や研究を重ねつつ、カールセンのように大量の解法パターンをチャンクにまとめて記憶し、そのパターンを身につける。[7] 解法を難なく利用できるおかげでグランドマスターは素人よりもずっと手早く試合の段取りをつかめるし、プロの観察力を養っているので、どんな状況でも最善策が直感でわかる。[8]

いや、ひょっとしたらチェス名人や六桁の掛け算を暗算できる人は、ずば抜けた知能の持ち主なのだろうか。必ずしもそうとは限らない。率直にいうと、なるほど知能は重要ではある。頭がよければ作動記憶容量は大きいものなので、当人は一度に四つどころか九つの事柄を記憶できるかもしれない。そのような作動記憶を持っていれば、数学や科学の勉強はずいぶん楽になるだろう。

もっとも、独創的になれるかというと難しい。例の構え効果の問題がある。作動記憶がとびきり立派だと以前の考えがなかなか忘れられず、斬新な考えが頭に浮かびにくいのである。また、複雑な問題を解決できる能力が足枷となり、単純な問題を深く考えすぎるあまり、込み入った答えを出そうとしたり、簡単な解き方を見落としたりするかもしれない。賢い人は複雑なものに夢中になる嫌いがある。これに対し、見たところ知的能力に乏しい人は簡単な解き方をやすやすと思いつく。[9]

重要なのは成績ではなく考え方

「経験上、大学院進学適性試験の得点が高くとも社会人となって仕事で成功するとは限らないといえます。むしろ成績と出世は逆相関関係にあるのです。事実、最低の得点だった学生の多くが立身出世する一方、驚くほど大勢の『天才』が何らかの理由で挫折しています[10]」。

——長年、指導教官を務めたフロリダ大学植物病理学科名誉教授F・ウィリアム・「ビル」・ゼトラー

一度にたくさん覚えられないし、集中力が切れて大学の講義は上の空で聴き、静かな場所でなければ作動記憶を目一杯利用できない……。こう嘆く人は、じつは創造力に富んでいる。作動記憶容量がやや小さいために大量に覚えることは難しいが、その分思い込みにとらわれず、知識を自由に一般化して今までになかったものを考え出せるだろう。それに、前頭前野皮質の集中力のたまものである作動記憶は一時的に蓄えた情報を何もかも閉じ込めてしまうわけではないので、本人は感覚野などの他の脳領域からの情報を簡単に手に入れることができる。感覚野などの脳領域は周りの状況を把握しているだけでなく、睡眠中の夢や独創的な考えの源である。[11] 作動記憶容量がやや少ない人は学習内容を理解するのに苦労するかもしれないが、一度情報をチャンクにまとめれば、ためつすがめつして自分でも意外なほど独創的に当のチャンクを利用できるだろう！

もう一つ、ＩＱにもふれておきたい。頭脳明晰な人の砦であるチェスのエリートプレイヤーの何人かはほぼ平均的なＩＱの持ち主である。しかし、練習量が多いおかげで知能の高いチェスプレイヤーより上手《うわて》だ。[12] ここが重要なところで、ランクを問わずチェスプレイヤーはみな練習によって能力を伸ばしている。**中でも、いちばん難しい問題を取り上げて練習する「意図的練習」を重ねれば、平均的な頭脳を高めて「天賦」の才能に恵まれた人たちの牙城に入り込むことができる。**また、頭の中で解法パターンを練習すると、そのパターンは記憶に深くとどまる。どうやら練習すると作動記憶の機能が高まるようだ。ある研究では、挙げられた一連の数字を逆唱する練習で作動記憶の働きはよくなる。[13]

天分に恵まれていても、それなりに悩みはある。非常に知能の高い子どもはいじめられることがあるので、優れた知能を表に現さないようにしたり、抑えつけたりするようになる。いじめの痛手から立ち直るのは難しい。[14] また、善かれ悪しかれ複雑なものをあっさり想像できるほど頭が切れる人は成長期に物事を先に延ばしてもうまくいったため、日常生活でぶつかる諸問題に上手に対処できる能力、生活技能が十分に身についていないようだ。

才能や知的能力とは関係なく、自分は「インポスター」（詐欺師）だと思い込んでいる人は案外多い。そういう人は試験の成績がよかったのはまぐれ当たりで、今度試験があれば家族も友人も自分の無能さをきっと思い知るだろうと考えている。このように思うことは非常に一般的であり、「インポスター症候群」という名までついている。[15] こういった不適切な気持ちを抱きやすい人は、自分だけでなく仲間が大勢いると気づくことだ。

人はそれぞれ異なった才能に恵まれている。だから、好機を逸したり、失敗したりしてもくじけずに顔を挙げ、前進し続けよう。ことわざにあるとおり、「沈む瀬あれば浮かぶ瀬あり」だ。

自分を過小評価しない

「私が教師を務める高校では全米科学オリンピックのための指導も担当しています。わが校はここ九年で八回もカリフォルニア州大会で優勝しました。今年は一点差で優勝を逃しましたが、本校は全米の上位一〇校に食い込んでいます。

科学オリンピックの重圧を受けると、全授業科目の成績がA+の優等生の多くは、精神的にタフで知識をうまく生かせる生徒ほど成果を挙げられません。面白いことに後者の生徒自身は優等生より頭がよくない『二番手』と思うこともあるようです。しかし、うわべは優等生より成績が劣る生徒は即座に独創的に考えることができます。科学オリンピックではこういう能力が求められるのです。一方の優等生は覚え込んだチャンクにそぐわない問題にぶつかると、うろたえてしまいます。ですから、私はむしろ『二番手』のほうを高く買っているんです」。

――カリフォルニア州サクラメントのミラローマ高校生物学教師マーク・ポーター

ポイントをまとめよう

- 情報をチャンクにうまくまとめて記憶しておけば、些細な点に気を配らなくとも自動的に問題を処理できるようになる。
- 教材内容をたちどころに把握できる人が身近にいれば、自分と比較して畏縮してしまうかもしれない。しかし、創造力や物事を率先してやり遂げる能力となると「ふつうの」人が有利な場合もある。

ここで一息入れよう

この本を閉じて顔を挙げよう。本章の主要点は何だろうか。また、本書ではこれまで何を取り上げてきたか目次を見て確認しよう。

学習の質を高めよう

1 頭の切れる人の弱点は何だろうか。

2 生まれつき才能に恵まれた人に伍するには、どうすればいいだろうか。

図45　南北アメリカの事業部門を率いるニック・アプルヤード。

劣等生のサクセスストーリー

ニック・アプルヤードはハイテク多国籍企業ＣＤアダプコの副社長を務めている。その会社が開発した先端物理学を応用したシミュレーションツールは航空宇宙産業や自動車産業、生物医学産業など多くの経済部門で利用されている。アプルヤードはイギリスのシェフィールド大学で機械工学の学位を取得した。

「成長すると物覚えが悪い子どもの烙印を押されました。だから問題児なのだというレッテルはショックでしたよ。教師はもう打つ手がないと諦めたように見えました。両親も学業不振の息子に失望していましたね。とくに父はひどく落胆していたと思います（大学付属病院の医師だった父も子どもの頃は同じような問題を抱えていた、と後に知りました）。そうなると、人生のあらゆる面で自信がぐらつき始めるものです。

何が問題かといえば、分数や九九表、紙に数字を書いて割り算をする長除法、代数など数学に関連したものはすべてです。数学は僕には無用の長物だったんです。

ところが、ある日を境に変わり始めました。父がコンピュータをわが家に持ち帰ったんです。コンピュータといえば、こんな話を聞いたことがあります。みんながやりたがる家庭用コンピュータゲームのプログラムを一〇代のグループが作成して、一夜にして大金持ちになったそうです。僕がそのグループの一人だったらと思いましたよ。

それからは参考書や専門書を読んでは練習してコンピュータゲームのプログラムを必死につくりました。プログラムはベクトルや行列など特定の数学と関係があります。そしてついに僕のプログラムがイギリスのコンピュータ雑誌に載ったんです。嬉しかったですねえ。

今は数学をどう応用して次世代自動車を設計したり、宇宙ロケットを発射したり、人体の機能を分析したりできるか毎日考えています。数学は無用の長物どころか、驚異とすばらしい仕事の大本《おおもと》になっていますよ！」。

第13章　脳をつくり直そう

一一歳の少年サンティアゴ・ラモン・イ・カハルがまた悪さをした。今度は小型の大砲をつくり、隣家の建ったばかりの立派な木製の門をバラバラに吹き飛ばした。一八六〇年代のスペインの田舎ではつむじ曲がりの非行少年に選択肢はないに等しく、カハル少年はノミだらけの牢獄に監禁された。

少年は頑固で反抗的だった。たった一つ、芸術に情熱をたぎらせていたが、絵を描いたり、スケッチしたりすることで暮らしていけるだろうか。しかも、学校の勉強はなおざりにしていた。中でも数学や科学は役に立たないと思っていた。

少年の父親フスト氏は、ほとんど無一文から医師・解剖学教授になった苦労人で厳格だった。一家は貴族のような、生まれながらの裕福な身分ではなかった。息子を鍛え、規律正しい生活を味わわせようと父親は少年を床屋に徒弟に出した。しかし、これは裏目に出た。少年はますます勉強をおろそかにした。そのうえ、根性を叩き直そうとした教師からは殴られたり、ひもじい思いをさせられたりした。少年は規律上、手に負えない存在だった。

このサンティアゴ・ラモン・イ・カハル（一八五二〜一九三四年）が将来ノーベル生理学・医学賞を受賞し、ついには現代神経科学の祖として知られるようになるとは誰が想像しただろうか（図46）。

図 46　スペインの組織学者・病理解剖学者サンティアゴ・ラモン・イ・カハルはニューロン説を打ち立て、神経組織の構造や機能を解明したことにより 1906 年にノーベル生理学・医学賞を受賞した[1]。その眼差しから子ども時代の数々のトラブルの元になったいたずら心がうかがえる。

カハルが生涯を通じて出会い、共同研究した科学者の大半は自分よりだいぶ賢かった。しかし、啓発的で心の内を映し出す自伝では、聡明な人の仕事ぶりは見事でも他の人と同じようにうかつで、考えが偏っていることもある、と指摘している。一方、自分には考え方を変え、間違いを認められるだけの柔軟性があるし、粘り強い。この２つが成功した秘訣だという（自伝の中で粘り強さを「さほど優秀ではない者の美点」と述べている[2]）。しかも、平均的知能の持ち主であろうと誰であろうと脳をつくり直せるため、最も才能豊かでない人ですら十分な成果を収められると強調している[3]。そんなカハルを支えたのは、愛妻ドーニャ・シルヴェリア・ファニャナス・ガルシアだった（夫妻には７人の子どもがいた）。

考え方を変えれば、脳は変化する

サンティアゴ・ラモン・イ・カハルの素行はやがて修まり、二〇代初めにはスペイン北東部のサラゴサ大学で伝統医学をすでに学んでいた。脳がこのように「落ち着き始めた」ことを本人はこうとらえている。脳がたんに「発達して、くだらないことや不道徳な振る舞いに飽き飽きしたせいか」[4]。

ニューロンの軸索を取り囲む脂質に富んだ被膜「髄鞘《ずいしょう》」はニューロンの信号伝達を速める。この髄鞘は人間では二〇代に入ってようやく発達し終わる。いきおい一〇代の若者では、物事をもくろむ脳領域と行動を抑制する脳領域間の配線が完全に出来上がっていないため、若者は衝動的な行動を抑えきれないのだろう[5]。

「生まれながらの才能に恵まれていなくとも労を惜しまず、専念し続けることで埋め合わせることができるだろう。努力は才能の代わりになり得るし、なおいっそうよいことに努力は才能をつくり出すといえるかもしれない」[6]。

——サンティアゴ・ラモン・イ・カハル

しかし、反復練習により神経回路を働かせれば、当の神経回路のニューロンの髄鞘形成を促すようだ[7]。練習を繰り返すうちにさまざまな脳領域がつながり始め、脳のコントロールセンターと情報・知識を蓄える中枢を結ぶ幹線道路が出来上がる。カハルの場合は二〇代に入り、脳が成熟過程にあったことに加えて、苦労して思考力を伸ばしたおかげで行動をコントロールできるようになったのだろう[8]。

神経発達についてはまだ十分にわかっていないが、明らかな点が一つある。すなわち、**考え方を変えれば、脳を適度に変化させることができるのである。**[9]

カハルのユニークさは何といっても通常の意味での「天才」ではないのに偉業を成し遂げたことにある。自伝では「言葉の使い方にすばやさ、確実性、明快さが全くない」と非常に残念がっている。[10]しかも、感情的になると、言葉に詰まった。また、丸暗記することができなかったため、情報をおうむ返しにいうことが大切な授業に出るのは苦痛以外の何ものでもなかった。重要な概念を把握して記憶するのが精一杯であり、自分のささやかな理解力に絶望したという。[11]しかし、今日の神経科学研究のいちばん刺激的な分野はカハルの所見に根ざしている。[12]

カハルが後に回想しているように、教師は能力を正しく評価していなかった。機敏さを利口さと、記憶力を実力と、従順さを適正さと思い込んでいた。[13]機敏さなどはカハルになかった。それでも成功したことからわかるとおり、教師は学生を過小評価しやすいし、学生も自らを過小評価しがちである。

概念を抽象してチャンクにまとめる

カハルはサラゴサ大学医学部卒業後、軍医として当時のスペイン植民地キューバに派遣され、さまざまな経験を積んだ。帰国後、マドリード大学で医学博士号を取得し、数回目にしてようやく難関の教員採用試験に合格、一八七七年と一八九二年にそれぞれバルセロナ大学とマドリード大学の組織学・病理解剖学教授のポストについた。組織学では生物組織の構造や発生、分化などを、顕微鏡を用いて研究する。

カハルが生き物の脳細胞や神経系の細胞を調べるときは、染色した細胞を顕微鏡のスライドに載せ、何時間も観察し続けた。こうして脳裏に焼きついた細胞を思い出しながら紙に描くと、顕微鏡の像と比較しつつ何度も何度も描き直した。一つの細胞を描き出すのに顕微鏡のスライドを何枚も替えるほどカハルの確認と線画の手直しは徹底していた。線画が観察対象の細胞の本質を活写して初めてカハルは休憩を取ったという。[14]

カハルは腕のいい写真家でもあり、母国で最初にカラー写真術の本を著した。しかし、写真では対象の真実の姿をとらえられないと考えていた。自ら描くことで現実に存在しているものをどうにか抽象する（チャンクにする）ことができた。

このような抽象化〔事物の本質的特性を取り出して把握すること〕を経て概念の骨子をチャンクにまとめれば、一つの神経パターンが築かれる。**神経パターンをつくり出せるのが役立つチャンクであり、そういったチャンクであれば学習に限らず人生の別の面にも好影響を及ぼす。**抽象化は概念をある分野から別の分野に伝えるのに役立つ。[15]事実、名画や名作、名曲はジャンルの枠を越えて人の心を打つ。名画などに抽象された概念のチャンクを理解すれば、自分なりに別の考えが浮かんで既存の神経パターンを強化することもできるだろう。

このように神経パターンに作用するチャンクをつくれば、当のチャンクを他の人にやすやすと伝えることができる。これはカハルのような偉大な科学者や芸術家が何千年もの間行ってきたことだ。受ける側がチャンクの意味などをひとたびつかめば、そのチャンクを利用することも、学習や創作活動に応用することもできる。

学習スピードを上げるコツにもふれておこう。何なのかといえば、数学や科学の概念はほぼ例外なく自分が心得ているものにたとえたり、比較したりすることができるのである。[16]血管は幹線道路のようだとか、

図47　２つのチャンク——波打つ神経系のリボン——はよく似ている。この図は、ある科目のチャンク（上のチャンク）を理解できると別の科目の同じようなチャンク（下のチャンク）を把握したり、つくり出したりするのが非常に楽になるということを表している。たとえば、数学的処理は数学だけにとどまらず、物理学や化学、工学に共通しているし、ときには経済学、経営学、人間行動モデルでも使われる。そのため、物理学や工学の専攻学生は国語や歴史の素養がある人より経営学の修士号を取得しやすい[17]。
　また、比喩や具体的な類比を利用してチャンクを作成すると、そのチャンクは全く別の分野の概念と影響し合うため[18]、数学や科学、応用科学を学ぶ人は趣味のスポーツ、音楽、言語、美術、文芸等の知識や活動を十二分に生かすことができるだろう。私の場合は、数学や科学の学習法を身につけるうえで語学の学習法の知識が役立った。

核反応はドミノ倒しに似ているといった比喩や類比（比較）は大雑把なものになることもある。しかし、比喩などを利用すれば、既存のチャンクを足がかりにしてもっと複雑なチャンクをすばやくつくれるようになる。こうして出来上がったチャンクは最初の単純なチャンクよりだんぜん役立つので、この新しいチャンクを使って異分野の最新の概念にぴったりの比喩や類推を考え出し、当の概念をチャンクにすることもできる（図47）。こういった能力が買われて物理学者や工学者は金融界で引っ張り凧だ。たとえば、素粒子物理学の理論的研究ですばらしい成果を挙げた物理学者・実業家エマニュエル・ダーマンがいる。ダーマンは投資銀行ゴールドマン・サックスに移ってブラック－ダーマン－トイ金利モデルを共同開発し、同社の定量的リスク戦略グループのグループ長となった。

ポイントをまとめよう

- 脳の成長速度は人それぞれだが、一般に二〇代半ばになるまで脳が完全に成熟することはない。
- 科学界の巨人の中にはどうしようもなく非行少年だった人もいる。
- 数学、科学、応用科学の専門家に共通しているのは重要な概念を抽象する方法――チャンクのつくり方――を徐々に身につけたことである。
- 比喩や具体的な類比を利用してチャンクを作成すると、そのチャンクは全く別の分野の概念と影響し合う。
- 現在の職業や将来の進路がどうあれ、あらゆる可能性を考え、数学や科学を得意分野にしてチャンクを増やしておくことだ。チャンクがたくさんあれば、職業選択や転職を含めて人生の諸問題に賢く取り組めるようになる。

ここで一息入れよう

この本を閉じて顔を挙げよう。本章の主要点は何だろうか。自分の人生や職業上の目標に関連づけると思い出しやすくなるかもしれない。

学習の質を高めよう

1　サンティアゴ・ラモン・イ・カハルは芸術への情熱と科学への情熱を結びつけて人生を切り開いた。

有名人や家族、友人、知人の中でカハルのように情熱の対象を一つに合わせて、あることを成し遂げた人はいるだろうか。そういったことは自分の人生でも可能だろうか。

2 意気消沈したときは弱気になりがちだが、そういうときに粘り強さを発揮するにはどうすればいいだろうか。これまでの経験や周りの人の対処などを参考にして考えてみよう。

3 いわれたとおりに行うことには利点と難点がある。どんなときにためになり、どんなときに問題になるだろうか。カハルの人生と比較しながら考えてみよう。

4 カハルを含めて人は誰でも弱点を持っている。弱みを強みに転じられる方法を思いつくだろうか。

第14章　想像力に磨きをかけよう

方程式に隠された意味を知る

アメリカの女流詩人・小説家シルヴィア・プラス（一九三二〜一九六三年）は自伝的小説『ベル・ジャー』〔青柳祐美子訳、河出書房新社、二〇〇四年〕の中でこう書いている。[1]

物理学の講義がある日は最悪だった。黒みがかった髪の、甲高い声で舌足らずに話す小柄なマンジー先生が教室に現れる。ぴっちりした紺色のスーツを着込み、木製の小さなボールを手に持っている。先生はボールを急勾配の溝つき滑走台に置くと手を離した。ボールは転がり落ちた。すると先生は「aを物体の『加速度』とし、tを『時間』とすれば……」と話し出し、黒板一面にアルファベットやら数字やら等号「＝」やらを殴り書きするのである。私の頭は思考を停止した。

このマンジー先生は絵や写真が皆無の、図や公式が載った四〇〇ページに及ぶ大著を書き上げたそうだ。堅物の先生の手にかかれば、プラスの詩は味も素っ気もないものになるかもしれない。『ベル・ジャー』

によれば、物理学でAの成績を取った学生はプラスただ一人だったが、物理学に恐怖を覚えたという。

「そもそも詩心を持たない数学や、数学の心を持たない詩はあり得るだろうか」。

――アメリカの数学者・教育者デイヴィッド・ユージーン・スミス（一八六〇～一九四四年）

マンジー先生とは対照的にリチャード・ファインマン（一九一八～一九八八年）の物理学入門の講義ぶりは、ノーベル物理学賞を受賞したアメリカ人のインテリというより、気取らないタクシー運転手のようだった。実際、ファインマンは戯れに太鼓のボンゴを叩く陽気な物理学者だ。

ファインマンが一一歳のとき友人にこう持論を披露した。

「考えるということはね、心の中で独り言をいうことなんだよ」。

「へえ、そうなんだ」と友人。しかし、とっさに言い返す。「車のクランクシャフトはヘンテコな形だよね」。

「うん、それがどうしたんだい？」とファインマン。

「じゃあ聞くけれど、独り言をいうときにクランクシャフトをどう表現するんだよ」。

そのときファインマンは、考えは言葉の形を取るだけでなく、ありありと目に浮かぶものでもあり得ると、はたと気づいた。[2]これは衝撃的な発見だった。

著書の中で述べているように、大学生に成長したファインマンは電気と磁気の性質を併せ持つ波動「電磁波」[3]などの概念を思い描いて視覚化するのに苦労した。心の目に映った像を表現するのは難しかったのである。ただでさえ想像しにくい物理学の概念をどうすれば目に見えるように表すことができるのか。物理学界の世界最高峰もその方法を考えあぐねたのだから、われわれ一般人はお手上げに思える。

しかし、詩という形を取ると概念が目に見えてくる。[4] たとえば、アメリカのシンガーソングライター、ジョナサン・コールトンが有名なポーランド生まれのフランス系アメリカ人数学者ブノワ・マンデルブロ（一九二四～二〇一〇年）を謳った『マンデルブロ集合』がある。この歌の歌詞を数行抜き出してみよう。[5]

天国のマンデルブロが
混沌から秩序を生み出し　何もなかった世界に希望をもたらした
マンデルブロだけが図形を描くことができた
だからいつか道に迷っても
百万マイル彼方の蝶が羽を震わせ　小さな奇跡を起こし
わが家へ連れ戻してくれるだろう

「マンデルブロ集合」は、マンデルブロが発見した自己相似性を持つフラクタル図形の一つだ。たとえば、複雑な形状のリアス海岸線はその一部を取り出して拡大しても元の全体と似た形になる。コールトンの叙情的な詩はフラクタル図形を基礎概念としたマンデルブロのフラクタル幾何学の本質を見事にとらえ、次のようなイメージをつくり出している。蝶の羽のひらひらした動きがしだいに大きくなり、旅人から百万マイル離れていてもその効力を及ぼしている。フラクタル幾何学によって雲や海岸線のように一見とりとめのないものにも多少秩序があることがわかった。また、コールトンの詩は世界のどこかで起こったわずかな変化があらゆるものに影響を及ぼすというマンデルブロの研究に浸透した考えをそれとなく表している。こういった隠れた意味合いは、フラクタル幾何学を理解するにつれてはっきりしてくるだろう。

詩がそうであるように、方程式にも隠れた意味がある。初学者には物理学の方程式は味気ないものに思えるに違いない。しかし、「力」を表す「F」などの方程式の記号には「生命」が息づいている。方程式に潜む文言に気づいてこれを補えるようになれば、文言の意味が漏れ出て方程式が息を吹き返し、生き生きとしてくる。

アメリカの物理学者ジェフリー・プレンティスの優れた論文[6]にあるとおり、物理学を学び始めたばかりの学生にとって方程式はどれも覚えなければならないものにすぎない。一方、物理学専攻の大学院生や物理学者は想像力を働かせながら当の方程式の全体像の中の位置づけを含めて方程式の裏に隠された意味を見極める。さらには、方程式の各部分はどういう感じがするのか、感覚をつかむことさえできる。

「数学者であると同時にちょっとした詩人でない者は学識豊かな数学者にはなれまい」。

——ドイツの数学者カール・テオドル・ヴィルヘルム・ワイエルシュトラス（一八一五～一八九七年）

物理学者でない人も「加速度」を表す記号「a」を見れば、車のアクセルをふむときの感覚を覚えるのではないだろうか。グイーン！　背中が座席に押しつけられる加速度を感じ取ってみよう。

もちろん、aを見るたびに加速度の感覚を思い出す必要はない。しかし、圧迫されるような感覚を味わえば記憶に残りやすくなるため、方程式中のaの意味を分析しようとすると、たちまち作動記憶が働き出すだろう。

では、「質量」を表す「m」の場合はどのようなイメージを思い浮かべ、どう感じるだろうか。たとえば、二〇キログラムはありそうな巨岩を動かそうとするときの岩の慣性による抵抗の大きさ（慣性質量）を感じ取れそうだ。次に「力」を表す「F」を目にすれば、力が巨岩に作用して（加速度を与えて）、この岩の慣性質量を動かそうとする様子が目に浮かび、ニュートンの運動方程式 $F=ma$ のとおり、力の大きさは物体の質量と加速度の積によって求められると気づくかもしれない。

もう少し続けてみよう。物理学では「仕事」とエネルギーは密接に関係し、ある物体を押して（「力」を加えて）移動させると（「移動距離」）、「仕事」をした（エネルギーを供給した）ことになるため、これを W（仕事）＝F（力）×d〔またはs〕（移動距離）と単純明快に記号化することができる。Wが「仕事」を表すとわかれば、この式が指している状況をイメージできるし、力を体感することもできるだろう。先の方程式 $F=ma$ と合わせると、次のような一編の方程式の詩が出来上がる。

$$W$$
$$W=Fd$$
$$W=(ma)d$$

こうしてみると、方程式の記号には「力」（F）のように体感できる「生命」がたしかに息づき、方程式に潜む文言の意味は「仕事」などの概念に精通するほど明らかになってくる。「仕事」の方程式を一編の方程式の詩と述べたように、科学者の中には方程式は詩の形を取り、自分が知りたいことを簡潔に記号で表していると見る人もいる。感覚の鋭い人は、一編の詩からたくさんの意味を読み取る。学生も知識を増やして想像力を働かせれば方程式に隠された意味に気づくようになるし、さまざまな解釈がひらめくこ

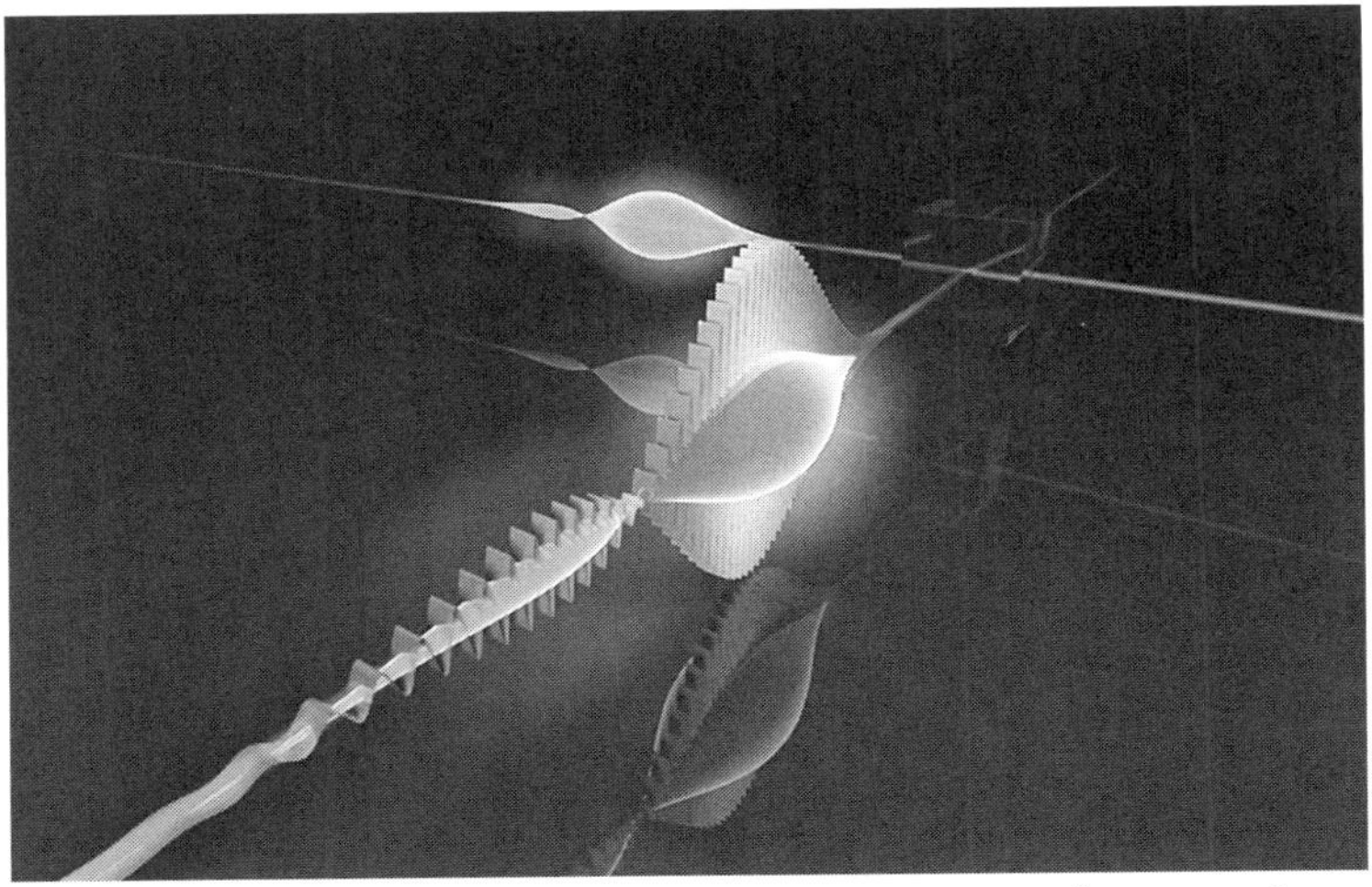

図48　アインシュタインは、自分は光子だと想像することができた[8]。美しい画像はイタリアの物理学者マルコ・ベリーニが提供。前方の強力なレーザーパルスが後方の単一光子をとらえ、その形状を計測している。アインシュタインにはこのような光景が見えたのかもしれない。

とさえある。方程式に限らず、教材に載ったグラフや図表などにも意味が隠れている。どの意味も教材のページ上より想像力の中でのほうが鮮やかに表現されているだろう。

概念を擬人化し、平易に説明する

想像力を働かせて数学や科学の抽象的な概念を心の中で擬人化し、生き生きさせれば理解が深まる。たとえば、スペインの組織学者・病理解剖学者サンティアゴ・ラモン・イ・カハルは顕微鏡に映る像を人間と同じように希望を抱き、夢を見る生き物の如く扱った。[7]「シナプス」などの用語をつくり出したイギリスの生理学者・ノーベル生理学・医学賞受賞者チャールズ・スコット・シェリントン卿（一八五七～一九五二年）は友人のカハルをこう評している。研究に命を吹き込めるような科学者はカハルをおいて他にいない。この能力のおかげで輝かしい業績

図49　先駆的細胞遺伝学者バーバラ・マクリントックはトウモロコシの巨大な染色体をイメージし、他のノーベル賞受賞者と同じく研究対象の原理を擬人化したうえ、友だちになることさえできた。

を挙げているのではないだろうか。

アインシュタインは理論を発展させようと数学者との共同研究を行うこともあった。アインシュタインの相対性理論は数学的技能のたまものというより、そのつもりになれる能力から生まれた。アインシュタインは光速で移動する第一光子になりきり、第二光子は自分をどう知覚するかと思い巡らしたのである（図48）。この二番目の光子は何を目にし、何を感じ取ったのだろうか。

DNA上を移動できる「ジャンピング遺伝子」（トランスポゾン）の発見によりノーベル生理学・医学賞を受賞したアメリカの細胞遺伝学者バーバラ・マクリントック（一九〇二～一九九二年）も常人にはうかがい知れない世界を垣間見ている（図49）。マクリントックは想像力を働かせて研究対象のトウモロコシの巨大な染色体内部を見ることができた。しかも、そのときの感覚はまるで自分がそこにいるかのように真に迫っていて、染色体が友だちのように思えたという。[9]

勉強中の原理やメカニズムを感情も思考力も備えた生き物のように想像するのはばかげていると思えるかもしれない。しかし、じつは効果的な方法だ。生き物と見なせば、ある現象を引き起こす原理やメカニズムが生き生きし始め、数字や公式を見ただけではピンと来ない現象を理解できるようになるのである。

平易に説明することも重要だ。前述のボンゴを叩く物理学者リチャード・ファインマンは自分にもわかるよう考えを噛み砕いて説明してくれないか、と科学者や数学者によく頼んでいた。無理な注文のようだが、意外なことに、どれほど複雑な概念であろうと要点をまとめれば簡単明瞭に言い表すことができる。[10]こうしてわかりやすく説明すると、本人も当の概念を深くのみ込めるようになる。学習専門家・ブロガーのスコット・ヤングの場合はファインマンのエピソードをヒントにし、単純な比喩や類比を考え出して概念の最重要点をつかむ「ファインマン・テクニック」を考案した。[11]

かの有名な博物学者チャールズ・ダーウィンも相手に概念を解説するという状況を想定している。執筆中に書斎に誰かがふらりと入ってきた。ダーウィンはペンを置き、やさしい言葉遣いで概念について話し出す……。このようにイメージすると、その概念を文字で表現しやすくなった。現代では簡潔な説明はインターネットでも手に入る。ソーシャルニュースサイト、レディットの「僕が五歳児と思って説明してくれ」の掲示板に質問を投稿すると、込み入った問題をやさしく説明してくれる。[12]

十分にのみ込んでからでないと概念の内容や意味を述べることはできないと思えるかもしれない。しかし、勉強中の概念を友人に話してみれば、必ずしもそうではないと気づくはずだ。実際、理解した後に説明できるようになるというより、説明した結果、理解できることが多いのである。この点は教師にも覚えがあるだろう。生徒に教えることで初めて教材内容を完全につかみ取るものだ。

元素の個性をつかめば理解が早い

「有機化学を学ぶうえでいちばん苦労するのは性質を知ることです。元素にも人間のようにそれぞれ個性があるんですよ。個性がわかればわかるほど、元素の状態を読み取って反応の結果を予想できるようになります」。

――ミシガン大学化学上級講師・すばらしい講義をたたえる同大学のゴールデン・アップル賞受賞者 キャスリーン・ノールタ

やってみよう！

学習対象を擬人化して劇を上演する

細胞や電子、数学の概念を勉強している人は細胞遺伝学者バーバラ・マクリントックのように想像力を働かせて対象物の世界に入り込み、細胞などと友だちになってみよう。そのうえで友だちは互いにどう感じ、どのように反応するだろうかと想像しながら物語を考え、細胞などを主役にした劇を上演してみよう。

転移――学んだことを別の状況に応用してみる

心理学では「転移」は前の学習がその後の学習に影響を及ぼすことを指す。後の学習が捗る正の転移であれば、ある状況で学んだことを別の問題に応用できるだろう。転移の一例に外国語学習がある。一つの外国語を会得すると、二番目の外国語を楽に覚えられる。これは第一外国語を勉強したときに言語習得技能全般を身につけたからで、同じような言葉や文法構造が第二外国語の学習に転移される。[13]

数学を学ぶときも会計学や工学、経済学など特定の学科の問題にだけ知識を応用するのはもったいない。外国語学習を例に取ると、初めから外国語を本気で勉強するつもりはなく母国語に固執して国語の語彙を少し増やしたのとほとんど変わりない。数学者も学科を特定した取り組み方で学ぶと数学を臨機応変に、独創的に利用しにくくなると見ている。

数学者が勧めるのは自身の教え方を参考にすることだ。数学の専門家は特定応用を念頭に置くことなく、抽象的な数学の本質に的を絞る。このようにして学ぶことで数学を幅広く応用できる能力が身につくという。外国語学習の場合でいえば、言語習得技能全般を自分のものにしたことになる。たしかに物理学を学んでいる人も抽象的な数学の知識があるため、異分野の生物学や財政学、心理学にでさえ数学をどう応用すればいいかがわかるだろう。

こういった利点があることから、数学者は応用法をとりたてて重視するわけではなく数学を抽象的に教え、学生には数学の概念の本質をつかんでほしいと思っている。そうすれば当の概念をさまざまな問題に「転移」できるという。[14] さながら数学者は「走る」を表すアルバニア語やリトアニア語やアイスランド語の言い回しを覚えるより、動詞のカテゴリーがあるという包括的な概念を理解して動詞を活用させてほしいと願っているかのようだ。

もっとも、数学の概念の中には具体的な問題に応用できるものがある。それに気づいて応用すると、その概念を後に別の分野に転移しにくくなってしまう。このように数学の具体的な取り組み方と抽象的な取り組み方は相容れず、延々とせめぎ合う。

数学者は一歩退いて、抽象的な取り組み方が学習過程の中心になっているかどうか確かめる。これとは対照的に工学や経営学などの専門家は自分の分野を重点的に扱っている応用数学に自然に惹かれる。そういった数学であれば、学生は関心を持つだろうし、「これ、使いものになるんですか?」と学生に文句をいわれずに済む。応用数学の教科書の「現実的な」文章題の多くは、その実たんなる練習問題になっている。いずれにせよ、具体的な取り組み方と抽象的な取り組み方のどちらにも一長一短がある。

正の転移の場合は、ある学科の学習が進行するにつれて勉強が楽になるので、学習者にはありがたい。ピッツバーグ大学看護学部助教ジェイソン・デイチャントはいう。「学生には看護課程が進むにつれてあまり勉強しなくても済むようになると話しているのですが、誰も本気にしません。実際には学期を追うごとに勉強量は増えます。しかし、学生は学習内容を上手にまとめて勉強に取りかかれるようになるのです」。

先延ばしの一番の問題は、こういった正の転移を妨げることだ。勉強しながら留守電のメッセージや電子メールなどをしじゅうチェックしていれば深く学べないばかりか、他の問題に転移しようにも肝心の知識がほとんど身につかない[15]。本人はチェックの合間に勉強しているつもりなのだろうが、堅固な神経構造が築かれるほど脳は集中していないため、考えをある分野から別の分野に転移できないのである。

テクニックも転移できる

「アメリカとカナダの国境にある五大湖での釣りのテクニックを今年フロリダ州のフロリダキーズ諸島で試してみました。魚の種類もエサも全く違うし、フロリダキーズ諸島では使われていないテクニックです。ところが、うまくいったんですよ。僕のことをどうかしていると思った人も、これにはびっくりです。そのときは気分がいいものですよ」。

——歴史学専攻の大学四年生パトリック・スコギン

ポイントをまとめよう

- 方程式は概念を抽象・簡略化する一法なので、詩と同じように深い意味が隠れている。
- 想像力を働かせれば、学習対象を擬人化して劇を上演することもできる。
- 正の転移であれば、ある状況で学んだことを別の問題に応用できるようになる。
- 数学の概念の本質を把握すれば、当の概念をさまざまな問題や異分野に転移・応用しやすくなる。
- 勉強しながら電子メールのチェックなどの作業を行うと、他の問題に転移しようにも肝心の知識がほとんど身につかない。

ここで一息入れよう

この本を閉じて顔を挙げよう。本章の主要点は何だろうか。例として挙げた方程式を思い出せるだろうか。

学習の質を高めよう

1　視覚化できそうな概念があれば、それを擬人化して劇に仕立ててみよう。

2　勉強中の数学の概念を別の具体的な問題に応用できるだろうか。その具体例から概念の抽象的本質を読み取れるだろうか。また、当の概念はこんなふうに利用できるというように新たな利用法を思いつくだろうか。

第15章 独習

進化論により人類史上最も影響力のある人物の一人となったチャールズ・ダーウィンのような偉人たちは生まれながらの天才と思われている。しかし、スペインの組織学者・病理解剖学者サンティアゴ・ラモン・イ・カハルと同じくダーウィンも優等生ではなかった。エディンバラ大学医学部に入学しても二年で退学したあげく、父親がぞっとしたことに博物学者としてイギリス海軍のビーグル号に乗り込み、世界一周の航海に出発した。家族と離れて一人になったダーウィンは、立ち寄った先で集めた資料を新鮮な目で調べることができた。

粘り強さは知能よりも重要になる場合が多い[1]。独力で勉強するときも学習目標を立て、根気強く教材に取り組めば、知識が身につくだろう。また、学科の教師や教科書がどれほど適切であろうと、他の教材や学習ビデオを調べれば一人の教師や一冊の教科書から学んだことは学科の一部をとらえたもので、学科には他にも魅力的なテーマがあり、選べるのだと気づくかもしれない。こういった独習には有利な点が二つある。自主的に考えられるようになることと、ひねった試験問題に強くなることとである。

数学や科学、応用科学などの分野では理由はさておいて学習機会をふいにしたり、他に手立てがなかったために自力で学習せざるを得なかった人が多い（図50）。しかし、ある調査では教師の話をたんに聞くのではなく、自ら問題に取り組むなど積極的に学科にかかわったときに学生はいちばんよく理解できる。[2]

これに刺激されてクラスメートも自習し始めるという好循環が起こるようだ。

自力で学習した人は過去にも大勢いる。前述のサンティアゴ・ラモン・イ・カハルは医者になろうと決心したものの、大学で微積分学を学ぶことに恐れをなした。それまで数学に無関心だったため、数学の初歩的なことさえわかっていない。カハルは家中ひっかき回して昔の教材を探し出し、死に物狂いで数学の基礎を独学した。カハルには医者になるという目標があっただけに基礎を完全に身につけた。

「教師が偉人たちのすばらしい業績を挙げても初学者の励みにはならず、彼らは驚嘆し、次には畏縮するだろう。代わりに科学的発見の発端を明かし、偉業に先立つ数々の失敗や間違いにふれれば初学者を勇気づける。このような情報は、人間的な視点に立って発見を的確に説明するときに不可欠である」[3]。

図50　アメリカの神経外科医ベンジャミン・ソロモン・「ベン」・カーソン。カーソンは落第点を取ったことがきっかけとなって通学していたミシガン大学医学部と距離を置き始めた。講義よりも参考書を利用したほうが深く学べると判断したカーソンは実際に講義に出なくなり、医学を独習し始めたところ成績がぐんと伸びたという。その後の活躍は目覚ましい。頭部が結合した双生児の画期的分離手術などにより2008年に自由勲章を授与された（カーソンの方法は万人向きではないし、彼の成功談を講義に出席しない口実にすると痛い目に遭う！）。

——サンティアゴ・ラモン・イ・カハル

アフリカの発明家ウィリアム・カムクワンバ（一九八七年〜）は、学校に通えるだけの経済的余裕がなかったために村の学校図書館で独学し始めた。ある日、図書館でたまたま見つけたのが『エネルギー利用』という本だった。カムクワンバは目を通しただけでなく、本から吸収した知識を生かして一四歳のときに自ら発電用風車を建ててしまった。村人は少年を「ミサラ」（変わり者）と呼んだが、風車のおかげで村に電気と水道が引かれ、これをきっかけにアフリカ各地で民衆の技術革新が起こり始めたのである。[4]

カムクワンバとは正反対にアメリカの神経科学者・薬理学者キャンダス・パートは立派な教育を受け、ジョンズ・ホプキンズ大学で薬理学の博士号を取得した。しかし、その後の活躍は個人的な経験に負うところが大きい。大学院医学研究科に進む直前に乗馬事故で背中を負傷し、深部《しんぶ》痛《つう》の薬物療法に耐えながら一夏を過ごした。[5] そのときの痛みや鎮痛剤が新たな研究対象を決定づけることになり、パートは指導教官の反対を押しきって研究に没頭した。パートのオピオイド受容体などの発見により依存症のメカニズムがだいぶわかるようになった。

大学に通うことが学ぶための唯一の方法ではない。自分で学ぶこともできる。アメリカ産業・経済界の最強の実力者——マイクロソフト社共同創業者ビル・ゲイツ（一九五五年〜）、ソフトウェア企業オラクルの共同創業者・会長ラリー・エリソン（一九四四年〜）、コンピュータの直販メーカー、デルの創業者・最高経営責任者マイケル・デル（一九六五年〜）、交流サイトのフェイスブック創業者・最高経営責任者マーク・ザッカーバーグ（一九八四年〜）、テクノロジー企業アップル社の共同創業者であるスティーヴ・ジョブズ（一九五五〜二〇一一年）とスティーヴ・ウォズニアック（一九五〇年〜）——は、みな大学を中退している。今後も彼らと同じように伝統的・非伝統的学習のよい面と自分ならではの独学法を組み合わせられる人が世の中を刷新するに違いない。

自分の学習に責任を負うことは非常に重要だ。しかし、教師主導の取り組み方では教育の主導権は教師が握るべきと考えられているため、学生は「結局、学習は自分ではどうにもならないんだ」と無力感を覚えることがあるかもしれない。[6] しかも、意外なことに教員評価システムも教わる学生側の無力感を助長するようだ。学生の失敗の責任は本来、学生にある。ところが、このシステムでは学生のやる気を引き出せないとか教える能力が低いとか、教師に責任を帰することができる。[7] 一方、学生主導の学習では学生は互いに学び、教え合い、自ら進んで教材内容を習得するよう期待されているので非常に効果的である。

優れた教師のありがたみ

運よくすばらしい教師やよき師とふれ合う機会に恵まれたら、そのチャンスをものにしよう。知識をむさぼるように吸収する段階を経て、今度は人と積極的に接触して質問するのである。その際、自分の知識をひけらかすことなく要を得た質問を口にしよう。これを試すほど質問するのが楽になるし、想像以上にためになる。教師の豊かな経験に裏打ちされた一言で将来の進路が変わることもあるだろう。教え導いてくれた教師には必ず謝意を表したい。

もう一つ、「厄介な」学生にならないよう気をつけよう。とりわけ親切な教師は学生を引きつける。学生の中には、質問への回答よりも人気のある教師の注意を引いて自尊心を高めるのが本当の狙いという者もいる。思いやりのある教師は、そのような相手の決して満たされない欲求に応えることに力尽きてしまうかもしれない。

明らかに不正解なのに自分の答えはきっと正しいと思い込み、こじつけの解釈を認めさせようと教師に迫ることも避けたい。高等数学や高等科学を教える教師にとって、間違った考えについていくのは調子外れの歌を聴かされているようなもので割に合わない仕事だ。ここはひとまず考え直して教師の説明に耳を傾けよう。正解がわかった時点で自分の間違いを修正したいかどうか改めて考えればいい。いずれにしろ、優れた教師や師は多忙なので貴重な時間を有効に使いたい。

一流の教師は教材を単純なものにも深みのあるものにも思わせることができ、学生が互いに学び、教え合う仕組みをつくり出して独力で勉強しようという気持ちを起こさせる。たとえば、カリフォルニア州のエバーグリーン・バレー・カレッジの著名な物理学教授セルソ・バターラが立ち上げた読書会の学生は、学習法を取り上げた本を課題図書にしてさかんに討論している。また、大学教授の多くは学生同士が教材に意欲的にかかわるよう学生主導型の「積極的共同教育」を採用し、グループ学習などを進めている。[8]

一つ、びっくりしたことがある。ひときわ優れた教師の何人かは、幼い頃はあまりにも内気で人前では口が利けなくなったし、知的能力も飛び抜けて高いというわけでもなかったので、教師になるとは夢にも思わなかった、と打ち明けてくれたのである。しかし、不利に見えた性質が逆に役立ち、思慮深くて独創的な教師になることができた。その内向性ゆえに相手を思いやることができ、幼かった頃の短所を知っているからこそ物知り顔の高慢な教師にならずに済んだのだろう。

独習が役立つもう一つの理由――ひねった試験問題

教師の一人として内情を明かすと、学期ごとに試験問題を考え出すのは大変なので、数学や科学の教師は講座の課題図書ではない書籍の問題を参考にして試験に出すことが多い。おかげで試験問題の用語や問題の取り組み方が学期によって微妙に違うこともある。そのため、教科書の内容や教師の講義を十分に理解していながら試験をしくじり、結局、自分は数学や科学に向いていないのだと思うかもしれない。しかし、結論を出すのはまだ早い。やるべきことは、全学期を通じてさまざまな視点から教材内容をよく検討することである。

中傷する人に要注意

スペインの組織学者・病理解剖学者サンティアゴ・ラモン・イ・カハルは科学の研究法に精通していただけでなく、人間関係の裏表にも通じていた。カハルは同僚の研究者に警告していた。業績や努力をけなしたり、無に帰そうとしたりする者が必ずいるものだ。

こういったことはノーベル賞受賞者に限らず、誰にでも起こり得る。勉強ができる人に対して周りの人は引け目を感じる。そのため、成績がよい人ほど努力をあしざまにいわれたり、貶められたりするだろう。逆に試験で落第点を取れば、「試験を受ける資格がないんじゃないの？」などと嫌みをいわれるかもしれない。しかし、失敗はそれほどひどいものではない。間違いを分析すれば、その結果を次の試験に生かすことができる。自分の取り組み方を再検討できるため、失敗は成功よりもよい教訓となる。

「のみ込みが遅い」と見られる学生もいる。そういう学生はのみ込みが早い学生には自明の概念を理解しづらいために数学や科学に手こずる。そのせいか、自分はあまり利口ではないと思うかもしれない。しかし、実際にはじっくり考えるおかげでのみ込みが早い学生にはわからない、微妙な問題に気づくことができる。いうなれば、時速一一〇キロでマイカーを飛ばす旅行者とは対照的にハイカーが森の松の香りをかぎ取り、小動物の獣道《けものみち》を発見するようなものだ。残念ながら、教師の中にはハイカーらしき学生の一見単純な質問に脅威を覚える者もいる。鋭い質問と認めることなく、教師は素っ気なく答えることで質問した学生を暗にこう非難する。「みんなと同じようにいわれたとおりにやればいいんだ」。学生は自分が愚かに思えるし、ますます混乱してくるだろう（注意したいのは、学生が教材内容をじっくり検討しているのか、あるいは単純な問題を理解するという学生の本分を果たせないのか、教師が区別できない場合もあることだ。後者はまさに高校時代の私であり、反抗的に振る舞っていた）。

のみ込みが遅くて「自明のこと」に悪戦苦闘しても絶望することはない。クラスメートに尋ねたり、インターネットで調べたりしよう。また、評判の高い教師を探し出すのもいい。そのような教師は学生の苦労をわきまえ、快く手を貸してくれるかもしれない。ただし、頼みの綱として教師を頻繁に利用することは避けたい。今の状態は一時的なものであるし、当初考えたほど手も足も出ないような状況はめったにない。

すでに働いている人なら気づいているように、社会人の多くは自分の考えを主張し、親切な人というより有能な人間に見えるかどうかに関心がある。そういった状況では建設的な説明や批評は受け入れても、建設的に見えてその実、悪意のある批評は受けつけない、とはっきり線を引いたほうがよさそうだ。また、批評の内容がどうあれ、感情が押し寄せたり、「いや、私の意見は正しい！」と強く確信したりすれば、自分の考えは間違っていないかもしれないものの、感情を隠しきれないことから、いったん引き下がり、客観的な観点から問題を再検討する必要があるだろう。

相手の感情や主張を理解して共有できる能力「共感」はためになるといわれるが、事実ではない。[9] ときには冷静になることも大事だ。頭を冷やせば学習に集中しやすくなるだけでなく、相手の関心が自分の足を引っ張ることにあると気づいて、その人を無視することもできるようになる。人は協力的でありながら競争心が旺盛なので、こういった邪魔立ては非常にありふれている。人生経験の浅い、若い人は醒《さ》めた目で物事や人を見ることに慣れていない。取り組んでいることがうまくいけば自然に興奮してくる。こちらが説明すればどんな人も納得するだろうし、悪意を持って近づいてくる人はいないだろうと考えている。

カハルはわかりの遅い少年で記憶力も悪かったため、周りの人からは成功するのは無理だといわれた。しかし、人をそういわしめた特質ゆえにカハルは堂々と成功を目指した。彼のように、**ありのままの自分と、他の人とは「違う」特質に誇りを持ち、それをお守りにして目標を達成しよう。**他人の実績を快く思わずに敵対心を抱く人には持ち前の頑固さを発揮して取り合わないに限る。

やってみよう！

「不都合な」特質を逆手に取る

欠点に思える特質を、独創的・自主的に学んだり、考えたりするのに役立たせることはできるだろうか。また、そういった特質の否定的な面を弱める方法を思いつくだろうか。

ポイントをまとめよう

- 独力で勉強することも効果的な学習法だ。独習には有利な点が二つある。自主的に考えられるようになることと、ひねった試験問題に強くなることである。
- 学習では粘り強さは知能よりも重要になる場合が多い。
- 尊敬できる教師やよき師と接触して疑問点をぶつけてみよう。そういった教師の一言で将来の進路が変わることもあるだろう。ただし、教師の貴重な時間を控えめに使うように。
- のみ込みが遅くて要点をすばやくつかめなくとも絶望することはない。そういう学生はのみ込みが早い学生が見逃している重要な問題に取り組んでいることが多いのである。それに気づいて調べたり、質問したりすれば問題を深く理解できるようになる。
- 人は協力的でありながら競争心が旺盛なので、業績や努力をけなしたり、無に帰そうとする者が必ずいる。このような問題に冷静に対処できるようになろう。

ここで一息入れよう

この本を閉じて顔を挙げよう。本章の主要点は何だろうか。中心となる考えを複数挙げることができるだろうか。

学習の質を高めよう

1　正規のカリキュラムに頼らずに独力で勉強することにはどんな利点や難点があるだろうか。

2　インターネット百科事典「ウィキペディア」に独学者のリストが載っている。その中で見習いたい人はいるだろうか。見習いたい理由は何だろうか。

3　一度も話しかけたことはないが、すばらしいと思う知人がいれば、挨拶して自己紹介するための計画を立て、即実行しよう。

気骨のあるサイエンスライターが選んだ本

ニコラス・ウェイドは『ニューヨーク・タイムズ』紙の「サイエンス・タイムズ」欄に寄稿している。人に頼らず、独自の考えを持つウェイドが今あるのは、やはり自主的に物事を考えた祖父のおかげという。一九一二年の豪華客船タイタニック号の沈没事故では大勢の乗客、乗員が命を落とした。祖父は生還した少数の男性乗客の一人だった。ほとんどの男性が流言に惑わされ、船尾から向かって左側の左舷《さげん》に移動した中、ウェイドの祖父は直感に従い、反対側の右舷《うげん》に向かったのである。

そんな祖父を持つウェイドお薦めの本が三冊ある。数学者を取り上げた本と人類学者が著した本で、どれも最高に面白いと太鼓判を押す。

「一冊目はアメリカの伝記作家ロバート・カニーゲルの『無限の天才――夭逝の数学者・ラマヌジャン』（田中靖夫訳、工作舎、一九九四年）です。この本では、極貧状態から一躍有名になったインド生まれの数学の天才シュリーニヴァーサ・ラマヌジャン（一八八七～一九二〇年）の信じがたい生涯が描かれています。私の好きなエピソードを紹介すると、ラマヌジャンの友人で彼を母国イギリスに招いた大数学者ゴッドフリー・ハロルド・ハーディ（一八七七〜一九四七年）がロンドンから乗り込んだタクシーのナンバーは『一七二九』でした。ハーディがこのナンバーのことをあれこれ考えているうちにタクシーは目的地に到着しました。ラマヌジャンが病に臥している部屋に入るなりハーディは挨拶もそこそこにタクシーのナンバーのことを口走り、こう断言しました。『全くつまらない数字だよ。不吉な前兆でなければいいのだが』。

すると、ラマヌジャンはこう答えたんです。『いや、非常に興味深い数字ですよ。一七二九は二つの立方数の和として二通りに表せる最小の数です』〔$1729 = 1^3 + 12^3 = 9^3 + 10^3$〕。

アメリカの人類学者ナポレオン・シャグノン（一九三八年〜）の『高貴な野蛮人』では、若き日の著者の南米アマゾンでの冒険物語が描かれ、先住民ヤノマミ族の全く異質の文化の中で現代の人間が生き延び、うまくやり遂げることがいかに大変かがわかります。人類学の前に鉱業技術を学んでいたシャグノンの科学的調査は、文化はこのように発達するというわれわれの常識を覆したのです。

最後のスコットランド生まれのアメリカの数学者E・T・ベル（一八八三〜一九六〇年）の『数学をつくった人びと（I、II、III）』〔田中勇／銀林浩訳、ハヤカワ文庫、二〇〇三年〕は、魅力的な人物の思考法や生き方に興味のある人をだんぜん引きつける読み物です。たとえば、わずか二〇歳で死去したフランスの偉大な数学者エヴァリスト・ガロア（一八一一〜一八三二年）の最期の日は忘れがたい。愛国者との決闘で重傷を負ったガロアは死の前夜、熱に浮かされたように遺言書を一気に書き上げると死期が迫り来る中、理論の最重要事項を友人宛

図51　イギリス生まれのアメリカの科学ジャーナリスト・作家ニコラス・ウェイド。

の手紙に書き出すのです。その際、幾度となく書くのを中断して紙の余白に殴り書きしています。『僕にはもう時間がない、時間がない』。こうして理論の大要を走り書きした翌日に息を引き取ったようです。もっとも、ガロアが最期の晩にライフワークに手を加えたのは間違いないでしょうが、これは著者のベル博士がおそらく大げさに書いた物語といえるかもしれません。しかし、この本には幅広い世代の読者が感動しています」。

第16章　自信過剰にならない——チームワーク力を利用しよう

フレッドは問題を抱えていた。左手が動かないのだが、これは予想できることだ。一カ月前、鼻歌まじりでシャワーを浴びていた際に右大脳半球の脳梗塞を起こした。一命を取り留めたものの、脳の右半球は体の左側をコントロールしているため、フレッドの左手は今では使いものにならない。

本当の問題はもっと深刻だ。左手を動かせないのに「動かせる」と信じきっているのである。家族には「くたくたに疲れているので指を挙げられない」などと弁解したり、見逃したといわんばかりに「たった今、左手が動いたんだよ」と言い張ったりした。ときにはこっそり右手を左手に添えて「ほら、動いただろ?」と勝ち誇ったようにいうこともあった。

幸い、数カ月たつうちに左手は徐々に機能し始めた。フレッドが笑顔で医者に説明したところによれば、脳梗塞から生還した直後に「数週間足らずで左手を動かせるようになる」と自分に言い聞かせたそうだ。フレッドは職場に復帰し、経理の仕事を再開した。

しかし、何かが違っていた。面倒見のいい、親切な男が押しつけがましくて独りよがりになった。悪ふざけが好きだったのに、同僚の冗談の落ちがわからずにただうなずくだけだ。投資管理能力も消えてなくなり、用心深さは影を潜め、楽天的で自信過剰になった。

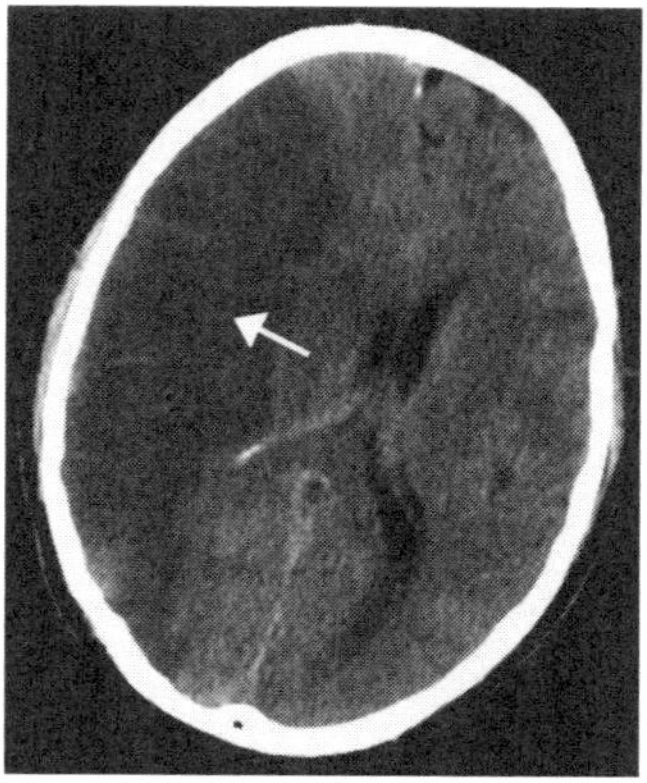

図52　脳のCT（コンピュータ断層撮影）画像の矢印に注目。黒く写った部分が脳梗塞により壊死した脳組織。

そのうえ、人の気持ちを推し量ることができないのか、許可を取らずに妻の車を売却しようとした。妻がうろたえると、意外そうな顔をした。一家の愛犬が死んでも所在なげにポップコーンを食べ、映画のワンシーンでもあるかのようにすすり泣く妻子を眺めていた。

フレッドの知能は無傷だっただけに、こういった変化はいっそう不可解だった。フレッドは相変わらず数字に強く、会社の損益計算書を手早く作成することも複雑な代数の問題を解くこともできた。それでいて計算間違いをすると「ホットドッグ屋が一〇億ドル近い赤字を出したんだ」などと愚にもつかないことのせいにして、いっこうに気にする様子はなかった。フレッドは損益全体から個々の計算を見直して「おや、この数字はおかしいぞ」とは思わないのである。

精密検査の結果、フレッドは「右半球大局的知覚障害」を患っていたことが判明した。[1] 脳梗塞により右半球の広い領域が冒されたため（図52）、フレッドは身体的にも精神的にも部分的にしか機能しないのである。

杜撰《ずさん》で中身のない「右脳・左脳」説に用心する必要はあるが、大脳の左右両半球の機能差がうかがえる研究を度外視してはならないだろう。[2] 右半球の機能が損なわれたフレッドの場合は、健常者がさまざまな脳領域を働かせて認知能力を利用しないとどんな不都合な点が現れるのか身をもって教えている。もちろん、フレッドほどひどいことにはならないものの、認知能力を出し惜しみすると学習に悪影響が出てくる。

自信過剰にならない

距離を置いて考えたり、大局的見地から結果を検討したりするのに右半球が役立つという科学的証拠は大量にある。[3] また、右半球を損傷した人は「ああ、そうか」とひらめきにくくなる。そのため、フレッドは同僚の冗談の落ちがわからなかった。さらに、右半球は論理的に正しい軌道に乗って間違いを修正するのに非常に重要である。[4]

以上のことを考えると、宿題や試験問題を適当に済ませ、その後チェックしない人は右半球の利用をみすみす拒んでいるようなものだ。右半球の働きを生かすためにも頭を一休みさせてから、仕上げた宿題や試験問題の答えは大局的に見て納得できるものかどうか再検討したほうがいい。[5] インド出身のアメリカの一流の神経科学者V・S・ラマチャンドランによれば、右半球は「わざと反対意見を述べる人」の役目を果たして「現状を疑問視し、全体的な矛盾点を探す」のに対し、「左半球は旧態をかたくなに守ろうとする」という。[6] 同じくアメリカの心理学者マイケル・S・ガザニガの大脳半球間伝達の先駆的研究でも左半球は本人の利益を考えて世事を解釈し、この解釈が変わらないようにするためならどんな苦労も惜しまないと仮定している。[7]

左半球中心の集中モードで勉強すると計算間違いをしたり、前提をうっかり取り違えたりしやすい。しかし、早々と切り上げて結果をチェックしなければ不正解のままだ。ときには地球の円周がわずか七六センチメートルとなるような、とんだ計算間違いが起こることもある。それでも左半球中心の集中モードは一度片づけたことにこだわる気持ちと関係があるため、結果がどうあろうと大して問題にしないだろう。分析する場合も結果を気にせずに楽天的に取り組めるかもしれないが、左半球中心の集中モードでは柔軟性のない、独断的・自己中心的分析になりやすい。

今日の試験は上出来だと自信満々なときも、ある程度左半球による独断的な見通しのせいだと思ったほうがいいだろう。一方、済ませた問題を、距離を置いて考え、結果をチェックすれば、左右の両半球が活発に作用し合うため、右半球の大局的見地と左半球の能力を活用できるようになる。

数学の方程式を扱うときも大局的見地が役立つ。数学が苦手な人の多くは教師や教材の解法パターンを必死に探し出し、そのパターンに合わせて方程式を解こうとする。これに対して数学が得意な人は、方程式が意味していることや当の方程式の由来は何かと自問するものだ。

「第一の原則は自分を決してごまかしてはならないことです。いちばんだましやすい人は自分なのです[8]」。
——科学を装った似非科学《えせかがく》に近寄らない方法をアドバイスする物理学者
リチャード・ファインマン

ブレインストーミングの値打ち

第二次世界大戦中、ナチスに先んじようとアメリカは秘密裏に原子爆弾製造計画「マンハッタン計画」を立てた。この秘密計画には母国デンマークをドイツ軍に占領されたニールス・ボーア（一八八五〜一九六二年）も深くかかわっている（図53）。ボーアは大理論物理学者であるため、物理的現象や物理的性質について話し合えるような相手に事欠いた。

実際、量子論を直感で理解した天才の考えたことは議論の余地がないと思われていた。ボーアがどれほどばかばかしい考えを口にしようが、原爆製造に取り組む他の物理学者は御高説をたまわっているかのように「おお」と感嘆するだろう。そこでボーアは手を打った。

相手が誰であろうと臆せずに物理学を究めるリチャード・ファインマンが、ボーアの取っておきの切り札となった。当時、アメリカ南西部ニューメキシコ州のマンハッタン計画の中核施設ロスアラモス研究所(現ロスアラモス国立研究所)には錚々《そうそう》たる物理学者が大勢集まっていた。ファインマンはその中では青二才にすぎなかった。しかし、ボーアが他の物理学者に会う前に個人的に意見を出し合う相手として選んだのがファインマンだった。ボーアに怖じ気づかないのはファインマンだけであり、たわいもない考えであればそれを指摘することができたためだ。[9]

図 53　1925 年、アルベルト・アインシュタインとくつろぐニールス・ボーア(左)。

ボーアが承知していたように、自分と同じ分野を心得ている人とのブレインストーミングやグループ学習は役立つ。持てる能力を精一杯発揮しても自分の勉強ぶりを分析するには不十分なこともある。結局、誰にでも弱点はあるし、左半球中心の楽天的な集中モードでは二度三度と間違いを見落としやすくなる。[10] それればかりか、完璧にやってのけたはずの試験でまさかの落第点を取るなど、何もかも理解できたと本人は確信していても実際にはそうでないこともある。

ときには友人やチームメートと一緒に勉強すれば、考え方が間違っていたかどうか簡単に判断することができる。友人らは質問を連発して、自分が見落としていることや気づいていない点を指摘してくれるだろう。リラックスした拡散モードの中で質問に答えるうちに以前より深く理解できるようになることも、グループ学習の利点の一つである。

グループ学習はキャリアを築くうえでも重要だ。チームメートのちょっとしたアドバイスや情報のおかげですばらしい教授の講座を受講することになったり、話に聞いた就職口を調べたりすることもあるだろう。これがきっかけとなって、その後の人生が大きく変わるかもしれない。社会学の分野の最多引用論文『弱い紐帯《ちゅうたい》の強み』を発表したアメリカの社会学者マーク・グラノヴェッターのいうとおり、最新の考えを入手したり、就職戦線で成功したりするかどうかは、親友ではなく社会的つながりの弱い知人の数から予想できそうだ[11]。それに、親友は自分と同じ社会集団の中を動き回っているのに対し、つながりの緩やかな、チームメートのような顔見知りは別の集団に属していることが多いため、グループ学習では拡散モードの質問の機会が増えるだろう。

勉強相手は鋭く批評できる人が望ましい。チームの創造力の研究では個人的判断を避けて同意を得やすい交流よりも、批判を受け入れるばかりか積極的に求める会合のほうが好結果を挙げる[12]。グループ学習でも仲間の勘違いに気づけば率直に指摘し、相手の感情を害するのではないかなどと心配せずに、なぜ間違っているのか徹底的に意見を出し合うべきだ。もちろん学習仲間を不当に叩いてはならないが、「批判される恐れのない環境づくり」に腐心しすぎると手元の教材よりも仲間に注意が向いてしまうため、建設的・独創的に考えられなくなる。批判されても自分のことをあれこれ指しているのではなく、問題のとらえ方や解釈に言及していると心得よう。また、グループ学習で張り合うことは決して悪いものではない。競争は一種の強烈な協力関係にあり、競い合えば本人の最もよい点が引き出される。

学習仲間や友人、チームメートは他にもいろいろと役立ってくれる。友人らの前でばかな振る舞いをしてもあまり気に留めないだろうが、必要以上に間抜けに思われたくないだろう。そこで、グループ学習は観客の前で練習するのと少し似ている。この種の公開練習を経験すれば、試験やプレゼンテーションなどのストレスの多い状況でも即座に判断したり、適切に反応したりできるようになる。[13] 学習仲間は、たしかな情報源であるはずの教師や教材の誤謬も教えてくれる。いかに優れた教師でも勘違いすることはある。友人らの情報のおかげで混乱せずに済むし、全くのミスであることを証明しようと間違いの前例をわざわざ探し出す手間も省ける。

グループ学習は数学や科学、工学などの応用科学を勉強するうえで非常に効果があるものの、勉強会が社交場になってしまえば、すべては白紙に戻る。雑談は最小限にとどめて本題に入り、予定どおりに勉強を終えよう。[14] グループ学習が五～一五分遅れて始まったり、メンバーが教材に目を通していなかったり、話がしじゅう脱線したりすれば、他のグループを探すことだ。

内気な人に向いたグループ学習

「私は内向型の人間で共同研究もさほど好きではありません。しかし、学生時代に工学の勉強に手こずったときに他の人の意見も聞いてみようと決心したのです。一九八〇年代当時、オンラインチャットなど利用できませんでしたから、内気な私は学生寮のドアにメモを挟むことにしたんです。メモのやり取りをした相手は同じ寮生でクラスメートのジェフです。二人でこんな方法を考え出しました。たとえば、宿題の問題の一の答えが秒速一・七メートルのときはメモに『(一) 一・七 m/s』と書きます。シャワーを浴びて部屋に戻る頃にはジェフのメモが届いています。曰く『違う。(一) 一一 m/s (一の答えは秒速一一メートルだ)』。

それで必死に問題をやり直すと、今度は秒速八・四五メートルになったので、階下のジェフの部屋に行けばジェフはギターを弾いていたな。それでもとことん話し合ってから部屋に引き上げ、勉強を再開しました。すると、正解が秒速九・三七メートルとわかったんですよ。ジェフの答えも同じで、二人とも宿題は全問正解でした。グループで勉強するのが好きでない人には、このように最小限の接触で済むやり方が向いていると思いますよ」。

――アリゾナ大学特別教授ポール・ブロワーズ

ポイントをまとめよう

- 左半球中心の集中モードでは本人の自信とは裏腹に計算間違いなどのミスを犯しやすい。しかし、結果をチェックすることで右半球を使えば、広い視野に立ってうっかりミスを見つけることができる。
- 意見の食い違いを恐れない友人らとの学習には次のような利点がある。
- 考え方が間違っていたことに気づく。
- ストレスの多い状況でも即座に判断したり、適切に反応したりできるようになる。
- 学習仲間の質問に答えるうちに理解が深まり、知識を補強することができる。
- 就職のコネができるなど、職業選択の幅が広がる。
- グループ学習で批判されても自分のことをあれこれ指しているのではなく、問題のとらえ方や解釈に言及していると心得る。
- 手抜きや妥協など、自分をごまかすことほどたやすいことはない。地道に学ぼう。

ここで一息入れよう

この本を閉じて顔を挙げよう。本章の主要点は何だろうか。思い出した要点を友人に説明すれば、役立つ情報なので、友人は読者とのつき合いがいかに有益か、はたと気がつくかもしれない！

学習の質を高めよう

1　一〇〇パーセント間違いないと思っていたことが誤解だった例を挙げてみよう。その結果、自分の考えを批判されても相手の意見を受け入れられるようになっただろうか。

2　クラスメートとの勉強会を効果的にするにはどうすればいいだろうか。

3　グループ学習のメンバーの関心が勉強以外のことにあるとわかった場合の対処法を考えてみよう。

物理学教授が教える方程式の勉強法

オークランド大学物理学教授ブラッドリー・ロスが学習法をアドバイスしてくれる（図54）。「講義では計算する前に考えるよう学生を指導しています。私は大半の学生がやっている『何も考えずに機械的に方程式を片づける』取り組み方が嫌いなんです。方程式は、たんに数字をはめ込んで答えの数字を出せばいいものではないのです。物質界はどのように作用するのか。方程式はその物語を伝えているのです。ですから、物理学の方程式がわかるには式に隠された物語を知ることが鍵となるんですよ。量的に正しい数字を方程式から得ることより、方程式を質的に理解することのほうが重要です。他にも秘訣があります。

図54　ミシガン州の秋を満喫するブラッドリー・ロスと愛犬スキ。アメリカ物理学会上級会員でもあるロスの共著に『医学・生物学のための中級物理学』がある。

1　一つの問題を解くのに二〇分かかるとすれば、二分で結果をチェックできます。この二分間を惜しんで不正解になるのは非常に残念なことです。

2　メートルやグラム、秒などの計量単位は役立ちます。自分で立てた方程式の左辺と右辺の単位が合致しなければ、その方程式は間違っています。リンゴと岩を足しても食べられないのと同じように、秒が単位の数字とメートルが単位の数字を加えることはできないのです。結果をチェックして単位が合わなくなる箇所を見つけ出せば間違いに気づくと思いますよ。私が査読を担当した専門誌の投稿論文にもこういった単位ミスがあったものです。

3　方程式が何を意味しているのかよく考えれば、直感どおりの答えが出ます。直感と計算結果が食い違っていれば、直感か計算のどちらかが間違っています。いずれにしても、直感と計算結果が合致しなかった理由をつかむことで正解を引き出すことができます。

4　高等数学の込み入った式では、変数がゼロか無限大に近づく極限の場合を想定してみることです。そうすることで方程式が表している現象を理解できるかもしれません」。

第17章　試験を受けてみよう

この本の第7章「チャンキングと、ここぞというときに失敗すること」で少しふれたように、**試験を受けること自体が非常に効果的な学習経験となる。**事実、同じ教材を使って一時間勉強するのと一時間試験を受けるのとでは、後者のほうがずっと記憶に残り、知識が身につくため、努めて試験を受けるようにしたい。試験には準備段階で教材内容や解法手順などを思い出す能力や問題解決能力を自ら試す「ミニ予備試験」も含まれる。これまで検討してきたことのほとんどは試験を念頭に置いているので、本書の学習法を生かせば、ふだんの勉強の延長のように余裕を持って試験を受けることができるだろう。

では、さっそく本題に入ってチェックリストを挙げよう。次のコラムに掲げるチェックリストを利用すれば、試験を受ける準備が整っているかどうか確かめることができる。また、事前にチェックリストに目を通してから試験準備に取りかかり、その後リストの項目をチェックすることもできる。

試験準備のチェックリスト

ノースカロライナ州立大学化学工学名誉教授リチャード・フェルダー（図55）は、その偉業が語り草になっている工学教育者だ。フェルダー博士ほど世界中の学生が数学や科学に抜きん出るよう尽力した教育者は少な

図55　著名な工学教育者リチャード・フェルダー博士。

い。[1] 試験準備のチェックリストは、博士が試験の成績に気落ちした学生宛に書いたメモを基にしている。[2] チェックリストについて博士自身に説明してもらおう。

「学生の多くは、前回の試験の成績はあまりよくなかったが、講座の教材内容は理解できていると教師に話すでしょうし、次回の試験で同じことが起こらないようにするにはどうすればいいか、と尋ねるのではないでしょうか。

　試験の成績が思わしくなかった人は、どのように準備をしたでしょうか。試験準備のチェックリストの各質問にはできるだけ正直に『はい』か『いいえ』で答えてください。『いいえ』が大半であれば、期待外れの試験成績も無理からぬことです。次の試験が終わった後のチェックでも、まだ『いいえ』が多ければ、期待外れの成績はますます意外なことではないですね。一方、ほとんどの質問に『はい』と答えたのに不本意な成績を取った場合は教師や指導教官に相談すると原因が明らかになるかもしれません。

　質問の中には答え合わせをしたり、問題を一緒に解いたりするなど、クラスメートと宿題に取り組んでいると想定したものがあります。こういったグループ学習はいいですね。最初から最後まで独力で勉強して試験を受けたところ不満足な成績に終わったという人は、次の試験に備えて一人か二人の学習仲間を見つけて一緒に勉強することです（ただし、学習仲間が答えを出すのをもっぱら眺めているだけでは身になりません。傍観者にならないよう気をつけてください）。

　試験準備はどのようにすべきか。答えは、チェックリストの大部分の質問に『はい』と回答できるようにすることです」。

試験準備のチェックリスト

質問されていることをたまにではなく、ふだんから実行している場合にのみ「はい」を丸で囲んでください。

宿題

1 教科書の内容を理解しようと精一杯努力しましたか（教科書の問題と関係のある解答・解法つき例題を探し出すだけでは努力のうちに入りません）。 はい いいえ

2 クラスメートと一緒に宿題の問題に取り組んだか、少なくとも答え合わせをしましたか。 はい いいえ

3 クラスメートと一緒に宿題の問題を解く前に、各問題の解き方の要点を自分なりに説明しましたか。

はい いいえ

試験準備

以下の質問で「はい」の回答が多いほど試験準備は整っています。二つ以上「いいえ」があれば、やり方を少し変えて次回の試験に備えてください。

4 宿題のグループディスカッションに積極的に参加して考えを述べたり、質問したりしましたか。

はい いいえ

5 勉強のことで困ったときに教師や教育助手（授業の補助など教員を補佐する大学院生）に相談しましたか。

はい いいえ

6 宿題の問題の解き方をすべて理解したうえで宿題を提出しましたか。 はい いいえ

7 解き方がのみ込めなかった宿題の問題について講義中に教師に説明を求めましたか。 はい いいえ

8 参考書を使っている場合は試験前に熟読し、問題を残らず解けるようにしましたか。 はい いいえ

9 代数の問題や計算問題の解き方の要点を手際よく説明できるようにしましたか。 はい いいえ

10 クラスメートと一緒に参考書に目を通したり、問題を復習したり、互いにテストし合ったりしましたか。 はい いいえ

11 試験前の検討会があった場合はそれに参加して不明な点を教師や教育助手に質問しましたか。 はい いいえ

12 試験前夜でもほどよく眠れますか。 はい いいえ（答えが「いいえ」なら、これまでの準備が無駄になりかねません。睡眠も重視してください）。

総計 はい 個 いいえ 個

難問から始めてやさしい問題に移る

数学や科学の試験では従来いちばんやさしい問題から取り組む。これは比較的簡単な問題を解いた頃には自信を持って難問を扱えるだろうという意見を採り入れている。

しかし、こういった取り組み方はどんな方法でもうまくい̀く̀一部の人に当てはまるものの、あいにく大多数の人には逆効果である。たしかに難しい問題を解くのに時間がかかるため、試験ではのっけから取り

かかりたくないかもしれない。また、厄介な問題を取り扱うには拡散モードでの創造力が必要になる。ところが、拡散モードを利用するには、肝心の難問に集中しないようにしなければならない！

では、どうするか。やさしい問題が先か、あるいは難解な問題が先だろうか。

答えは手強い問題から始めることだ。ただし、その後、楽な問題にさっと移る。これがポイントとなる。

試験用紙が配られたら、どんな問題が載っているのかすばやく調べ（試験では必ずこうすること）、いちばん難しそうな問題を、目を皿のようにして探す。こうして**試験問題を解く際は初めに難問に取りかかる。しかし、一〜二分で行き詰まったり、妥当な解釈ではなさそうだったりすれば、潔く手を引いてやさしい問題に移ると決心しよう。**

このやり方はすこぶる役立つ。いちばん難解な問題を最初に手がけてからやさしい問題に注意を転じる。こうすることで拡散モードが作用し始めるのである。

最初に取り組んだ難問に手を焼けば、楽な問題に移って片づけ、その後、別の難しそうな問題に当たって少しでも解いてみよう。それでもうまくいかなければ、ただちに別のやさしい問題に切り替えることだ。

「学生には無用の心配と有用な心配があると話しています。無用の心配は取り越し苦労であり、エネルギーを浪費するだけです。一方、有用な心配であれば、意欲がわいて集中しやすくなるのです」。

——カリフォルニア州のオロニーカレッジ数学教授ボブ・ブラッドショー

このようにして難易度の違う問題を交互に繰り返していくうちに難しい問題の解き方の次の手順がしだいに明らかになってくるだろう。いっぺんに解答を出せないかもしれないが、少なくとも答えに近づいて

いるに違いない。
腕利きのシェフは、牛肉の切り身を焼く間につけ合わせのトマトをすばやくスライスしてからスープの味を調《ととの》え、さらに玉ねぎをさっと炒めるというように複数の料理を同時進行でつくる。シェフと同じように、難問から始めてやさしい問題に移る試験対策を取った人は脳を効率よく使い、さまざまな脳部位がそれぞれ別の思考に同時に携わっている。[3]

この試験対策を利用すれば、拡散モードの視点からも問題を考えることができるため、間違った方法にこだわってしまう構え効果にはまらずに済む。また、難問を含めて全問に取り組める。難点はただ一つ、一～二分でにっちもさっちも行かなくなったときに問題から手を引くには自制心が必要になることだ。大方は頭を切り替えてやさしい問題にスムーズに移行できるが、そうでない人は数学や科学の試験では場違いの粘り強さは無用のトラブルを招くと心得よう。

皮肉なことに、試験会場を出たとたんに解法がパッと思い浮かぶことがある。しつこく粘った難問を解くのを諦めて注意が切り替わったために拡散モードが働き始め、解き方を思いついたわけである。

中には試験問題に取りかかっても一～二分で身を引いてしまえば頭が混乱するのではないか、と心配する人もいるだろう。これはほとんどの場合、杞憂にすぎないものの、気がかりな人は宿題の問題で効果を確かめてみよう。

当然ながら難しい問題が少ししかない試験では、難問から始めてやさしい問題に移る試験対策を取る必要はない。また、コンピュータ化された資格試験では後戻りして問題に取り組みにくいため、手強い問題にぶつかったら深呼吸をして全力を尽くそう。試験準備が不十分であれば、もくろみどおりにはいかない。その場合は簡単な問題を扱うことだ。

試験前の不安を和らげる法

「試験の成績が悪ければ、希望した職業につけないかもしれない。学生がいちばん不安に思っていることがこれです。不安や心配に対処する方法は単純です。第二志望の職業を想定した代案を用意するのです。不測の事態になったときの代案があれば、不安はびっくりするほど和らぎますよ。

また、試験当日はぎりぎりまで猛勉強したらそれでよしとして、自分にこう言い聞かせるのです。『さてと、だいぶ正解できるようになったし、いざとなれば第二志望の職業がある』。こう思うとストレスがあまりかからなくなるので試験がうまくいき、第一志望の職業につく可能性が高くなるんです」。

——サドルバックカレッジ生物科学教授トレーシー・マグラン

試験につきもののストレスにどう対処するか

ストレスを受けると体はコルチゾールなどのストレスホルモンを分泌するため、試験のことを考えるとストレスがたまる人は胃が締めつけられるような感じを覚えるのではないだろうか。他にも手のひらが汗ばんだり、動悸がしたりするだろう。しかし、面白いことにこういった症状が現れてもストレスの因《もと》となる試験の解釈次第で差が出る。「今度の試験はどうなるか不安だ」と考えるのではなく、「今度の試験では全力を出しきろう！　ワクワクするなあ」と思えば、試験の成績は目に見えてよくなるのである。[4]

試験が近づくとうろたえてしまう人は一～二分間、腹式呼吸を試してみよう。椅子に座って体の力を抜き、腹部に両手を当てながら鼻からゆっくり息を吸い込む。そのときに胸部がビヤ樽のように膨らんでも、腹部に置いた手が前方に突き出るように注意しよう。次いで、口をすぼませながら口からゆっくり息を吐き、腹部をへこませる。

このように深呼吸をすると酸素は全身の組織に送られ、脳にも達するので、本人は落ち着いてくる。試験当日ではなく、試験の数週間前から腹式呼吸を一～二分間やってみれば、試験中でもこの呼吸パターンにすんなり入って気持ちを鎮めることができるだろう。中でも試験用紙が配られる前の不安なときの腹式呼吸は大いに役立つ（興味がある人は呼吸法のアプリを利用できる）。

「マインドフルネス」とは主観を交えずに思考や感情に注意を払い、現実をあるがままにとらえるという瞑想法の一種だ。この方法も試験前の不安などを和らげる。[5] マインドフルネスではごく自然な考え（「来週、大事な試験がある」）と、それに付随する感情的な予想（「その試験に失敗すれば落第するかもしれない。そうなったらどうしよう！」）をはっきり区別する。後者の気持ちは、いくら打ち消そうとしてもくすぶり続けるかもしれない。しかし、数週間程度マインドフルネスを試して、客観的な考えと心を離れない予想は別ものだと考え直すようにすれば気が楽になり、平常心を取り戻す。感情的な予想を無理やり抑えるより、このようにして反応を見直したほうがずっと効果的だ。実際、マインドフルネスを数週間練習した学生は試験で好成績を挙げている。

ストレスの面から試験対策を考えれば、難問を後回しにすることがいかに裏目に出るか納得できるだろう。残り時間がわずかになり、焦っているところへ持ってきていちばん厄介な問題にぶつかるのである！ストレスレベルが急上昇しても問題に懸命に集中すれば何とかなるように思えるかもしれないが、集中すると拡散モードに入れず、問題を解きにくくなる。

それでも頭をひねってあれこれ考えすぎると、答えを出せない「分析麻痺」という状態に陥る。[6] 難問から始めてやさしい問題に移る試験対策であれば、分析麻痺を防ぐことができる。

多肢選択式試験のコツ

「多肢選択式試験を実施すると、学生は設問の内容を十分に把握しないうちに答えの選択肢を読むようですね。しかし、これでは間違えやすいので、学生には設問をじっくり読んでから解答の選択肢を手で隠し、問題が問うていた内容を思い出すようアドバイスしています。そうすれば、選択肢を検討するまでもなく自力で解答できるのです。

また、自分で行う模擬試験は本試験に比べて『すご～く楽なので、やる意味がない』とぶつぶついう学生にはこう尋ねるんです。模擬試験と本試験の状況に差をつけるものは何か。模擬試験をやるときは自宅にいて、音楽を流すなどのんびりしているのではないか。あるいは、クラスメートと一緒に始めたり、制限時間なしでやっていたりするのではないか。解答集や講義用教材を手元に置いたりしているのではないか、等々です。そういった状況で行う模擬試験は、時計がカチカチと時を刻む教室での本試験とまるで違います。そこで、試験が気がかりな人は模擬試験問題を大教室に持ち込んで取りかかることです。大教室であれば、学生が一人潜り込んで後ろの席についていても気づかれませんよ」。

――カナダのオンタリオ州にあるレイクヘッド大学心理学教授スーザン・サハナ・ヘバート

試験本番をどう乗り切るか

試験前日は教材にざっと目を通し、適宜復習しよう。マラソン大会前日にハーフマラソンに参加して筋力を使い果たさないのと同じように、試験に備えて集中モードと拡散モードの「筋力」を温存すべく脳を酷使しないことだ。試験の準備が整っていれば、自然に勉強を控えるようになる。そのようにして半ば無意識に精神的エネルギーを保存しているのである。

そしていよいよ試験当日を迎える。試験問題を解く際にとくに心しておきたいのは、正解のつもりでも不正解の場合があることだ。ときに脳はそのようにだますこともできる。そこで、**可能な限り瞬きして注意を切り替え、大局的見地に立って「本当に筋の通った答えか」と自問し、解答を再確認しよう。**問題の解き方は一つとは限らず、導き出した答えは間違っているかもしれない。別の視点から解答を調べれば、答えが正しいかどうか検証することができる。

高等数学や先端科学・工学の理詰めで解く問題の場合は、マイナス記号「－」を見落としたり、足し算を間違えたり、数字や記号を飛ばして読んだりするようなうっかりミスを見つけることに全力を挙げたい。また、物理学の問題で方程式を立てるときは方程式の左辺と右辺の単位が合致するかどうか確認することで正解・不正解を判断できる。

一通り問題を解いた後に答えをチェックする際は順序も考慮したい。第一問から順に取りかかったなら、今度は最後の問いの解答から調べていくと新しい視点に立ってみることができるため、間違いに気づきやすくなるだろう。

とくに試験では絶対確実ということは、まずあり得ない。猛勉強しても試験の神様が協力してくれないことがたまにある。しかし、繰り返し練習して解法のチャンク図書館を充実させるなど準備万端整えたうえで試験に賢く取り組めば、幸運に恵まれるだろう。

ポイントをまとめよう

- 試験前夜に寝足りないと、それまでの準備が台無しになりかねない。

- 試験は一発勝負だ。緊急救命室の医師や戦闘機のパイロットがチェックリストを調べるように試験準備のチェックリストを活用すれば、試験がうまくいく可能性は大いに高くなる。
- 難問から始めてやさしい問題に移るという型破りな試験対策のおかげで、簡単な問題に集中しているときでも脳の一部は難問の解き方を考えることができる。
- ストレスを受けると体はストレスホルモンを分泌して、動悸などの症状が現れる。しかし、このような身体反応が見られてもストレスの因となる試験の解釈次第で差が出る。「今度の試験はどうなるか不安だ」と考えるのではなく、「今度の試験では全力を出しきろう！　ワクワクするなあ」と思えば、試験の成績は目に見えてよくなるのである。
- 試験が近づくとうろたえてしまう人は一～二分間、腹式呼吸を試してみよう。椅子に座って体の力を抜き、腹部に両手を当てながら鼻からゆっくり息を吸い込む。そのときに胸部がビヤ樽のように膨らんでも、腹部に置いた手が前方に突き出るように注意しよう。
- 正解のつもりでも不正解の場合があるため、できるだけ瞬きして注意を切り替え、大局的見地に立って「本当に筋の通った答えか」と自問し、解答を再確認しよう。

ここで一息入れよう

この本を閉じて顔を挙げよう。本章の主要点は何だろうか。試験を受けるときにとくに重要になりそうなポイントを思い出せるだろうか。

図56　心理学者シアン・バイロック。

学習の質を高めよう

1　試験の準備をするときに、途方もなく重要なことが一つある。これを怠ると、準備が台無しになりかねない。はたして、それは何だろうか。

2　厄介な試験問題から手を引いてやさしい問題に移るべきかどうか、どのように決定すればいいだろうか。

3　腹式呼吸は試験につきものの不安や狼狽を鎮めるのに役立つ。この呼吸法を説明してみよう。

4　試験問題の解答を再確認するのに瞬きが効果的だ。この理由は何だろうか。

ここ一番のときにしくじらない法

一か八かの状況ではうろたえたり、おびえたり、不安になったりする。こういった感情を弱める方法については シカゴ大学心理学教授シアン・バイロックが世界的権威である。[7] 著書に『なぜ本番でしくじるのか――プレッシャーに強い人と弱い人』があるバイロック教授が試験でへまをしない方法を教えてくれる。

「試験のような一か八かの状況ではストレスを強く感じるかもしれません。しかし、比較的単純な心理学的介入で試験前や試験中の不安を和らげたり、勉強を捗らせたりすることができるようになります。しかも、その介入に専門知識は不要で、感じ方や考え方に着目すればいいのです。

たとえば、私の研究チームの調査では、試験の直前に今の気持ちや考えを紙に書き出すと、失敗は許されないという精神的重圧の悪影響を小さくすることができます。書くことで否定的考えを頭から解き放すことがで

きるため、本番の肝心なときに後ろ向きの考えがふと頭をよぎって気が散ることも少なくなるのです。

教材内容を習得したかどうか自分をテストすると思います。この自己試験は程度の差こそあれ、同じようにストレスがかかりますから本試験の予行演習になりますよ。本書に書いてあるとおり、勉強と並行して自己試験をすると情報が頭の中にどんどん入るので、試験の真っ最中でも情報を探り出しやすくなります。

否定的考えがむくむくと頭をもたげると試験がうまくいきませんから、試験準備中に自分のことを話したり、考えたりするときは必ず楽天的な内容にすることです。また、凶運のドラゴンが口から火を吐いて自分を待ち受けているなどと思い始めたら、『もうやめよう』ときっぱり雑念を払ったほうがいいでしょう。さらに、試験で一つの問題につまずいてもくじけずに次の問題に集中することです。

設問の内容をよく考えないでやみくもに試験問題に取りかかるとミスします。問題を解く前や障害にぶつかったときはちょっと間を置いてください。そうすれば解決策が見えてきますし、今までの苦労も水の泡だ、これからどうすればいいんだという閉塞感を味わわずに済みます。

ストレスは限度内にとどめておくのが何よりです。意外にも、ストレスをすっかり排除する必要はないのです。多少ストレスがあったほうが、ここぞというときに本領を発揮するものです。万事うまくいきますように！」。

第18章　潜在能力を解き放とう

ノーベル賞受賞者にしてボンゴを叩く物理学者リチャード・ファインマンは元来、楽天家だ。しかし、あふれんばかりの活力や幸福感が試された時期がある。その数年間は研究者として充実していながら最悪の日々だった。

一九四〇年代初めに最愛の妻アーリーンは当時の致命的な病、結核を患い、遠方の病院のベッドに臥していた。ファインマンは原子爆弾製造計画「マンハッタン計画」に携わり、ニューメキシコ州の孤立した町ロスアラモスの研究所で働いていたため、たまにしか見舞いに行けなかった。まだ無名だった一介の科学者が特別待遇を受けることはなかった。

一日の仕事を終えると妻のことが心配になったり、退屈したりすることもある。ファインマンは何か別のことで頭をいっぱいにしようと、人がいちばん隠しておきたいもの、金庫に目をつけ、開け方を探り始めた。

腕のいい金庫破りになるのも楽ではない。ファインマンは勘を働かせて錠の内部構造を把握し、コンサートピアニストさながらに練習した。その甲斐あってダイヤル錠の最初の数字を突き止めれば、指はすばやく動いて残りの数字の配列を調べ出した。

そうこうするうちに錠前師がロスアラモス研究所に雇われた、とふと耳にした。本職だから一瞬にして金庫を開けられるだろう。プロがすぐ近くにいる！　その人と親しくなれば、金庫破りの秘伝が自分のものになる。ファインマンはそう思った。

本書ではこれまでにない効果的な学習法を調べてきた。この最終章で要点を振り返ってみよう。まず、集中モードと拡散モードの切り替えが重要だということがわかった。**勉強するときは重点をすぐに把握したい、と誰しも願うだろう。しかし、これがかえって理解を妨げることがある。**まるで右手で物を取ろうとしても、左手がすっと伸びてきて右手をつかまえ阻止するかのようで思うようにならないものだ。

一方、一流の科学者や工学者、芸術家、マグヌス・カールセンのようなチェス名人は活動と休息を繰り返す脳の自然なリズムをうまく利用している。科学者らは問題を頭に叩き込むことに注意を集中させてから、注意を別のものに転じるのである。このようにして集中モード思考と拡散モード思考を交互に行うと、複数の脳領域が働くために解決策を思いつきやすくなる。

脳はつくり直すことができる。秘訣は粘り強さにあり、自分の脳の強みと弱みを心得ながら倦《う》まず撓《たゆ》まず勉強しよう。

電話の呼び出し音や携帯メールの着信音のような勉強の邪魔になる手がかりに対しては、反応の方向を勉強に向け直すようにすれば集中力が増してくる。中でも二五分間単位の時間管理術「ポモドーロ・テクニック」は、習慣的反応を方向転換して短時間みっちり集中するのに非常に役立つ。二五分後には心からくつろげるし、課題をやり遂げたという達成感を味わえるだろう。

こうして集中的な学習の合間にリラックスすると、レンガ塀（神経構造）のつなぎのモルタルはかたまり始め、このメリハリの利いた学習法を数週間か数カ月間続ければ、堅固な神経構造が築かれる。そのため、息抜きの時間を楽しみつつ深く学べるようになる。くつろいでいるときに勉強の進捗状況や学習の全体像をつかむこともできる。

注意点を挙げれば、脳の一部は不正解であっても「それで結構」と思い込むよう配線されていることだ。そこで、試験の答案用紙を提出する前に「本当に筋の通った答えか」と思い直し、解答を再確認しよう。自分の学習能力にしても、実力があると錯覚しているかもしれない。教材内容を思い出すことで自分をテストしたり、学習仲間に質問してもらったりすれば、錯覚なのかどうか判断できるだろう。理解不足と並んで錯覚は数学や科学の学習をつまずかせる。

切羽詰まって丸暗記すると、数学や科学がわかったように勘違いするかもしれない。しかし、教材内容のレベルが高くなれば、もはやついていけなくなる。もっとも、脳機能から学習を考えると暗記は必ずしも悪いものではない。実際、数学や科学を習得するには十分に理解したうえで情報をチャンクにして記憶することが不可欠である。当然ながら先延ばしのすえの一夜漬けではチャンキングは不可能であり、神経パターンが出来上がらないこともつけ加えておこう。

暗記と同じく子どもっぽさにも一長一短がある。いくつになっても人間の脳の一部は子どものようなところがあり、勉強に嫌気が差してイライラしたりする。しかし、この内なる子どもの創造力を利用することで最初はチンプンカンプンだった数学や科学の概念を視覚化して記憶することも擬人化して友だちになることもできる。

粘り強さも時と場合による。必要以上に粘って問題に集中すると、解き方を思いつきにくくなる。一方、広い視野を持って長期間粘り強さを発揮できれば、どんな分野でも成功できるだろう。世の中には何事にも反対する人が必ずいるし、人生には浮き沈みがある。しかし、この種の長期にわたる根気強さがあれば、そういったことをやり過ごして夢や目標に向かって邁進できる。

こうしてみると、学習には矛盾したところがある。集中的注意は問題解決に必須でありながら、解法に思い当たって問題を解く能力を阻害する。暗記は専門知識を身につけるうえで重要とはいえ、「木を見て森を見ず」になりかねない。比喩は初めての概念を理解して覚えるのに役立つものの、概念の一部であり、決して完全なものではないため、生半可な知識で終わることもある。

グループ学習か独習か。難問から始めるべきか、やさしい問題から始めるべきか。数学の概念は具体的にか、あるいは抽象的にとらえるか。失敗は無益か有益か……。結局、相反するものもすべて引っくるめて学ぶこと自体に価値がある。

世界の優れた頭脳が使ってきた技がある。弟や妹でもわかるよう物事を平易に表現することだ。これは物理学者リチャード・ファインマンの取り組み方でもあり、やさしい言葉で述べるようにと、複雑極まりない理論を打ち立てた数学者に迫った。はたして数学者は言い直すことができた。読者にもできるだろう。

学習は、たしかに矛盾に満ちている。しかし、ファインマンやスペインの組織学者・病理解剖学者サンティアゴ・ラモン・イ・カハルのように学習の長所を生かして夢を叶えよう。

金庫破りの腕を磨いていたファインマンは本職の錠前師と親しくなった。折りにふれて話し合ううちに社交辞令もなくなった。やがてファインマンは、錠前師の熟練の技と自分のテクニックの微妙な差異がわかるようになった。

ある日の夜遅く待ちかねた瞬間がやってきた。ついに奥義が明かされたのである。錠前師の秘訣は、ダイヤル錠のメーカーがあらかじめ設定した数字の組み合わせに通じることにあった。錠の初期設定番号は出荷後も変更されないため、それを把握しておけば錠前師はたいてい金庫の扉を開くことができた。金庫破りの妙技がありそうなものだが、何のことはない、基本は装置がメーカーから届くまでの経緯を押さえることだったわけである。

ファインマンが金庫破りの奥義を突き止めたように、学習法に関してもあまりイライラすることなく、もっと簡単にのみ込める秘訣がある。すなわち、脳の初期設定——脳のごく自然な学び方や考え方——をつかむことであり、それをふまえれば専門知識を身につけることができる。

本書の第1章「扉を開けよう」で私は自分の学習法を振り返りながらこう述べた。「数学や科学に注意が向くようになる、ちょっとした頭脳的コツがある。どのコツも数学や科学が苦手な人だけではなく、得意な人にも役立つ」。この最終章まで目を通してくれた読者はコツを見てきたわけだが、大切な点を改めて把握するに越したことはない。そこで、この本の要点を「効果的な学習の一〇のルール」と「駄目な学習の一〇のルール」にまとめることにしよう。

最後にもう一度、念を押しておきたい。運命の女神は努力家を好む。最高の学習法を探ることも努力の一環であり、女神の機嫌を損ねることはないだろう。

効果的な学習の一〇のルール

1　思い出す

教材を一ページ読んだら顔を挙げて要点を思い出そう。このようにして要点を頭に入れないうちに教材に蛍光ペンでマークしてはならないし、マーキングは最小限にとどめよう。思い出す練習（検索練習）は教室に向かうときや勉強部屋から別の部屋に移るときに行うこともできる。勉強のやり方が適切かどうかは、この思い出す能力が一つの目安となる。

2 **自分をテストしてみる**

教材内容を把握して覚え込んだかどうか、つねに自分をテストしよう。

3 **解法をチャンクにする**

問題の解き方を理解し、繰り返し練習してチャンクにまとめれば、解法が一瞬にして思い浮かぶようになる。一度答えを出せた問題でも解法の手順を一つ一つ確認しながら反復して完璧に解けるようにしよう。ピアノのレッスンのつもりで問題を再三再四解けば情報がチャンクに収まり、好きなときに当のチャンクを引き出すことができるのである。

4 **間隔反復を試す**

脳は筋肉のように鍛えることはできるが、一度にこなせる運動量はごく限られている。覚えておきたい情報にしても間隔を置きながら思い出すようにしよう。この間隔反復により情報は作動記憶から長期記憶に移行する。「Anki」などのフラッシュカード・システムは間隔反復に最適だ。

5 **複数の解法で練習する**

同じ解法を用いて長々と練習し続けても、そのうちに前問の解き方をなぞるようになるだろう。別の解法が必要な問題も混ぜながら取り組めば、ある一つの解法はどのように利用するかだけでなく、どういうときに使うのかがはっきりのみ込める（別種の問題は教材の各章の終わりのほうに載っていることが多い）。また、宿題や試験を終えたら必ず間違いをチェックして問題を解けなかった原因を突き止め、その後、不正解だった問題をやり直そう。

さまざまな解法を覚えるには索引カードが役立つ。カードの表側に設問を、裏側に問いと解法手順を書き込む（タイピングより手書きのほうが記憶に残りやすい）。索引カードをスマートフォンで写真に撮れば、その写真をスマホの学習アプリに取り込むことができる。さらに、教材のページをパラパラめくって適当に選んだ問題を解けるかどうか試してみよう。

6 休憩を取る

数学や科学のなじみのない概念をすぐにのみ込んだり、問題をいっぺんで解くことができたりする人は少ない。そのため、唐突に長時間勉強しても効果がなく、数学や科学では毎日少しずつ学習する方法が理に適《かな》っている。イライラしたり、疲れたりしたら休憩を取ろう。その間も別の脳部位が問題に取り組んでいる。

7 わかりやすい説明と比喩の効果を利用する

難しい概念は一〇歳の子どもの聞き手を念頭に置いた平易な説明を考えると、当の概念を深く理解できるようになる。頭の中で考えるだけでなく、ノートに書いたりすれば、覚えておきたい情報をコード化して神経回路網の記憶構造に変換できるだろう。また、電流は水の流れに似ているというように概念を何かにたとえると、すばやく覚えられる。

8 集中する

勉強するときは携帯電話やパソコンの電源を切ってからタイマーを二五分にセットし、二五分間、一心に集中して精一杯がんばろう。二五分後にちょっとした報酬を自分に与えることだ。これを一日に数回実行すると勉強がだんぜん捗る。携帯電話やパソコンをちらちら見ずに済む場所に定時に移動して勉強することも無理なく試せるだろう。

9　厄介な課題から手をつけ始める

頭がすっきりしている朝一番に、重要でありながら嫌いな課題や手強い課題に取りかかろう。

10　メンタル・コントラスティングで活を入れる

メンタル・コントラスティングでは現在の状況と自分の願う将来のあり方を引き比べる。たとえば、懸命に勉強して専門職についたり、転職したりしたい人は、その夢を思い出させる写真や言葉を仕事場や自室の壁に貼っておく。やる気がなくなりかけたときに写真を見れば、自分を鼓舞することができる。そうなれば、家族や恋人も一安心だろう！

駄目な学習の一〇のルール

次の一〇項目は勉強しているつもりにさせておきながら時間を浪費するだけのとんでもないやり方なので、実行しないように！

1　教材をただ漫然と読む

椅子に座って教材に目を走らせる。このように受動的に教材を読み直しても効果は期待できない。一ページ読んだら顔を挙げて要点を思い出そう。こうすることで教材内容を頭に入れることができる。

2　蛍光ペンでマークしすぎる

手を動かして蛍光ペンで教科書に下線を引いているにすぎないのに、本人は理解できたと勘違いしてしまう。マーキングは控えめにしよう。重要な箇所に付箋をつけることもできる。それでもマーキングを記憶の手段として利用したいなら、十分にのみ込めた部分に限定することだ。

3　問題の解答や解法をちらっと見て解き方がわかったと考える

これは学習で起こりやすい最悪の思い違いである。参考書の巻末にある答えや解き方を見ることなく、段階をふんで問題を解けなければならない。

4 土壇場になるまで勉強しない

陸上競技の大会間際に選手は練習するだろうか。前述のとおり、脳は筋肉のように鍛えることはできるが、一度にこなせる運動量はごく限られているので、一夜漬けは通用しない。

5 同種の問題をだらだら解く

解き方がわかった問題と同じような問題に取り組み続けても試験準備にはならない。ちょうどバスケットボールの大一番の準備をドリブルの練習だけで済ませるようなものだ。別の解き方が必要な問題も加えよう。

6 グループ学習が雑談の場になる

友人やチームメートと一緒に問題の解き方をチェックし合ったり、テストし合ったりすれば勉強が楽しくなるだけでなく、自分の考え方の弱点をつかむこともできるし、友人の質問に答えることで深く学べるようにもなる。しかし、勉強が終わらないうちにメンバーがおしゃべりしたり、ふざけ出したりしたら時間が無駄になるので、他のグループを見つけ出したほうがいい。

7 教科書を読まないでいきなり問題を解き始める

泳ぎ方を覚えないうちにプールに飛び込むだろうか。教科書はいわばインストラクターであり、正解できるよう導いてくれる。目を通すのを面倒がれば、いずれまごついて時間が虚しく過ぎていく。教科書の読み方にもコツがある。一章分をざっと読んで内容を把握してから、じっくり読み始めよう。

8 教師やクラスメートに相談して疑問点を明らかにしない

大学の教師は、途方に暮れて部屋に入ってくる学生に慣れている。学生に手を貸すことも教師の務めだ。私を含めて教師が心配するのは、部屋を訪ねてこない学生である。そんな学生にならないようにしよう。

9　しじゅう気が散るのに勉強できていると考える

携帯電話のインスタントメッセージのやりとりやおしゃべりにしょっちゅう気を取られていれば、脳は学習に専念できない。注意を阻害するものはすべて思考の芽を摘んでしまうと心得よう。

10　十分に睡眠を取らない

睡眠中に脳は問題の解き方をまとめ上げるし、就寝前に本人が取り組んだ問題を反復練習する。しかも、睡眠不足がたたって疲れが抜けきらないと脳内に有害な老廃物が蓄積してニューロンとニューロンがつながりにくくなるため、頭がよく回らなくなる。試験前夜に寝足りないと致命的だ。それまでの試験準備が台無しになってしまうのである。

ここで一息入れよう

この本を閉じて顔を挙げよう。本書ではさまざまな学習法や考え方を提案してきた。中でもいちばん重要と思ったものは何だろうか。それをどのように活用すれば自分の学習を立て直せるだろうか。その方法も考えてみよう。

あとがき

私が中学二年生だった頃の恩師は数学と理科を教えていた。ある日、その熱血教師は教室の後ろにいた私をつかまえ、Ａの成績を取れるようがんばれと激励してくれた。しかしながら、私は高校時代に恩を仇《あだ》で返した。幾何学で五段階評価のギリギリ合格点のＤの成績を取ったのである——それも二度。教材を読んでもまるでわからなかったし、尻を叩いてくれる教師に恵まれなかった。大学に進学してようやく理解できるようになったものの、思えば挫折続きの道のりだった。中学・高校時代に本書のような書籍があれば、どんなに助かったことか。

時はあっという間に過ぎて一五年後、私の娘にとって数学の宿題はイタリアの詩人ダンテでさえ書くのをためらうような拷問と化していた。娘は何度も何度も壁にぶつかり、涙を流しただろう。それでも泣くのをやめて、ついに問題を解いたに違いない。しかし、親として娘をこのまま数学から撤退させておくわけにはいかない。遅ればせながら陣容を立て直してやろう。今は社会人の娘に私は本書を手渡した。娘の読後感はこうである。「学校に通っていた頃にこの本があればよかったのに！」。これには一言も言葉を返せなかった。

科学者もどのように学ぶのかアドバイスしてきた。いずれもためになるだろうが、残念ながらごくふつうの学生にものみ込めて、さっそく実行できるような説明ではないものがほとんどだ。科学者の全員が言い換えの才を持っているとは限らないし、ジャーナリストの全員が科学をきちんと把握しているわけでもない。本書の著者バーバラ・オークリーはこの二つを両立させるという難事を見事にやり遂げた。著書の学習法の具体例や説明を読めば、有用性のみならず、どれほど信頼できる方法なのか自ずと知れる。娘が中学生だった頃、私も勉強のやり方をいくつか挙げたことがある。それなのに、この本に載っているアドバイスがなぜ気に入ったのか。娘はこう答えた。「著者は理由を説明していて、なるほどと納得できるからよ」。またもや急所を突いた言葉で、親の面目丸潰れだ！

本書の単純ながら効果的な方法は人間の脳機能をふまえているため、数学や科学の分野にとどまらず学習全般で役立つだろう。めったに言及されないものの、学習では感情と認知が影響し合うことから脳機能の理解が欠かせない。また、学習はたんにやり方だけが問題になるのではない。この方法で勉強が捗る、と学習者が実際に効果を確認できるものでなければならない。その点、本書では娘なりに指摘したとおり、学習法の裏づけとなる説得力ある証拠を挙げているため、読者は迷うことなく試したくなるだろう。もちろん、学習は経験によって証明できるものだ。この本の学習法が有効か否かは、そのときに最終的に明らかになるだろう。

幾何学でDの成績を取った私も今や大学教授であり、大勢の学生の相談に乗ってきた。学生の多くは「苦手だから」とか「好きではないから」といった理由で数学や科学を敬遠する。そのような学生には娘に対したときと同じようにこう助言している。「まず、数学や科学が得意になってから、学びたくないのかどうか判断すればいい」。つまるところ、教育とは物事に果敢に挑戦できるようにすることが肝心なのではないだろうか。

思い返せば、車の運転を覚えるのは大変だった。しかし今では誰にも頼らずに、半ば無意識に車を走らせることができる。本書のような新しい方法を受け入れて数学や科学に挑戦してみれば、ドライブさながらに不安や回避の段階をすいすい通り越し、やがては習得し、自信がつくだろう。このチャンスをつかむかどうかは、ひとえに自分の決心にかかっている。実力をつけよう！

ジェームズマディソン大学心理学科教授
デイヴィッド・B・ダニエル

謝辞

お世話になった方々に謝意を表するに当たって本書に事実誤認や解釈の誤りがあれば、その責任は私にあると明言しておこう。また、氏名の記入漏れがあればお詫びしたい。

初めに夫フィリップ・オークリーに感謝したい。私をしっかり支え、励まし、興味を持ち、ときには鋭く指摘してくれた。夫とは三〇年前に南極大陸のアムンゼン・スコット基地で知り合った。このすばらしい男性に会うために地球の果てまで行く羽目になった。夫は私の心の友であり、ヒーローである（それと同時に何を隠そうパズルの達人でもある）。

教師の道に入って以来のよき師はリチャード・フェルダー博士である。博士と巡り合わなければ、教師としての私の人生は変わっていたかもしれない。また、本書のイラストを描いたグラフィックデザイナーのケヴィン・メンデスの芸術的手腕や想像力に敬服した。長女ロージー・オークリーは終始一貫して激励してくれ、的確な意見を述べてくれた。次女レイチェル・オークリーはわが家の精神的支えとなっている。

親友エイミー・アルコンは抜群の編集センスを持ち、改善の必要な箇所を見つけ出すことができる。彼女のおかげで本書はいっそう明快になり、ウイットに富むようになった。旧友のアメリカ科学アカデミー研究調整官グルプラサード・マッドヘイヴンと私たちの共通の友人ジョシュ・ブランドフは、広い視野を持って示唆するようアドバイスしてくれた。ライティング・コーチのダフネ・グレイ－グラントの力添えにより本書を入念に仕上げることができた。

敏腕な著作権代理人リタ・ローゼンクランツの尽力にはとりわけ感謝している。出版社ペンギン・ランダムハウスの編集ディレクター、サラ・カーダーと同社副編集長ジョアナ・ウンの先見の明や判断力、出版の専門知識も非常にありがたかった。とくにジョアナ・ウンは並外れた編集能力の持ち主だ。このような人と組める作家は幸運という他ない。フリー編集者エイミー・J・シュナイダーが原稿を整理・編集してくれたことも本書にとって大きな恵みであった。

アメリカ国防総省のコントロール・エンジニアとなった元帰還兵ポール・クラチコにも厚く礼を述べたい。そもそも「数学嫌いがどうしてこんなに変わったのですか」というクラチコの単刀直入な質問がきっかけで私はこの本を書くことになった。職務上の義務を超えて協力してくれたオークランド大学図書館間相互賃借部の有能なダンテ・ランスとパット・クラークにも感謝したい。アナ・スパニュオーロ、ラーズ・ロー・リプタ－ク、ローラ・ウィクランドの各数学教授、看護学のバーブ・ペンプレイスとケリー・ベリシャイ、工学のクリス・コバス、マイク・ポリス、モハマド－レザー・シアダト、ロレンゾ・スミス、物理学のブラッドリー・ロス。以上、オークランド大学の同僚も協力を惜しまなかった。ハイテク企業ＣＤアダプコのアメリカ教育訓練部長アーロン・バードと同社副社長ニック・アプルヤードにはずいぶん力を貸してもらった。著述家トニー・プロハスカの眼識もすばらしかった。

以下の方々は専門知識を惜しげもなく分け与えてくれた。シアン・バイロック、マルコ・ベリーニ、ロバート・M・ビルダー、マリア・アンヘレス・ラモン・イ・カハル、ノーマン・D・クック、テレンス・W・ディーコン、ハビエル・デフェリペ、レナード・デグラーフ、ジョン・エムズリー、ノーマン・フォーテンベリー、デイヴィッド・C・ギアリー、キャリー・マリス、ナンシー・コスグローヴ・マリス、ロバート・J・リチャーズ、ダグ・ローラー、シェリル・ソービー、ニール・サンダレサン、ニコラス・ウェイド。

ウェブサイト「レイト・マイ・プロフェッサーズ」に載った世界でもトップクラスの大学教授らは、ありがたくも貴重な時間を割いて支援してくれた。その専門分野は数学、物理学、化学、生物学、工学、経営学、経済学、財政学、教育学、心理学、社会学、看護学、英語学などに及ぶ。国内有数のマグネットスクール〔特別カリキュラムを編成し、広範な地域から生徒を集めて指導する公立学校〕の高校教師にも貢献していただいた。

次の方々は原稿の一部もしくはすべてに目を通して感想や意見を聞かせてくれた。改めて礼を述べたい。ローラ・ジーン・アーガード＝ボラム、シャヒーム・エイブラハムズ、ジョン・Q・アダムズ、ジュディ・アデルストン、エイプリル・ラクシーナ・アケオ、ラヴェル・F・アマーマン、ロンダ・アムゼル、J・スコット・アームストロング、チャールズ・バムフォース、デイヴィッド・E・バレット、ジョン・バーテルト、セルソ・バターラ、ジョイス・ミラー・ビーン、ジョン・ベル、ポール・バーガー、シドニー・バーグマン、ロバータ・L・バイビー、ポール・ブロワーズ、アビー・A・ボムラート、ダニエル・ボイラン、ボブ・ブラッドショー、デイヴィッド・S・ブライト、ケン・ブルーン・ジュニア、マーク・E・バーン、リサ・K・デイヴィッズ、トマス・デイ、アンドルー・デベネディクティス、ジェイソン・デイチャント、ロクサン・デレット、デブラ・ガスナー・ドラゴーン、ケリー・ダフィ、アリソン・ダンウッディ、ラルフ・M・フェザー・ジュニア、A・ヴェニー・フィリパス、ジョン・フライ、コスタ・ジラウゼス、リチャード・A・ジャクイント、マイケル・ゴールド、フランクリン・F・ゴロスペ四世、ブルース・ガーニック、キャサリン・ハンドシュー、マイク・ハリントン、バレット・ヘイゼルティン、スーザン・サジナ・ヘバート、リンダ・ヘンダーソン、メアリー・M・ジェンセン、ジョン・ジョーンズ、アーノルド・コンドー、パトリツィア・クラコヴィアク、アヌスカ・ラーキン、ケネス・R・レオポルド、フォク＝シューエン・リャン、マーク・レヴィ、カーステン・ルック、ケネス・マッケンジー、トレーシー・マグラン、バリー・マーグリーズ、ロバート・メイズ、ネルソン・メイローン、メリッサ・マクナルティ、エリザベス・マクパートラン、ヘタ＝マリア・ミラー、アンジェロ・B・ミンガレッリ、ノーマ・ミンター、シェレス・ミッチェル、ダイナ・ミヨシ、ジェラルディン・ムーア、チャールズ・マリンズ、リチャード・マズグレイヴ、リチャード・ナーデル、フォレスト・ニューマン、キャスリーン・ノールタ、ピエール＝フィリップ・ウイメット、デルジェル・パバラン、スーザン・メアリー・ペイジ、ジェフ・ペアレント、ヴェラ・パヴリ、ラリー・ペレス、ウィリアム・ピエトロ、デブラ・プール、マーク・ポータ一、ジェフリー・プレンティス、アデレーダ・ケサダ、ロバート・リオーダン、リンダ・ロジャーズ、ジャンナ・ロサレス、マイク・ローゼンタール、ジョゼフ・F・サンタクローチェ、オラルド・「バディ」・ソーシド、ドナルド・シャープ、D・A・スミス、ロバート・スナイダー、ロジャー・ソラーノ、フランシス・R・スピルへイガン、ヒラリー・スプルール、ウィリアム・スプルール、スコット・ポール・スティーヴンズ、アケロ・ストーン、ジェームズ・ストラウド、ファビアン・ハディプリーノ・タン、シリル・ソング、B・リー・タトル、ヴィン・アーバノウスキー、リン・バスケス、チャールズ・ワイドマン、フランク・ワーナー、デイヴ・ウィトルシー、ネイダー・ザマニ、F・ウィリアム・「ビル」・ゼトラー、ミン・ジャン。

本書では学生たちの日頃の学習法も取り上げてコラムに挙げたり、本文で引用したりした。加えて以下の学生らはいろいろと提案してくれた。協力に心から感謝したい。ナタリー・ベーテンズ、リアノン・ベイリー、リンジー・バーバー、シャーリーン・ブリソン、ランドル・ブロードウェル、メアリー・チャヤ、カイル・チェンバーズ、ザカリー・チャーター、ジョエル・コール、ブラッドリー・クーパー、クリストファー・クーパー、オーカリー・カワート、ジョゼフ・コイン、マイケル・カルヴァー、アンドルー・ダヴェンポート、ケイトリンド・デイヴィッドソン、ブランドン・デイヴィス、アレグザンダー・ディバッシャー、ハンナ・デヴィルビス、ブレナ・ドノヴァン、シェルビー・ドラピンスキー、トレヴァー・ドローズド、ダニエル・エヴォラ、キャサリン・フォーク、アーロン・ガローファロ、マイケル・ガシャジ、エマニュエル・ジョーニ、カサンドラ・ゴードン、ユースラ・ハサン、エリック・エアマン、トマス・ハーゾグ、ジェシカ・ヒル、ディラン・イズコウスキー、ウェストン・ジェシュラン、エミリー・ジョーンズ、クリストファー・カラス、アリソン・キッチン、ブライアン・クロップ、ウィリアム・ケール、チェルシー・クバツキ、ニコラス・ラングリー＝ロジャーズ、シュエジン・リー、クリストファー・ロウ、ジョナソン・マコーミック、ジェイク・マクナマラ、ポーラ・ミアシェアート、マテウス・ミーゴク、ケヴィン・モスナー、ハリー・ムーラディアン、ナディア・ヌイ＝メヒディ、マイケル・オーレル、マイケル・パリソー、リーヴァイ・パーキンソン、レイチェル・ポラチェック、ミシェル・ラドクリフ、サニー・リシ、ジェニファー・ローズ、ブライアン・シュロール、ポール・シュワルブ、アンソニー・シュート、ザック・ショー、デイヴィッド・スミス、キンバリー・サマヴィル、デイヴィ・スプルール、P・J・スプルール、ダリオ・ストラジミリ、ジョナサン・ストロング、ジョナサン・スレック、ラヴィ・タディ、アーロン・ティーチャウト、グレゴリー・テリー、アンバー・トロンベッタ、ラジーヴ・ヴェルマ、ビンシュー・ウォン、ファンフェイ・ウォン、ジェシカ・ウォーホラック、ショーン・ワッセル、マルコム・ホワイトハウス、マイケル・ウィットニー、デイヴィッド・ウィルソン、アマンダ・ウルフ、アニア・ヤング、フェイ・ジャン、コーリー・ジンク。

訳者あとがき

数学や科学に強くなるには、どのように取り組めばいいのだろうか。巷《ちまた》にはいろいろな方法を謳った一般書が出回っているが、これといった効果を実感できなかったので、この本を手に取ってくれた人もいるかもしれない。そういう人の他にも、短期間で数学や科学をものにしたい人、問題解決のコツと学習法の要点などを知りたい人の要望に応えるのが本書である。原書 *A Mind for Numbers: How to Excel at Math and Science (Even If You Flunked Algebra)*（数字に強くなる考え方——数学と科学に抜きん出る法［たとえ代数で落第点を取ったとしても］）はアメリカで飛ぶように売れ、二〇一六年二月にアマゾン・ドット・コムの学習書部門の第三位に躍り出た。

数学や科学の勉強の仕方を取り上げたからには著者バーバラ・オークリーは理系の学者だろうと思いきや、ロシア語がペラペラの言語が大好きな女性、しかも元軍人だった！　著者は陸軍を退役すると（最終軍歴は大尉）一念発起して再教育を受け、高校で数学と科学の単位を落とした「脳をつくり直し」、ミシガン州のオークランド大学で電気情報工学の修士号とシステム工学の博士号を取得後、同大学の工学教授となった。子育てをしながら通学して修士号を手にしたときは四〇歳に、博士号の場合は四三歳になっていた。一〇代後半や二〇代ならいざ知らず、四〇代の文系の脳でさえ高等数学や先端科学を習得できたのである。

その秘訣を簡潔にまとめた本書に目を通せば、夜遅くまで問題や課題と格闘しなくとも楽しみながら効率よく数学や科学を理解して直感を磨くことができる。

こんな夢のようなことがなぜ可能なのかといえば、本書の学習法は脳機能をふまえているためだ。徹夜の試験勉強が功を奏さないとおり、脳は無理が利かず、そのうちに思考が空回りしてくる。脳といえども活動と休息を繰り返す。この脳の自然なリズムを生かすことがポイントであり、長時間机にかじりついて勉強するのは全く逆効果だ。それよりも短時間の集中的学習の合間に息抜きをしたほうが頭の回転がよくなり、難問の答えがふと思い浮かびやすくなる。要は、一心不乱の「集中モード思考」とリラックスしたときの大局的な「拡散モード思考」を交互に行う。こうすると複数の脳領域がつながるために洞察力が増し、数学や科学の学習の核となる問題解決能力が大幅に伸びる。

他にも著者ならではのノウハウがある。主なものを以下に挙げよう。

- 教材を繰り返し読んでも理解できたと勘違いするだけで、身にならない。一ページ読んだら要点を思い出してこそ（「検索練習」）記憶に残り、深く、たくさん学べるようになる。数ある学習形態の中で最も効果的・能率的なものが、この検索練習だ。
- 数学や科学の専門知識を身につけるには、バラバラの情報を結びつけて概念や問題の解き方の「チャンク」をつくることが第一歩となる。
- 概念や解法のチャンクを増やすと直感が働いて正しい解き方がひらめきやすくなる。
- 難問の解き方が直感でピンと来るよう別種の問題を取り混ぜて練習する（「インターリーブ」）。
- 「記憶の宮殿」などの記憶術は記憶力を伸ばすばかりかチャンキングを加速するため、専門知識をすばやく習得できる。
•試験では難しい問題から始めてやさしい問題に移る。
•脳の右半球を使って計算間違いのようなうっかりミスを見つけ出す。
•「結果」ではなく「過程」を重視して勉強の流れに乗る。
•「ポモドーロ・テクニック」で勉強の先延ばしを防ぐ。
•勉強が捗るアプリとプログラムを活用する。
•睡眠を上手に利用する。

さらに、一流の専門家や大学生、苦学生が語る経験談やアドバイスもためになるし、やる気を起こす。著者の言葉の中でとりわけ印象に残るものがある。その言葉にも奮い立つ。意欲や自信を失いかけたときには読者も次の一文を思い出してはいかがだろうか。

ありのままの自分と、他の人とは「違う」特質に誇りを持ち、それをお守りにして目標を達成しよう。

最後に、翻訳の機会を与えてくださった河出書房新社編集部の九法崇氏に深く感謝申し上げます。同氏の変わらぬお心配りは何よりの励みになりました。

二〇一六年三月

沼尻由起子

6　スポーツ選手も分析麻痺に陥る。「スポーツ選手は重圧を受けると、競技の一連の動きを乱すような形でコントロールしようとすることがある。このようなコントロールは『分析麻痺』といって、前頭前野皮質の過活動が原因である」（Beilock 2010, p. 60）。

7　Beilock 2010 ; http://www.sianbeilock.com/.

際に右腹内側前頭前野が直接かかわってくる。論理的に意識することとは、すなわち感情を『筋の通った軌道』に乗せることであり、この軌道では右腹内側前頭前野は推論の手段となる（後略）。したがって、右腹内側前頭前野は感情に働きかける脳のエラー修正装置といえるかもしれない。厳密にいえば、この脳領域は自己感情チェック装置に相当し、論理的に間違って推論しそうな状況を察知する」。

5　Christman et al. 2008, p. 403 では左右両半球と信念について言及している。「左半球は目下の信念を支持する一方、右半球は当の信念が適切かどうか評価し、適宜更新する。このように信念評価は大脳半球間相互作用に左右される」。

6　Ramachandran 1999, p. 136.

7　Gazzaniga 2000 ; Gazzaniga et al. 1996.

8　カリフォルニア工科大学の 1974 年度卒業式式辞。Feynman 1985, p. 341 から引用。

9　Feynman 1985, p. 132–133.

10　間違いや失敗を繰り返しても人は都合よく忘れられるようだ。「自尊心を守る術がないわけではない。人は賞賛を喜んで受け入れても非難には懐疑的になり、これを口にした側の偏見のせいにしがちだ。また、成功は自分の手柄にするが、失敗の責任は取りたがらない。このような方法がうまくいかなくとも失敗した事実を忘れることにして、成功体験や賞賛を思い出すのが得意である」（Baddeley et al. 2009, p. 148–149）。

11　Granovetter 1983 ; Granovetter 1973.

12　Ellis et al. 2003.

13　Beilock 2010, p. 34.

14　Arum and Roksa 2010, p. 120.

第 17 章　試験を受けてみよう

1　フェルダー博士のウェブサイト http://www4.ncsu.edu/unity/lockers/users/f/felder/public/ にアクセスしよう。科学や科学技術、工学、数学の役立つ学習法や情報が満載だ。

2　Felder 1999. フェルダー博士と季刊誌『化学工学教育』の許可を得て掲載。

3　McClain 2011 では、試合中チェス名人も複数の脳部位を使って情報を処理している。

4　Beilock 2010, p. 140–141.

5　Mrazek et al. 2013.

13　本書の「原註」の第12章の8も参照。

14　Mastascusa et al. 2011, chaps. 9-10.

15　Foerde et al. 2006; Paul 2013.

第15章　独　習

1　Colvin 2008; Coyle 2009; Gladwell 2008.

2　Deslauriers et al. 2011; Felder et al. 1998; Hake 1998; Mitra et al. 2005; President's Council of Advisors on Science and Technology, 2012.

3　Ramón y Cajal 1999 [1897].

4　Kamkwamba and Mealer 2009.

5　Pert 1997, p. 33.

6　McCord 1978. 教師主導の取り組み方やこれに関連した研究については Armstrong 2012を参照。Kapur and Bielaczyc 2012によれば、さほど厳しくない専任講師の指導で学生の成績は予想外に伸びるようだ。

7　Oakley et al. 2003.

8　Armstrong 2012と同書の参考文献を参照。

9　Oakley 2013.

第16章　自信過剰にならない

1　Schutz 2005. 経理担当者「フレッド」は、同論文の筆者のアメリカの神経心理学者ラリー・E・シュッツの命名した「右半球大局的知覚障害」の典型的な特徴を併せ持つ架空の人物だ。

2　McGilchrist 2010では大脳の左右両半球の機能差を支持する一方、Efron 1990では左右両半球の研究の問題点をあぶり出している。Nielsen et al. 2013も参照。このニールセンらの研究に加わったユタ大学神経放射線学・生物工学助教ジェフリー・S・アンダーソンはこう指摘している。「言語機能が脳の左側に、注意が脳の右側に偏在しているように脳機能が脳の片側に存在する例はたしかにある。ただし、脳の左側か右側のネットワークのほうがつねに優位というわけではなく、脳内ネットワークの優位性は脳領域の接続具合によって決まるだろう」(University of Utah Health Care Office of Public Affairs 2013)。

3　McGilchrist 2010, p. 192-194, 203.

4　Houdé and Tzourio-Mazoyer 2003. Houdé 2002, p. 341の所見は興味深い。「筆者らの神経画像分析結果では、神経学的に健常な被験者が論理的に意識する右され、局所的・一時的である」。言い換えると、脳を適度に変化させることはできても脳の大規模な再配線は期待薄ということだ。これが常識的見解となっている。一般書では Doidge 2007 を、専門書では Shaw and McEachern 2001 を参照。脳の可塑性を知るうえでカハルの神経系の構造研究が基礎となった点は広く認められている（DeFelipe 2006）。

10 Ramón y Cajal 1937, p. 58.

11 同書の 58 ページと 131 ページ。重要な概念や問題の要点を把握できる能力は、一言一句そのままに記憶できる能力より大事だろう。要点をつかんで記憶することと、その対極にある逐語的記憶は学習過程では違ったコード化を経るようだ（Geary et al. 2008, chap. 4, p. 9）。

12 DeFelipe 2002.

13 Ramón y Cajal 1937, p. 59.

14 Root-Bernstein and Root-Bernstein 1999, p. 88–89.

15 Bransford et al. 2000, chap. 3; Mastascusa et al. 2011, chaps. 9–10.

16 Gentner and Jeziorski 1993.

17 Fauconnier and Turner 2002.

18 Mastascusa et al. 2011, p. 165.

第 14 章　想像力に磨きをかけよう

1 Plath 1971, p. 34.

2 Feynman 2001, p. 54.

3 Feynman 1965.

4 詩と物理学の方程式などについてはすばらしい論文 Prentis 1996 を参考にした。

5 『マンデルブロ集合』の歌詞の抜粋はジョナサン・コールトンの著作権使用許可を得ている。歌詞の全文は http://www.jonathancoulton.com/wiki/Mandelbrot_Set/Lyrics に載っている。

6 Prentis 1996.

7 Cannon 1949, p. xiii; Ramón y Cajal 1937, p. 363. カハルが研究初期に描いた美しい線画は DeFelipe 2010 に載っている。

8 Keller 1984, p. 117.

9 Mastascusa et al. 2011, p. 165.

10 自問自答の学習効果については Dunlosky et al. 2013 を参照。

11 http://www.youtube.com/watch?v=FrNqSLPaZLc.

12 http://www.reddit.com/r/explainlikeimfive.

ーのグループに入るという。Duckworth and Seligman 2005 も参照。

ノーベル物理学賞を受賞したアメリカの物理学者リチャード・ファインマンの IQ は 125 で、飛び抜けて高いわけではない。これを引き合いに出してファインマンは知能検査の結果がどうあれ、成功するチャンスはあるとよく話していた。ファインマンはもともと賢かったが、数学や科学の知識を増やして直感も磨こうと、子どもの頃から何かに取り憑かれたように反復練習していたそうだ（Gleick 1992）。

13 Klingberg 2008.

14 Silverman 2012.

15 Felder 1988. インポスターに関連して Kruger and Dunning 1999 では、こう指摘している。「無能な人物の不適切な過大評価は自己についての思い違いに、有能な人物の不適切な過小評価は他者についての思い違いに由来する」。

第 13 章　脳をつくり直そう

1 DeFelipe 2002.

2 Ramón y Cajal 1937, p. 309.

3 Ramón y Cajal 1999 [1897], p. xv-xvi ; Ramón y Cajal 1937, p. 278.

4 Ramón y Cajal 1937, p. 154.

5 Fields 2008 ; Giedd 2004 ; Spear 2013.

6 Ramón y Cajal 1999 [1897].

7 Bengtsson et al. 2005 ; Spear 2013.

8 11 歳で小型の大砲を組み立てられたくらいだから、カハルは計画を十分に練ることができただろう。しかし、自分の行動の結果までは頭が回らなかった。現に、隣家の木製の門を吹き飛ばすというもくろみに夢中になり、その結果、面倒なことになると予想することはできなかった。10 代の若者の問題行動について補足すると、Shannon et al. 2011 によれば、荒れる 10 代では運動実行などにかかわる背外側前運動野は安静状態のネットワークの 1 つ、デフォルト・モード・ネットワークと機能的につながっているために衝動を抑えきれないという（「こういった脳領域の配置は自発的・自己言及的認知と関係がある」。当該論文が載った 2011 年発行の『アメリカ科学アカデミー紀要』の 11241 ページ）。荒れる 10 代が成熟し、行動が改まってくると背外側前運動野は注意・制御ネットワークとつながり始めるようだ。

9 Bengtsson et al. 2005 ; Spear 2013. Thomas and Baker 2013, p. 226 の脳の可塑性の研究結果は興味深い。「動物実験では、軸索と樹状突起の広範囲にわたる組織化はきわめて安定しているのに対し、成熟脳の構造的可塑性は経験に左

5　専門家が計算するときは次のように長期記憶を活用する。「筆者らの研究では、素人の脳の情報処理活動によって計算の専門知識・技術が身につくことはなく、計算の際に用いる脳領域は専門家と素人では異なっている。専門家は短期記憶に保管していた情報を利用しつつ、長期記憶のエピソード記憶を非常に効率よくコード化したり、検索したりすることができる。この切り替えには右前頭前野と内側側頭皮質がかかわっている」（Pesenti et al. 2001, p. 103）。

また、心理学者ウィリアム・ジェームズは早くも 1899 年に詰め込み勉強の弊害を取り上げている。「詰め込み勉強が取るに足らない学習様式であることがこれで納得できたでしょう。詰め込み勉強の狙いは、試験などの直前に集中することで情報を記憶に刻み込むことにあります。しかし、このように学んだことから生徒が何かを関連づけることはほとんどありません。一方、さまざまな状況で読み、暗唱し、何度も調べ、他の問題と関係づけ、復習するといったことを繰り返せば、覚えた事柄は生徒の精神構造の中に組み込まれます。ですから、たえず応用するという習慣を生徒に守らせるべきなのです」（James 2008 [1899], p. 73）。

6　チェスの古典的研究 Chase and Simon 1973 によれば、チェス名人は長年の練習の結果、駒の配置などから解法パターンにすぐさま気づくため、試合で次の一手を直感的に思いつくという。また、Gobet et al. 2001, p. 236 ではチャンクを「他のチャンクの要素との関連性は弱く、同じチャンクの中では強く関連し合っている要素の集まり」と定義している。

7　Amidzic et al. 2001 ; Elo 1978 ; Simon 1974. Gobet and Simon 2000 に引用されているチャンクの数は 30 万個だ。

8　Gobet 2005. さらに、同論文ではある分野の専門知識・技術は別の分野に転移することはないと指摘している。たしかにスペイン語を使えるようになっても、ドイツのレストランでザウアークラウトを注文するときには役に立たない。しかし、新しい技能を習得しやすくするメタスキルは重要であり、ある言語の学習法を身につければ第二外国語をたやすくものにできる。

チェスなどの専門知識にしても増やすことで数学や科学の学習時に必要になるものと同じような神経構造を築くことができるだろう。チェスのルールを習い覚えるのに役立つ程度の単純な神経構造であろうと、洞察力が増す。

9　Beilock 2010, p. 77–78 ; White and Shah 2006.

10　同様の所見は Simonton 2009 にも載っている。

11　Carson et al. 2003 ; Ellenbogen et al. 2007 ; White and Shah 2011.

12　Bilali et al. 2007 によれば、IQ が 108 ～ 116〔指数 100 が平均値〕のチェスプレイヤーでも練習量が多いおかげで平均知能指数が 130 のエリートプレイヤおよび4つのR〔読み書き、暗唱、復習〕を指す「SQ4R」ともいう)。本書でもSQ3Rの要素は押さえているが、数学や科学の学習の中心は問題解決であり、SQ3Rの取り組み方は問題解決に向いていないため、この方法を必要以上に掘り下げるつもりはない。私と同意見の物理学教授ロナルド・アーロンらもこう述べている。「ある心理学の教科書ではSQ3Rを用いた学習を勧めている(後略)。また、講義ノートを効果的に取るやり方としては教材を前もって読むことなどを強調したLISANを推《お》している(後略)。しかし、いずれも役立つと自信を持って断言できるような方法ではないだろう。サンタクロースや復活祭のウサギの存在を頭から信じられないのと同じである」(Aaron and Aaron 1984, p. 2)。

11　手書きについての数少ない研究によれば、手で書くとタイピングよりも情報を吸収しやすいという。Rivard and Straw 2000、Smoker et al. 2009、Velay and Longcamp 2012を参照。

12　Cassilhas et al. 2012; Nagamatsu et al. 2013; van Praag et al. 1999.

13　Guida et al. 2012, p. 230; Leutner et al. 2009.

14　対照群の学生は記憶術ではなく、学習の意味探求を重視した文脈学習スタイルや自発的・自主的学習スタイルを利用している(Levin et al. 1992)。

15　Guida et al. 2012によれば、記憶術によりチャンキングと知識の構造化は加速されるため、一般の人も専門家のように長期記憶の一部を作動記憶として利用し、専門知識をすばやく身につけるという。

16　Noice and Noice 2007を引用しているBaddeley et al. 2009の376〜337ページを参照。

第12章　自分の能力を正しく判断しよう

1　Jin et al. 2014.

2　Partnoy 2012, p. 73. さらに、同書では直感や自意識について次のように指摘している。「無意識に取ろうとしている行動の理由でさえも把握できてしまえば、自然な自発性は損なわれる。また、自意識が強すぎると肝心なときに直感が働かないだろう。かといって、自意識を持たなければ直感を磨くことはできない。そこで、直感に頼らずに何かを決める際は、決定に至らしめた要因は何なのか数秒のうちにわからなければならないが、その要因に気づかないために不自然で無用な決定を下しやすい」(Partnoy 2012, p. 111)。

3　Klein 1999を引用しているPartnoy 2012, p. 72を参照。

4　被験者数は少ないものの、Klein and Klein 1981の分析結果がKlein 1999, p. 150に引用されている。

5　Baddeley et al. 2009, p. 363-365.

6　http://www.ted.com/talks/joshua_foer_feats_of_memory_anyone_can_do.html.

7　http://www.skillstoolbox.com/career-and-education-skills/learning-skills/memory-skills/mnemonics/applications-of-mnemonic-systems/how-to-memorize-formulas/.

8　空間能力の重要性については Kell et al. 2013 を参照。

第 11 章　記憶力アップの秘訣

1　19 世紀後期の物理学の比喩については Cat 2001 と Lützen 2005 を参照。化学と科学全般の比喩については Rocke 2010 のとくに第 11 章を参照。Gentner and Jeziorski 1993 でも科学の比喩を扱っている。イメージや視覚化は一般書の範囲を超えているため、『心的イメージ誌』などの学術誌を参照しよう。

2　南アフリカ出身の数理モデル化の第一人者・実業家エマニュエル・ダーマンもモデルは比喩だと述べている。「擬人化していえば、理論は誰にも頼らずに自身の言葉で世の中を論じなければならない。これに対し、モデルは他の人に依存して自立していない。モデルは比喩であり、注意の対象を、それとよく似たものになぞらえている。似ているといっても一部だけなので、モデルは物事を単純化し、世の中の範囲を狭めざるを得ない（後略）。要するに、あることの正体を教えるのが理論とすれば、モデルはそれがどのようなものかを伝えるにすぎないのである」（Derman 2011, p. 6）。

3　Solomon 1994.

4　Rocke 2010, p. xvi.

5　Ibid., p. 287. 同書の 353 ～ 356 ページに引用されている『酒好き化学会誌』は架空の「酒好き化学会」が 1886 年に発行した雑誌で、もちろん偽物だ。このパロディ版にベンゼン環のサルの絵が載っている。同誌は本物の学会誌『ドイツ化学会誌』の購読者に送られたが、何しろまがい物なので現在入手不可能である。

6　Rawson and Dunlosky 2011.

7　Dunlosky et al. 2013; Roediger and Pyc 2012. ある研究ではフラッシュカードを利用している学生は練習量を増やすことの利点は承知していても、練習の間隔を空けることの利点を理解していないため、間隔反復を実行していない（Wissman et al. 2012, p. 568）。

8　Morris et al. 2005.

9　Baddeley et al. 2009, p. 207-209.

10　アメリカの心理学者フランシス・プレザント・ロビンソン（1906 ～ 1983 年）がつくり上げた学習法に「SQ3R」がある（SQ3R は、概観と設問〔SQ〕

12　Baddeley et al. 2009, p. 378–379.

第9章　先延ばしのQ&A

1　Johansson 2012, chap. 7.

2　Boice 1996, p. 120; Fiore 2007 chap. 6.

3　Ibid., p. 125.

4　Amabile et al. 2002; Baer and Oldham 2006; Boice 1996, p. 66.

5　Rohrer et al. 2014.

6　Chi et al. 1981.

7　Noesner 2010.

8　Newport 2012の中でもとくに第1章「ルールその1——己の情熱に従わない」を参照。

9　Nakano et al. 2012.

10　Duhigg 2012, p. 137.

11　Newport 2012.

12　その他の考え方についてはEdelman 2012を参照。

第10章　記憶力を高めよう

1　世界記憶力選手権のような記憶力大会で抜きん出た記憶力を見せつけた人たちの脳はどうなっているのだろうか。構造的・機能的脳画像や神経心理学的検査を用いた研究（Maguire et al. 2003）では、並外れた記憶力の持ち主は知的能力がことの外優れているわけではなく、脳構造も一般の人と大差ない。ただし、ユニークなのは空間学習を利用していることで、記憶の中でもとくに空間記憶に必須の海馬などの脳領域を働かせている。一般の人が記憶術を知るきっかけとなったイギリスの作家・教育コンサルタントのトニー・ブザンの1991年の著書『完全無欠な記憶力を利用する』も参照。

2　記憶術は複雑すぎて利用しにくいように思えるかもしれない。しかし、「記憶の宮殿」などはごく自然な方法なので、重要な情報を思い出すのに役立つ（Maguire et al. 2003）。

3　Cai et al. 2013; Foer 2011. 前者の論文によれば、一方の大脳半球（左半球の場合が多い）が言語機能に特殊化していれば、他方の大脳半球でも同様の特殊化が起こり、視空間能力に優れているようだ。言い換えると、一方の大脳半球の機能分化が他方の大脳半球の機能分化を引き起こすのかもしれない。

4　Ross and Lawrence 1968.

8　日本の将棋は非常に込み入った戦略が必要なゲームだ。制限時間が一手30秒程度の早指しでは、2秒以内に最高の次の一手がひらめかなければならない。Wan et al. 2011では、この直感を生み出す神経回路を探っている。それによれば、頭頂葉の楔前部《けつぜんぶ》と大脳基底核の尾状核《びじょうかく》を結ぶ神経回路は瞬間的な無意識の習慣と関係があり、将棋のプロ棋士が最高の次の一手をすばやく思いつくときに必要なようだ。McClain 2011も参照。

9　Charness et al. 2005.

10　Karpicke et al. 2009; McDaniel and Callender 2008.

11　Fischer and Bidell 2006, p. 363-370.

12　心理学者ウィリアム・ジェームズの1890年の著書『心理学原理』を引用しているRoediger and Karpicke 2006を参照。

13　Beilock 2010, p. 54-57.

14　Karpicke and Blunt, 2011b; Mastascusa et al. 2011, chap. 6; Pyc and Rawson 2010; Roediger and Karpicke 2006; Rohrer and Pashler 2010. さまざまな学習法を詳述したDunlosky et al. 2013では有効性や幅広い適用性、利便性の点から試験を実施することは非常に有益だと高く評価している。

15　Keresztes et al. 2013によれば、試験を行うと広範な脳内ネットワークの活動パターンが安定してくるため、試験は長期学習を後押しするという。

16　Pashler et al. 2005.

17　Dunlosky et al. 2013, sec. 8; Karpicke and Roediger 2008; Roediger and Karpicke 2006.

第8章　先延ばし防止策

1　Allen 2001, p. 85-86.

2　Steel 2010, p. 182.

3　Beilock 2010, p. 162-165; Chiesa and Serretti 2009; Lutz et al. 2008.

4　瞑想の科学研究などの資料は大学黙想知識教育学会のウェブサイト http://www.acmhe.org/ に掲載。

5　Boice 1996, p. 59.

6　Ferriss 2010, p. 485.

7　Ibid., p. 487.

8　Fiore 2007, p. 44.

9　Scullin and McDaniel 2010.

10　Newport 2012; Newport 2006.

11　Fiore 2007, p. 82.

り合わせた略語「頭字語」のFBI（アメリカ連邦捜査局）やコンピュータメーカーＩＢＭ《アイビーエム》を知っているとしよう。その場合は共通点のないFBIIBMの6字をグループにまとめるより、FBIとIBMに分けて、この2つをチャンクにしたほうがずっと覚えやすい。もっとも、チャンキングが容易なのはFBIとIBMの意味を心得ているだけでなく、アルファベット自体の知識もあるためで、チベット語を知らなければབེ་ད་སྒད།.のような一連の文字を記憶するのは大変だ。教室での数学や科学の学習でも多少の専門知識を持って取り組み始めるが、学期末までに、チェスの初心者が名人になったくらいに専門知識が劇的に増えるわけではない。言い換えると、ある学科の講義を受け始めた当初と学期末ではチェスの初心者と名人ほど神経系の働きに大差がないのである。ただし、脳の情報処理の仕方は数週間足らずで専門家に近づいてくるようだ（Guida et al. 2012）。専門家は長期記憶に欠かせない側頭領域を優先的に利用している（Guida et al. 2012, p. 239）。とすれば、長期記憶にかかわっている神経構造を築き上げないと専門知識を習得するのがいっそう困難になる。だからといって、応用を無視した暗記一点張りの学習も問題が多い。どんな学習法であれ、単独での利用は誤用が起こりやすいものだ。学習も多様性があればこそ、人生は面白くなる！

2　一般に「インターリーブ」では別の解決策が必要な問題を挟み込むが、いきなり違う学科の学習を挿入した場合はどうなるだろうか。残念ながら該当する研究文献はまだないため（Roediger and Pyc 2012, p. 244）、インターリーブによる学習の多様化は常識の範囲内で行い、一般的な練習を始めるのが無難だろう。別の学科を挟んだときの学習効果は格好の研究テーマになりそうだ。

3　Kalbfleisch 2004.

4　以下はGuida et al. 2012, p. 236-237からの抜粋。長期記憶の検索手がかりとなる作動記憶のチャンクは「練習量と専門知識が増えるにつれて大きくなる（後略）。また、長期記憶の情報と関係してくるためにチャンクの内容は充実し始め、学習者が専門家になる頃には情報と結びついたチャンクの間で専門的な階層化が進んでいる（後略）。チェスのプロであれば、試合の進め方や指し手、戦術などに関連したチャンクが出来上がっているだろう（後略）。筆者らの研究では、専門分野で長期記憶のチャンクと知識構造が存在していれば、脳の機能的再編成が起こり、専門知識が獲得されたと判断することができる」。

5　Duke et al. 2009.

6　意図的練習が最も効果を挙げる状況についてはPachman et al. 2013. を参照。

7　Roediger and Karpicke 2006, p. 199.

ントは片づけるべき問題を先に延ばしている（後略）。うち約75パーセントは先延ばしを自覚し、およそ50パーセントでは先延ばしが常態となっている。先延ばしの絶対量は日常活動の3分の1以上を占めるほど多い。学生は遊んだり、居眠りをしたり、テレビを観たりして問題を先送りにしている（後略）。先延ばしの蔓延は大学生のみならず、一般人でも見受けられ、成人の約15～20パーセントに悪影響を及ぼしている」。

4 Ainslie and Haslam 1992; Steel 2007.

5 Lyons and Beilock 2012.

6 Emmett 2000.

7 習慣の影響力を取り上げたDuhigg 2012と同書に引用されているWeick 1984を参照。

8 Boice 1996, p. 118-119, p. 155.

9 Boice 1996, p. 176.

10 Tice and Baumeister 1997.

11 Boice 1996, p. 131.

第6章　ゾンビだらけ

1 McClain 2011; Wan et al. 2011.

2 Duhigg 2012, p. 274.

3 Oaten and Cheng 2006とOaten and Cheng 2007を引用しているSteel 2010, p. 190を参照。

4 Baumeister and Tierney 2011, p. 43-51.

5 Eisenberger 1992などを引用しているSteel 2010を参照。

6 Oettingen et al. 2005とOettingen et al. 2006にふれたSteel 2010の128～130ページを参照。

7 Beilock 2010, p. 34-35.

8 Ericsson et al. 2007.

9 Boice 1996, p. 18-22.

10 Paul 2013.

第7章　チャンキングと、ここぞというときに失敗すること

1 専門家を取り上げた文献のほとんどでは、長年の訓練や練習を経て専門技術を身につけた人も専門家に含めている。しかし、一口に専門家や専門技術、専門知識といってもさまざまなレベルがある。たとえば、各単語の文字を綴

た、学科による違いもある。たとえば、細胞間の情報伝達過程などを扱う学科の場合は、重要な概念を理解するときには「図式的な」取り組み方が向いているだろう。

31　Brown et al. 1989.

32　Johnson 2010, p. 110.

33　Baddeley et al. 2009, chap. 8.

34　『ニューヨーク・タイムズ』紙の記事の中で、カーネギーメロン大学人間・コンピュータ相互作用心理学科教授ケン・コーディンガーは学習時間についてこう述べている。「『最初は短時間情報にふれさせ、その後、時間間隔を徐々に延ばしていく。こうすれば、学生は教材内容を最大限記憶にとどめておくことができると思いますよ』。情報に接する時間割は、抽象的概念と具体的情報のように情報の種類によって異なるそうだ」（Paul 2012 から引用）。

35　Dunlosky et al. 2013, sec. 10 ; Roediger and Pyc 2012 ; Taylor and Rohrer 2010.

36　Rohrer and Pashler 2007.

37　時間間隔を置かずに続けて学習する「集中学習」は、教える側の錯覚を起こすようだ。学生はのみ込みが早いように見えるが、忘れるのも早いのである。「集中学習のうわべの効果にだまされて、教師や学生は長い目で見れば役に立たない方法を採り続けている。学習の効率を重視しすぎると集中学習のように楽に、すばやく学べる方法を採用したくなる。しかし、長期間記憶を保持するには間隔を置いたインターリーブ学習を利用すべきである。インターリーブの場合、当初は骨が折れるかもしれないが、長い間覚えていられるため、集中学習よりも望ましい」（Roediger and Pyc 2012, p. 244）。

38　Rohrer et al. 2014.

39　Rohrer and Pashler 2010, p. 406 によれば、「数学や科学の教科書に多種類の練習問題が挿入された例はきわめてまれだが、このインターリーブにより学習は著しく向上する」という。

40　2013 年 8 月 20 日にダグ・ローラーに取材。Carey 2012 も参照。

41　Longcamp et al. 2008.

42　他の記号の例は http://usefulshortcuts.com/alt-codes を参照。

第 5 章　ずるずると引き延ばさない

1　Emsley 2005, p. 103.

2　Chu and Choi 2005 ; Graham 2005 ; Partnoy 2012.

3　Steel 2007, p. 65 では、こう指摘している。「大学生の推定 80 ～ 95 パーセ者らが推薦する方法により基礎学習が身につき、概念や情報をよく記憶できるようになる。しかし、そういった取り組み方は創造的統合ではなく、『機械的学習』とか『たんなる暗記』などと批判する人もいる。なるほど教育は子どもたちの驚異の念や問題発見能力、創造力を育むべきだろうが、創造的になるにはしっかりした基礎知識が不可欠な分野もある。さまざまな概念や情報を理解したうえで思いどおりに駆使できなければ、どの学科でも学生は未知の事柄を発見しそうもない。概念や情報を学び取ることと創造的思考は必ずしも対立するものではなく、この 2 つは共生関係にある」。

20 Geary 2005, chap. 6; Johnson 2010.

21 Johnson 2010, p. 123.

22 Simonton 2004, p. 112.

23 同様の考えは科学界に共通するようだ。スペインの組織学者・病理解剖学者サンティアゴ・ラモン・イ・カハル（1852 ～ 1934 年）は、フランスの微生物学者・化学者エミール・デュクロ（1840 ～ 1904 年）の言葉を引用して「運はこれを望む者ではなく、受けるに足る者に開く」と述べ、さらにこうつけ加えている。「宝くじと同じように科学の世界でも幸運は大金を賭けた者に微笑む。これはすなわち、庭をせっせと耕している者が報われるということだ」（Ramón y Cajal 1999, p. 67-68）。フランスの化学者・細菌学者ルイ・パスツール（1822 ～ 1895 年）曰く「観察が主体の研究分野では、チャンスは準備のできた者にのみ訪れる」。また、ラテン系民族の格言は「好運は勇者に味方する」であるし、イギリス陸軍特殊部隊のモットーは「勇気ある者が勝つ」である。

24 Kounios and Beeman 2009 [1897]; Ramón y Cajal 1999, p. 5.

25 Rocke 2010.

26 Thurston 1990, p. 846-847.

27 専門知識を深めることについては基礎的研究の Ericsson 2009 を、才能を伸ばす一般的な方法については Coyle 2009 や Greene 2012、Leonard 1991 を参照。

28 Karpicke and Blunt 2011a; Karpicke and Blunt 2011b. さらに詳しく知りたい人は Guida et al. 2012, p. 239 も参照。

29 興味深いことに脳画像研究によれば、記憶のコード化段階〔記銘〕では左前頭前野がさかんに活動するのに対し、記憶を想起する検索過程では右前頭前野が活発になるようだ（Cook 2002, p. 37）。ひょっとして、覚え込んだ事柄を思い出すことにより概念地図法のように考えがつながり始めるかもしれない。これについては Geary et al. 2008 の第 4 章 6 ～ 7 ページを参照。

30 もちろん、概念地図がすでに出来上がっていて、ある情報が概念地図に含まれているかどうか教科書の内容を思い出すよういわれたなら話は別だ。ま

8　Baddeley et al. 2009, p. 101–104.

9　トップダウン式学習の「全体像」は、「認知的雛型」と考えることができるかもしれない（Guida et al. 2012, sec. 3.1）。数学や科学の学習から生まれる雛型はチェスの定跡ほど明確ではない。また、チャンキングの所要時間が一般に短いのに対し、脳の機能的再編成を伴う雛型の場合は出来上がるまで5週間以上かかるようだ（Guida et al. 2012）。スキーマ〔認知的枠組み〕についてはCooper and Sweller 1987とMastascusa et al. 2011, p. 23–43を、専門知識を増やす際のスキーマについてはBransford et al. 2000, chap. 2を参照。予備知識は学習に役立つ反面、スキーマの変更を困難にするため、学習の障害にもなる。大学生が物理学の基本概念を思い違えているのが好例で、誤って根づいた考えはなかなか改まらない（Hake 1998; Halloun and Hestenes 1985）。ただし、間違った「運動量に関する概念は変化しにくいとはいえ、学習者がこれを枠組みとして利用すれば、別の相反する情報を解釈しやすくなる」ようだ（Pintrich et al. 1993, p. 170）。

10　Geary et al. 2008, chap. 4, p. 6–7; Karpicke 2012; Karpicke et al. 2009; Karpicke and Grimaldi 2012; Kornell et al. 2009; Roediger and Karpicke 2006. また、McDaniel and Callender 2008とRoediger and Butler 2011では検索練習を概説している。

11　Karpicke et al. 2009, p. 471. 能力の低い人が実際以上に自分の能力を高く評価する「ダニング－クルーガー効果」についてはDunning et al. 2003; Kruger and Dunning 1999; Ehrlinger et al. 2008; Burson et al. 2006を参照。

12　Baddeley et al. 2009, p. 111.

13　Dunlosky et al. 2013, sec. 4.

14　Longcamp et al. 2008.

15　Dunlosky et al. 2013, sec. 7.

16　専門家は長期記憶を活用することで作動記憶の容量を増やしている（Guida et al. 2012）。また、数学の問題解決では作動記憶の少ない容量がネックとなるが、自動的に行えるまで練習することによりこの限界を超えられるようだ（Geary et al. 2008, chap. 4, p. 5）。

17　達人メイラン・クラウスが考案した綴り替えゲームの答えは“Madame Curie”（キュリー夫人）。http://www.fun-with-words.com/anag_names.htmlを参照。

18　解答や解法を参照したときに起こる学習能力の錯覚と綴り替えが困難なことは関係があるようだ（Karpicke et al. 2009）。

19　Henry and Pyc 2012, p. 243ではこう指摘している。「高校教師や大学の教育学部教授は、生徒・学生の創造力が乏しいのではないかと心配している。筆

25 Ji and Wilson 2006; Oudiette et al. 2011.

26 Ellenbogen et al. 2007. 拡散モードは、いくぶんぼんやりして気が散りやすい「潜在制止」の低下とも関係があるかもしれない（Carson et al. 2003）。とすれば、文章を読んでいる途中で別のことを考え出す人は拡散モードに移って創造的になる見込みがあるわけだ！

27 Erlacher and Schredl 2010.

28 Wamsley et al. 2010.

第４章　情報はチャンクにして記憶し、実力がついたと錯覚しない

1 Luria1968.

2 Beilock 2010, p. 151-154.

3 前頭前野皮質のコントロールが弱まる拡散モードでは、何かに集中的注意を払っているわけではない。ところが、子どもはこの拡散モードも利用して学習することができる（Thompson-Schill et al. 2009）。それで子どもは大人ほど集中モードに頼らなくとも初めて耳にした言語を楽に習得できるのかもしれない。もっとも、２〜７歳頃の小児期早期以降に母語以外の言語を学ぶには集中的学習がある程度必要だろう。

4 Guida et al. 2012, sec. 8. 脳のチャンキングの好例がある。最近の研究では、運動コントロールなどに当たっている大脳基底核のニューロンが個々の行動要素を信号で伝えることにより一連の行動が起こるのである（Jin et al. 2014）。これはまさにチャンキングの真髄だ。朝の身支度の場合でいえば、大脳基底核のニューロンはパジャマを脱いでスーツに着替えるまでの行動をチャンクにしているわけである。論文執筆者の１人、ポルトガルの神経科学者ルイ・M・コスタには200万ユーロものチャンキング・メカニズム研究の補助金が認められた。今後の進展に注目したい。

5 Brent and Felder 2012; Sweller et al. 2011, chap. 8.

6 Guida et al. 2012, p. 235によれば、チャンクにまとまるのは集中的注意の賜物だが、チャンキングの際は前頭前野がかかわっている作動記憶が最初に働くという。出来上がったチャンクは本人の専門知識が増えるにつれ、側頭葉と関係のある長期記憶に移っていく。また、長期記憶の１つ「エピソード記憶」〔個人的な出来事の記憶〕の表象には、いろいろな脳領域からの知覚・文脈情報を統合するガンマ振動やシータ振動が必要になる（Nyhus and Curran 2010）。子どもが算数の問題を解くときの記憶検索の容易性や流暢性についてはCho et al. 2012の脳画像研究を参照。

7 Baddeley et al. 2009, chap. 6; Cree and McRae 2003.

概説している。

10　エジソンが書き留めたか、あるいは語った内容についてはいろいろな意見がある。http://quoteinvestigator.com/2012/07/31/edison-lot-results/ を参照。

11　Andrews-Hanna 2012; Raichle and Snyder 2007.

12　Rohrer and Pashler 2010, p. 406 では次のように指摘している。「学習の時間的力学の最新の分析結果を見ると、学習効果が最も長く続くのは通常の教育現場よりはるかに長期にわたって学習時間が分散している場合である」。この分析結果が集中モードと拡散モードを交互に繰り返した場合にも当てはまり、学習効果が実証されるかどうかは今後の重要な研究課題になる。Immordino-Yang et al. 2012 を参照。

13　Baumeister and Tierney 2011.

14　運動などで気分転換を図れば、「ああ、そうか！」と問題の解き方を思いつきやすくなるかもしれない。リストに挙げたのは、私がこのように推測した中で拡散モード思考をいちばん促しそうな活動であることを断っておきたい。

15　Bilalić et al. 2008.

16　Nakano et al. 2012.

17　Kounios and Beeman 2009, p. 212.

18　Dijksterhuis et al. 2006.

19　長期記憶よりも保持時間が圧倒的に短い短期記憶の情報は頭の中で繰り返し考えたり、復唱したりといった「リハーサル」を受けていない。作動記憶はこの短期記憶の一種であり、注意の集中や活発な情報処理が特徴である（Baddeley et al. 2009）。

20　Cowan 2001.

21　2つの記憶システムと関係のある脳領域を挙げると、前頭葉と頭頂葉の部分的に重なり合う領域は長期記憶と作動記憶の両方にかかわっているのに対し、内側側頭葉はもっぱら長期記憶にかかわっている。Guida et al. 2012, p. 225–226 と Dudai 2004 を参照。

22　Baddeley et al. 2009, p. 71–73; Carpenter et al. 2012.「間隔反復」は「分散練習」ともいう。分散練習については Dunlosky et al. 2013, sec. 9 の概説が秀逸だ。残念ながら数学教師の多くは「過剰学習」によって長期間記憶できると考え、同じような問題を生徒や学生に課している。しかし、似たり寄ったりの問題の反復練習を続けても長期的効果はほとんど期待できない（Rohrer and Pashler 2007）。

23　Xie et al. 2013.

24　Stickgold and Ellenbogen 2008.

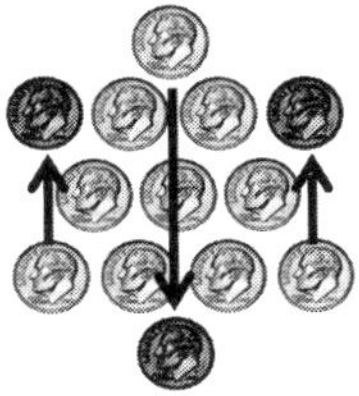

図 57

第3章　学ぶこととは創造すること

1　機能的脳距離説によれば、機能的に似通った脳領域を使う2つの課題に一時に取り組むと、脳領域はそれぞれ干渉し合うため、いずれの課題も不十分な仕上がりになるという（Kinsbourne and Hiscock 1983）。たしかに片方の大脳半球の同じ領域を用いる同時進行課題の結果は散々だ（Bouma 1990, p. 122）。一方、拡散モードの情報処理は1つに集中しないため、この思考モードにあるときは一度に複数の課題を扱えるかもしれない。

2　Gruber 1981 を引用した Rocke 2010, p. 316 を参照。

3　Ibid., p. 3–4.

4　Kaufman et al. 2010. の認知的脱抑制説にふれた 222 ～ 224 ページをとくに参照。Takeuchi et al. 2012.

5　エジソンの伝説化した話の出所を調べようと思い、トマス・エジソン国立歴史公園の文書係レナード・デグラーフと連絡を取った。以下はデグラーフの説明だ。「ボールを手に持ってうたた寝したというエジソンの話は私も知っていますが、それを裏づける資料を一度も見たことはないのです。その話の出所も不明です。思うに、ある程度事実でしょうが、そのうちにエジソンの『神話』になった逸話の1つということではないでしょうか」。

6　Dalí 1948, p. 36.

7　Gabora and Ranjan 2013, p. 19.

8　「この文章は文法的に正しい」といった自己言及の研究の中で、ペンシルベニア州立スリッパリーロック大学心理学准教授クリストファー・リー・ニーバウアーは対象とメタレベルの思考の違いにふれている（Niebauer and Garvey 2004）。コラム「やってみよう！」の英文の3つ目の逆説的な誤りは文そのものにある。2つのスペルミス以外に単語や文法に誤りはなく、「この文には3つの間違いがある」という文自体が間違っている。

9　Kapur and Bielczyc 2012 では問題解決の際のミスがいかに重要か、手際よく

11　Schoenfeld 1992 によれば、「なじみのない問題に取り組んでいる大学生と高校生を撮った 100 本以上のビデオテープを分析すると、問題解決の試みの約 60 パーセントは『問題を読み、すばやく決断し、何が起ころうとも同じ道筋を突き進む』たぐい」だという。学生らの姿は、最もまずい集中モード思考の特徴をとらえているようだ。

12　Goldacre 2010.

13　Gerardi et al. 2013.

14　左右両半球の機能差は重要な点ではあるが、心理学者ノーマン・D・クックの次の異論も心に留めておきたい。「潜在意識や創造性、超心理学的現象（心霊現象）など人間心理のありとあらゆる謎を左右両半球の機能差から説明しようとする動きが 1970 年代に見られたが、その多くは事実に反していたうえ、その後の反動も行き過ぎていた」（Cook 2002, p. 9）。

15　Demaree et al. 2005 ; Gainotti 2012.

16　McGilchrist 2010 ; Mihov et al. 2010.

17　Nielsen et al. 2013.

18　Immordino-Yang et al. 2012.

19　三角形を組み合わせて正方形をつくる問題は、de Bono 1970 の別の配置からヒントを得た。エドワード・デボノの 1970 年の名著『水平思考』にはこういった問題が豊富にあり、一読する価値がある。

20　思考モードの場合と同じように、情報は左右両半球間を往復する。たとえば、実験で苦い味つけのビーズを誤ってついばまないようひな鳥が学習するときには、左右両半球間で記憶痕跡〔記憶に保持されている情報〕の複雑な処理が何時間にもわたって行われる（Güntürkün 2003）。

また、大脳両半球の機能差（ラテラリティ、側性化）については次のような意見がある。「被験者が課題に取り組む際に側性化のパターンが認められたからといって、同じ半球が情報の全処理段階で優位にあるというわけではない。情報処理のある段階では右半球が、別の段階では左半球が機能的に優位に立つだろう。1 つの課題でどちらの半球が優位に立つかは、特定の情報処理段階の難易度によって決まるようだ」（Bouma 1990, p. 86）。

21　次の図 57 のようにコインを移動させれば、逆三角形になる。

がら同じ規則を何度も利用します。このように最初に数や演算の機械的な扱い方を勉強することから、私は『指標的学習』と呼んでいます。学校側の思惑どおりにうまくいって生徒がほとんど無意識に計算できるようになれば、演算に『隠された』抽象的共通点に気づくかもしれません。そうなると、機械的に覚えたことと抽象的共通点を組み合わせたり、数や演算を扱ううえでの抽象的な類似点があれば、それを記憶したりしながら既存の知識を整理し直すことになります。こういった抽象化の段階は生徒には非常に難しいのですが、微積分学を理解するときにも共通の性質や特徴を引き出して把握するという高度な抽象化が必要になります。微分法の場合は再帰的割り算と、積分法は再帰的掛け算と考えていいでしょう。微分も積分も、0に収束する変数、無限小になるまで延々と計算することができます。演算を果てしなく続けると何が起こるか。これを予測できる能力があれば、古代ギリシアの哲学者ゼノンの唱えた『ゼノンの逆説』を解くことができるでしょうね〔一例が『飛ぶ矢は静止している』〕。予測することの難しさに加えて、記号の問題があります。無限再帰の演算は書き始めるときりがないので、今ではライプニッツ派の形式主義を利用して微分記号（$\frac{dx}{dt}$）や、微積分法を確立したドイツの哲学者・数学者ゴットフリート・ヴィルヘルム・ライプニッツ（1646～1716年）の考案した積分記号∫で無限再帰を短くまとめています。そのため、微積分学の記号は物理学の記号が表しているものほどアイコン的ではないのです。いうなれば、微積分の演算記号が表す内容は記号自体によっても暗号化されているわけです。

人類は物体の扱いに長けるよう知的能力を伸ばしてきたので、暗号化に弱い。しかし、数学は記号を多用した『暗号化』の一形態であるし、組み合わせの問題があるために暗号解読も難しい過程をたどります。要するに、人間が進化させた能力に委細構わず暗号化は数学につきものであり、それゆえ方程式の解読も困難ということです。

数学の方程式は暗号文といえますから、方程式の意味内容を知るには暗号を解く鍵を見つけなければなりません。それでも、高等数学は元来厄介なもので、教授しにくい。それを教育制度や教師が悪いのだと非難したり、人類進化のせいにしたりするのは少々お門違いです」（2013年7月11日にテレンス・W・ディーコンに取材）。

9　Bilalić et al. 2008.

10　Geary 2011. http://www.learner.org/resources/series28.html?pop=yes&pid=9 で視聴できる画期的なドキュメンタリー『プライベートな世界』も参照。このドキュメンタリーがきっかけとなって科学の学習で起こりがちな思い違いの研究がぐんと増えた。

意が関心の対象から離れている間は非集中的活動が続く。そこで、本書で取り上げる拡散モードは「安静状態の脳活動」というより、学習のための「非集中的モードの脳活動」といえそうだ。

4　第4章「情報はチャンクにして記憶し、実力がついたと錯覚しない」の「注意のタコ」の比喩でふれるとおり、集中モードでは遠く離れた脳部位とも密につながる。

5　集中モードと同様、拡散モードでも前頭前野皮質が必要になるかもしれない。しかし、拡散モードのときには脳のいたるところでニューロンがつながり、とりとめのない考えはそれとは関係がなさそうなニューロン間接合部（シナプス）から伝わっていくことも少なくないだろう。

6　アメリカの心理学者・関西大学教授ノーマン・D・クックによれば、「人間心理の中心教義」は次の2点が要という。1つは左右両半球間の情報の流れで、もう1つは言語コミュニケーションに使われる手などの末端効果器と「優位半球」（この場合は左半球）間の情報の流れである（Cook 1989, p. 15）。ただし、左半球と右半球の違いを強調するあまり、極端な推論やばかげた結論が相次いで発表されたことを忘れてはならないだろう（Efron 1990）。

7　2011年度の「全国学生活動調査」では、勉強時間が最も長い大学生は工学専攻の4年生で、講義の予習時間は1週間につき平均18時間だ。次に週平均15時間の教育学専攻の4年生と、平均14時間の社会科学および経営学専攻の4年生が続く。イリノイ大学アーバナ・シャンペーン校工学部名誉教授デイヴィッド・E・ゴールドバーグは『ニューヨーク・タイムズ』紙の記事「なぜ科学専攻の学生は気が変わるのか（とにかくめちゃくちゃ厳しい）」の中でこう述べている。落第すると「数学と科学の死の行進」が始まり、学生は微積分学や物理学、化学を猛勉強しなければならない（Drew 2011）。落第を免れようと、毎日長時間勉強するわけである。

8　Geary 2005の第6章では数学的思考を進化の面から考察している。

当然ながら抽象概念を表した用語の多くは数学とは無関係だ。しかし、意外にも「愛情」など少なからぬ数の抽象語は感情と関係があるため、言葉の意味をはっきりと理解できないものでも重要な点を感じ取ることができる。

数学の暗号化や暗号解読の問題に固有の複雑さについては、『ヒトはいかにして人となったか――言語と脳の共進化』〔金子隆芳訳、新曜社、1999年〕の著者で人類学者・神経科学者テレンス・W・ディーコンがこう説明してくれる。「再帰的引き算（ある数で何回引くことができるか、つまり割り算のこと）のたぐいの珍妙な数学的概念に初めてぶつかった頃のことを思い浮かべてください。抽象概念の学校での教え方は単純です。数や演算を扱うときの一連の規則を生徒に学ばせるのです。あとはいろいろな数字を当てはめな

原　註

第1章　扉を開けよう

1　バージニア大学心理学教授ティモシー・ウィルソンが2011年の著書『方向転換』の中で述べているとおり、失敗から成功に転じた物語は役立つ。数学音痴だったかつての私のような、学生の否定的な身の上話を改めることも本書の狙いの1つだ。ものの見方を変えたり、考えを発展させたりすることの重要性についてはDweck 2006を参照。

2　Sklar et al. 2012; Root-Bernstein and Root-Bernstein 1999, chap. 1.

第2章　ゆっくりやろう

1　安静状態のネットワークの1つで一休みしたり、ぼんやりしていたりするときに活発に活動する脳領域のネットワーク「デフォルト・モード・ネットワーク」の詳細についてはAndrews-Hanna 2012、Raichle and Snyder 2007、Takeuchi et al. 2011を参照。Moussa et al. 2012では安静状態のネットワークを概説している。また、カリフォルニア大学バークレー校心理学教授ブルース・マンガンは、別の切り口からアメリカの心理学者・哲学者ウィリアム・ジェームズ（1842～1910年）の意識の曖昧な部分「辺縁」（フリンジ）論にこう補足している。「意識が『交替』することもある。一時的ながら辺縁が前面に現れ、意識の中核をなすのである」（Cook 2002, p. 237; Mangan 1993）。

2　Immordino-Yang et al. 2012.

3　地中海の島国マルタ生まれの心理学者で創造性研究の第一人者エドワード・デボノ（1933年～）が述べた「垂直思考」と「水平思考」は、本書の「集中モード思考」と「拡散モード思考」におおよそ該当する（de Bono 1970）。

私見をいえば、集中モードの状態にありながら拡散モードがひそかに作用することもある。しかし、ある研究結果では前述のデフォルト・モード・ネットワークは集中モード時では不活発になる。一体どうなっているのだろう。学習者であった私自身の経験をふまえると、勉強に専念しているときでも注

(2013): 373–377.

——. "Failing to deactivate: The association between brain activity during a working memory task and creativity." *NeuroImage* 55, 2 (2011): 681–687.

Taylor, K, and D Rohrer. "The effects of interleaved practice." *Applied Cognitive Psychology* 24, 6 (2010): 837–848.

Thomas, C, and CI Baker. "Teaching an adult brain new tricks: A critical review of evidence for training-dependent structural plasticity in humans." *NeuroImage* 73 (2013): 225–236.

Thompson-Schill, SL, et al. "Cognition without control: When a little frontal lobe goes a long way." *Current Directions in Psychological Science* 18, 5 (2009): 259–263.

Tice, DM, and RF Baumeister. "Longitudinal study of procrastination, performance, stress, and health: The costs and benefits of dawdling." *Psychological Science* 8, 6 (1997): 454–458.

Thurston, W P. "Mathematical education." *Notices of the American Mathematical Society* 37, 7 (1990): 844–850.

University of Utah Health Care Office of Public Affairs. "Researchers debunk myth of 'right-brain' and 'left-brain' personality traits." 2013. http://healthcare.utah.edu/publicaffairs/news/current/08-14-13_brain_personality_traits.html.

Van Praag, H, et al. "Running increases cell proliferation and neurogenesis in the adult mouse dentate gyrus." *Nature Neuroscience* 2, 3 (1999): 266–270.

Velay, J-L, and M Longcamp. "Handwriting versus typewriting: Behavioural and cerebral consequences in letter recognition." In *Learning to Write Effectively*, edited by M Torrance et al. Bradford, UK: Emerald Group, 2012: 371–373.

Wamsley, EJ, et al. "Dreaming of a learning task is associated with enhanced sleep-dependent memory consolidation." *Current Biology* 20, 9 (2010): 850–855.

Wan, X, et al. "The neural basis of intuitive best next-move generation in board game experts." *Science* 331, 6015 (2011): 341–346.

Weick, KE. "Small wins: Redefining the scale of social problems." *American Psychologist* 39, 1 (1984): 40–49.

White, HA, and P Shah. "Creative style and achievement in adults with attention-deficit/hyperactivity disorder." *Personality and Individual Differences* 50, 5 (2011): 673–677.

——. "Uninhibited imaginations: Creativity in adults with attention-deficit/hyperactivity disorder." *Personality and Individual Differences* 40, 6 (2006): 1121–1131.

Wilson, T. *Redirect*. New York: Little, Brown, 2011.

Wissman, KT, et al. "How and when do students use flashcards?" *Memory* 20, 6 (2012): 568–579.

Xie, L, et al. "Sleep drives metabolite clearance from the adult brain." *Science* 342, 6156

Ross, J, and KA Lawrence. "Some observations on memory artifice." *Psychonomic Science* 13, 2 (1968): 107–108.

Schoenfeld, AH. "Learning to think mathematically: Problem solving, metacognition, and sense-making in mathematics." In *Handbook for Research on Mathematics Teaching and Learning*, edited by D Grouws. 334–370, New York: Macmillan, 1992.

Schutz, LE. "Broad-perspective perceptual disorder of the right hemisphere." *Neuropsychology Review* 15, 1 (2005): 11–27.

Scullin, MK, and MA McDaniel. "Remembering to execute a goal: Sleep on it!" *Psychological Science* 21, 7 (2010): 1028–1035.

Shannon, BJ, et al. "Premotor functional connectivity predicts impulsivity in juvenile offenders." *Proceedings of the National Academy of Sciences* 108, 27 (2011): 11241–11245.

Shaw, CA, and JC McEachern, eds. *Toward a Theory of Neuroplasticity*. New York: Psychology Press, 2001.

Silverman, L. *Giftedness* 101. New York: Springer, 2012.

Simon, HA. "How big is a chunk?" *Science* 183, 4124 (1974): 482–488.

Simonton, DK. *Creativity in Science*. New York: Cambridge University Press, 2004.

——. *Scientific Genius*. New York: Cambridge University Press, 2009.

Sklar, AY, et al. "Reading and doing arithmetic nonconsciously." *Proceedings of the National Academy of Sciences* 109, 48 (2012): 19614–19619.

Smoker, TJ, et al. "Comparing memory for handwriting versus typing." In *Proceedings of the Human Factors and Ergonomics Society Annual Meeting*, 53 (2009): 1744–1747.

Solomon, I. "Analogical transfer and 'functional fixedness' in the science classroom." *Journal of Educational Research* 87, 6 (1994): 371–377.

Spear, LP. "Adolescent neurodevelopment." *Journal of Adolescent Health* 52, 2 (2013): S7–S13.

Steel, P. "The nature of procrastination: A meta-analytic and theoretical review of quintessential self-regulatory failure." *Psychological Bulletin* 133, 1 (2007): 65–94.

——. *The Procrastination Equation*. New York: Random House, 2010.（『ヒトはなぜ先延ばしをしてしまうのか』ピアーズ・スティール著、池村千秋訳、CCC メディアハウス、2012 年）

Stickgold, R, and JM Ellenbogen. "Quiet! Sleeping brain at work." *Scientific American Mind* 19, 4 (2008): 22–29.

Sweller, J, et al. *Cognitive Load Theory*. New York: Springer, 2011.

Takeuchi, H, et al. "The association between resting functional connectivity and creativity." *Cerebral Cortex* 22, 12 (2012): 2921–2929.

Mathematics. 2012. http://www.whitehouse.gov/sites/default/files/microsites/ostp/pcast-engage-to-excel-final_feb.pdf

Pyc, MA, and KA Rawson. "Why testing improves memory: Mediator effectiveness hypothesis." *Science* 330, 6002 (2010): 335-335.

Raichle, ME, and AZ Snyder. "A default mode of brain function: A brief history of an evolving idea." *NeuroImage* 37, 4 (2007): 1083-1090.

Ramachandran, VS. *Phantoms in the Brain*. New York: Harper Perennial, 1999.（『脳のなかの幽霊』V・S・ラマチャンドラン／サンドラ・ブレイクスリー著、山下篤子訳、角川文庫、2011 年）

Ramón y Cajal, S. *Advice for a Young Investigator*. Translated by N Swanson and LW Swanson. Cambridge, MA: MIT Press, 1999 [1897].

——. *Recollections of My Life*. Cambridge, MA: MIT Press, 1937. Originally published as Recuerdos de Mi Vida, translated by EH Craigie (Madrid, 1901-1917).

Rawson, KA, and J Dunlosky. "Optimizing schedules of retrieval practice for durable and efficient learning: How much is enough?" *Journal of Experimental Psychology: General* 140, 3 (2011): 283-302.

Rivard, LP, and SB Straw. "The effect of talk and writing on learning science: An exploratory study." *Science Education* 84, 5 (2000): 566-593.

Rocke, AJ. *Image and Reality*. Chicago: University of Chicago Press, 2010.

Roediger, HL, and AC Butler. "The critical role of retrieval practice in long-term retention." *Trends in Cognitive Sciences* 15, 1 (2011): 20-27.

Roediger, HL, and JD Karpicke. "The power of testing memory: Basic research and implications for educational practice." *Perspectives on Psychological Science* 1, 3 (2006): 181-210.

Roediger, HL, and MA Pyc. "Inexpensive techniques to improve education: Applying cognitive psychology to enhance educational practice." *Journal of Applied Research in Memory and Cognition* 1, 4 (2012): 242-248.

Rohrer, D, Dedrick, R F, and K Burgess. "The benefit of interleaved mathematics practice is not limited to superficially similar kinds of problems." *Psychonomic Bulletin & Review* 21, 5 (2014): 1323-1330.

Rohrer, D, and H Pashler. "Increasing retention without increasing study time." *Current Directions in Psychological Science* 16, 4 (2007): 183-186.

——. "Recent research on human learning challenges conventional instructional strategies." *Educational Researcher* 39, 5 (2010): 406-412.

Root-Bernstein, RS, and MM Root-Bernstein. *Sparks of Genius*. New York: Houghton Mifflin, 1999.

Oaten, M, and K Cheng. "Improvements in self-control from financial monitoring." *Journal of Economic Psychology* 28, 4 (2007) : 487–501.

Oettingen, G, et al. "Turning fantasies about positive and negative futures into self-improvement goals." *Motivation and Emotion* 29, 4 (2005) : 236–266.

Oettingen, G, and J Thorpe. "Fantasy realization and the bridging of time." In *Judgments over Time : The Interplay of Thoughts, Feelings, and Behaviors*, edited by Sanna, LA and EC Chang, 120–142. New York : Oxford University Press, 2006.

Oudiette, D, et al. "Evidence for the re-enactment of a recently learned behavior during sleepwalking." *PLOS ONE* 6, 3 (2011) : e18056.

Pachman, M, et al. "Levels of knowledge and deliberate practice." *Journal of Experimental Psychology* 19, 2 (2013) : 108–119.

Partnoy, F. *Wait*. New York : Public Affairs, 2012.（『すべては「先送り」でうまくいく――意思決定とタイミングの科学』フランク・パートノイ著、上原裕美子訳、ダイヤモンド社、2013 年）

Pashler, H, et al. "When does feedback facilitate learning of words?" *Journal of Experimental Psychology : Learning, Memory, and Cognition* 31, 1 (2005) : 3–8.

Paul, AM. "The machines are taking over." *New York Times*, September 14 (2012). http://www.nytimes.com/2012/09/16/magazine/how-computerized-tutors-are-learning-to-teach-humans.html?pagewanted=all.

——. "You'll never learn! Students can't resist multitasking, and it's impairing their memory." *Slate*, May 3 (2013). http://www.slate.com/articles/health_and_science/science/2013/05/multitasking_while_studying_divided_attention _and_technological_gadgets.3.html.

Pennebaker, JW, et al. "Daily online testing in large classes : Boosting college perfor-mance while reducing achievement gaps." *PLOS ONE* 8, 11 (2013) : e79774.

Pert, CB. *Molecules of Emotion*. New York : Scribner, 1997.

Pesenti, M, et al. "Mental calculation in a prodigy is sustained by right prefrontal and medial temporal areas." *Nature Neuroscience* 4, 1 (2001) : 103–108.

Pintrich, PR, et al. "Beyond cold conceptual change : The role of motivational beliefs and classroom contextual factors in the process of conceptual change." *Review of Educational Research* 63, 2 (1993) : 167–199.

Plath, S. *The Bell Jar*. New York : Harper Perennial, 1971.（『ベル・ジャー』シルヴィア・プラス著、青柳祐美子訳、河出書房新社、2004 年）

Prentis, JJ. "Equation poems." *American Journal of Physics* 64, 5 (1996) : 532–538.

President's Council of Advisors on Science and Technology. *Engage to Excel : Producing One Million Additional College Graduates with Degrees in Science, Technology, Engineering, and*

407.
Morris, PE, et al. "Strategies for learning proper names: Expanding retrieval practice, meaning and imagery." *Applied Cognitive Psychology* 19, 6 (2005): 779–798.
Moussa, MN, et al. "Consistency of network modules in resting-state fMRI connectome data." *PLOS ONE* 7, 8 (2012): e49428.
Mrazek, M, et al. "Mindfulness training improves working memory capacity and GRE performance while reducing mind wandering." *Psychological Science* 24, 5 (2013): 776–781.
Nagamatsu, LS, et al. "Physical activity improves verbal and spatial memory in adults with probable mild cognitive impairment: A 6-month randomized controlled trial." *Journal of Aging Research* (2013): 861893.
Nakano, T, et al. "Blink-related momentary activation of the default mode network while viewing videos." *Proceedings of the National Academy of Sciences* 110, 2 (2012): 702–706.
National Survey of Student Engagement. *Promoting Student Learning and Institutional Improvement: Lessons from NSSE at 13.* Bloomington: Indiana University Center for Postsecondary Research, 2012.
Newport, C. *How to Become a Straight-A Student.* New York: Random House, 2006.
——. *So Good They Can't Ignore You.* New York: Business Plus, 2012.
Niebauer, CL, and K Garvey. "Gödel, Escher, and degree of handedness: Differences in interhemispheric interaction predict differences in understanding self-reference." *Laterality: Asymmetries of Body, Brain and Cognition* 9, 1 (2004): 19–34.
Nielsen, JA, et al. "An evaluation of the left-brain vs. right-brain hypothesis with resting state functional connectivity magnetic resonance imaging." *PLOS ONE* 8, 8 (2013).
Noesner, G. *Stalling for Time.* New York: Random House, 2010.
Noice, H, and T Noice. "What studies of actors and acting can tell us about memory and cognitive functioning." *Current Directions in Psychological Science* 15, 1 (2006): 14–18.
Nyhus, E, and T Curran. "Functional role of gamma and theta oscillations in episodic memory." *Neuroscience and Biobehavioral Reviews* 34, 7 (2010): 1023–1035.
Oakley, BA. "Concepts and implications of altruism bias and pathological altruism." *Proceedings of the National Academy of Sciences* 110, Supplement 2 (2013): 10408–10415.
Oakley, B, et al. "Turning student groups into effective teams." *Journal of Student Centered Learning* 2, 1 (2003): 9–34.
Oaten, M, and K Cheng. "Improved self-control: The benefits of a regular program of academic study." *Basic and Applied Social Psychology* 28, 1 (2006): 1–16.

Leutner, D, et al. "Cognitive load and science text comprehension: Effects of drawing and mentally imaging text content." *Computers in Human Behavior* 25 (2009): 284–289.

Levin, JR, et al. "Mnemonic vocabulary instruction: Additional effectiveness evidence." *Contemporary Educational Psychology* 17, 2 (1992): 156–174.

Longcamp, M, et al. "Learning through hand-or typewriting influences visual recognition of new graphic shapes: Behavioral and functional imaging evidence." *Journal of Cognitive Neuroscience* 20, 5 (2008): 802–815.

Luria, AR. *The Mind of a Mnemonist*. Translated by L Solotaroff. New York: Basic Books, 1968.（『偉大な記憶力の物語――ある記憶術者の精神生活』A・R・ルリヤ著、天野清訳、岩波現代文庫、2010 年）

Lutz, A, et al. "Attention regulation and monitoring in meditation." *Trends in Cognitive Sciences* 12, 4 (2008): 163.

Lützen, J. *Mechanistic Images in Geometric Form*. New York: Oxford University Press, 2005.

Lyons, IM, and SL Beilock. "When math hurts: Math anxiety predicts pain network activation in anticipation of doing math." *PLOS ONE* 7, 10 (2012): e48076.

Maguire, EA, et al. "Routes to remembering: The brains behind superior memory." *Nature Neuroscience* 6, 1 (2003): 90–95.

Mangan, BB. "Taking phenomenology seriously: The 'fringe' and its implications for cognitive research." *Consciousness and Cognition* 2, 2 (1993): 89–108.

Mastascusa, EJ, et al. *Effective Instruction for STEM Disciplines*. San Francisco: Jossey-Bass, 2011.

McClain, DL. "Harnessing the brain's right hemisphere to capture many kings." *New York Times*, January 24 (2011). http://www.nytimes.com/2011/01/25/science/25chess.html?_r=0.

McCord, J. "A thirty-year follow-up of treatment effects." *American Psychologist* 33, 3 (1978): 284.

McDaniel, MA, and AA Callender. "Cognition, memory, and education." In *Cognitive Psychology of Memory, Vol. 2 of Learning and Memory*, edited by HL Roediger, 819–843. Oxford, UK: Elsevier, 2008.

McGilchrist, I. *The Master and His Emissary*. New Haven, CT: Yale University Press, 2010.

Mihov, KM, et al. "Hemispheric specialization and creative thinking: A meta-analytic review of lateralization of creativity." *Brain and Cognition* 72, 3 (2010): 442–448.

Mitra, S, et al. "Acquisition of computing literacy on shared public computers: Children and the 'hole in the wall.'" *Australasian Journal of Educational Technology* 21, 3 (2005):

retrieval when they study on their own?" *Memory* 17, 4 (2009): 471–479.

Karpicke, JD, and PJ Grimaldi. "Retrieval-based learning: A perspective for enhancing meaningful learning." *Educational Psychology Review* 24, 3 (2012): 401–418.

Karpicke, JD, and HL Roediger. "The critical importance of retrieval for learning." *Science* 319, 5865 (2008): 966–968.

Kaufman, AB, et al. "The neurobiological foundation of creative cognition." *Cambridge Handbook of Creativity* (2010): 216–232.

Kell, HJ, et al. "Creativity and technical innovation: Spatial ability's unique role." *Psychological Science* 24, 9 (2013): 1831–1836.

Keller, EF. *A Feeling for the Organism, 10th Aniversary Edition: The Life and Work of Barbara McClintock*. New York: Times Books, 1984.（『動く遺伝子――トウモロコシとノーベル賞』エブリン・フォックス・ケラー著、石館三枝子／石館康平訳、晶文社、1987 年）

Keresztes, A, et al. "Testing promotes long-term learning via stabilizing activation patterns in a large network of brain areas." *Cerebral Cortex* (advance access, published June 24, 2013).

Kinsbourne, M, and M Hiscock. "Asymmetries of dual-task performance." In *Cerebral Hemisphere Asymmetry*, edited by JB Hellige, 255–334. New York: Praeger, 1983.

Klein, G. *Sources of Power*. Cambridge, MA: MIT Press, 1999.（『決断の法則――人はどのようにして意思決定するのか？』ゲーリー・クライン著、佐藤洋一監訳、トッパン、1998 年）

Klein, H, and G Klein. "Perceptual/cognitive analysis of proficient cardio-pulmonary resuscitation (CPR) performance." Midwestern Psychological Association Conference, Detroit, MI, 1981.

Klingberg, T. *The Overflowing Brain*. New York: Oxford University Press, 2008.（『オーバーフローする脳――ワーキングメモリの限界への挑戦』ターケル・クリングバーグ著、苧阪直行訳、新曜社、2011 年）

Kornell, N, et al. "Unsuccessful retrieval attempts enhance subsequent learning." *Journal of Experimental Psychology: Learning, Memory, and Cognition* 35, 4 (2009): 989.

Kounios, J, and M Beeman. "The Aha! moment: The cognitive neuroscience of insight." *Current Directions in Psychological Science* 18, 4 (2009): 210–216.

Kruger, J, and D Dunning. "Unskilled and unaware of it: How difficulties in one's own incompetence lead to inflated self-assessments." *Journal of Personality and Social Psychology* 77, 6 (1999): 1121–1134.

Leonard, G. *Mastery*. New York: Plume, 1991.（『達人のサイエンス――真の自己成長のために』ジョージ・レナード著、中田康憲訳、日本教文社、1994 年）

Houdé, O, and N Tzourio-Mazoyer. "Neural foundations of logical and mathematical cognition." *Nature Reviews Neuroscience* 4, 6 (2003): 507–513.

Immordino-Yang, MH, et al. "Rest is not idleness: Implications of the brain's default mode for human development and education." *Perspectives on Psychological Science* 7, 4 (2012): 352–364.

James, W. *Principles of Psychology*. New York: Holt, 1890.（『心理学』W・ジェームズ著、今田寛訳、岩波文庫、上巻 1992 年、下巻 1993 年、ウィリアム・ジェームズの主著『心理学原理』の短縮版）

——. *Talks to Teachers on Psychology: And to Students on Some of Life's Ideals*. Rockville, MD: ARC Manor, 2008 [1899].

Ji, D, and MA Wilson. "Coordinated memory replay in the visual cortex and hippocampus during sleep." *Nature Neuroscience* 10, 1 (2006): 100–107.

Jin, X. "Basal ganglia subcircuits distinctively encode the parsing and concatenation of action sequences." *Nature Neuroscience* 17 (2014): 423–430.

Johansson, F. *The Click Moment*. New York: Penguin, 2012.（『成功は "ランダム" にやってくる！——チャンスの瞬間「クリック・モーメント」のつかみ方』フランス・ヨハンソン著、池田紘子訳、CCC メディアハウス、2013 年）

Johnson, S. *Where Good Ideas Come From*. New York: Riverhead, 2010.（『イノベーションのアイデアを生み出す七つの法則』スティーブン・ジョンソン著、松浦俊輔訳、日経 BP 社、2013 年）

Kalbfleisch, ML. "Functional neural anatomy of talent." *The Anatomical Record Part B: The New Anatomist* 277, 1 (2004): 21–36.

Kamkwamba, W, and B Mealer. *The Boy Who Harnessed the Wind*. New York: Morrow, 2009.（『風をつかまえた少年——14 歳だったぼくはたったひとりで風力発電をつくった』ウィリアム・カムクワンバ／ブライアン・ミーラー著、田口俊樹訳、池上彰解説、文春文庫、2014 年）

Kapur, M, and K Bielczyc. "Designing for productive failure." *Journal of the Learning Sciences* 21, 1 (2012): 45–83.

Karpicke, JD. "Retrieval-based learning: Active retrieval promotes meaningful learning." *Current Directions in Psychological Science* 21, 3 (2012): 157–163.

Karpicke, JD, and JR Blunt. "Response to comment on 'Retrieval practice produces more learning than elaborative studying with concept mapping.'" *Science* 334, 6055 (2011a): 453.

——. "Retrieval practice produces more learning than elaborative studying with concept mapping." *Science* 331, 6018 (2011b): 772–775.

Karpicke, JD, et al. "Metacognitive strategies in student learning: Do students practice

Gladwell, M. *Outliers*. New York: Hachette, 2008.（『天才！　成功する人々の法則』マルコム・グラッドウェル著、勝間和代訳、講談社、2014 年）

Gleick, J. *Genius*. New York: Pantheon Books, 1992.（『ファインマンさんの愉快な人生（Ⅰ、Ⅱ）』ジェームズ・グリック著、大貫昌子訳、岩波書店、1995 年）

Gobet, F. "Chunking models of expertise: Implications for education." *Applied Cognitive Psychology* 19, 2 (2005): 183–204.

Gobet, F, et al. "Chunking mechanisms in human learning." *Trends in Cognitive Sciences* 5, 6 (2001): 236–243.

Gobet, F, and HA Simon. "Five seconds or sixty? Presentation time in expert memory." *Cognitive Science* 24, 4 (2000): 651–682.

Goldacre, B. *Bad Science*. London: Faber & Faber, 2010.（『デタラメ健康科学――代替療法・製薬産業・メディアのウソ』ベン・ゴールドエイカー著、梶山あゆみ訳、河出書房新社、2011 年）

Graham, P. "Good and bad procrastination." 2005. http://paulgraham.com/procrastination.html.

Granovetter, M. "The strength of weak ties: A network theory revisited." *Sociological Theory* 1, 1 (1983): 201–233.

Granovetter, MS. "The strength of weak ties." *American Journal of Sociology* 78, 6 (1973): 1360–1380.

Greene, R. *Mastery*. New York: Viking, 2012.（『マスタリー――仕事と人生を成功に導く不思議な力』ロバート・グリーン著、上野元美訳、新潮社、2015 年）

Gruber, HE. "On the relation between aha experiences and the construction of ideas." *History of Science Cambridge* 19, 1 (1981): 41–59.

Guida, A, et al. "How chunks, long-term working memory and templates offer a cognitive explanation for neuroimaging data on expertise acquisition: A two-stage framework." *Brain and Cognition* 79, 3 (2012): 221–244.

Güntürkün, O. "Hemispheric asymmetry in the visual system of birds." In *The Asymmetrical Brain*, edited by K Hugdahl and RJ Davidson, 3–36. Cambridge, MA: MIT Press, 2003.

Hake, RR. "Interactive-engagement versus traditional methods: A six-thousand-student survey of mechanics test data for introductory physics courses." *American Journal of Physics* 66 (1998): 64–74.

Halloun, IA, and D Hestenes. "The initial knowledge state of college physics students." *American Journal of Physics* 53, 11 (1985): 1043–1055.

Houdé, O. "Consciousness and unconsciousness of logical reasoning errors in the human brain." *Behavioral and Brain Sciences* 25, 3 (2002): 341–341.

Fiore, NA. *The Now Habit*. New York: Penguin, 2007.（『戦略的グズ克服術――ナウ・ハビット』ネイル・A・フィオーレ著、菅靖彦訳、河出書房新社、2008年）

Fischer, KW, and TR Bidell. "Dynamic development of action, thought, and emotion." In *Theoretical Models of Human Development: Handbook of Child Psychology*, edited by W Damon and RM Lerner. New York: Wiley, 2006: 313–399.

Foer, J. *Moonwalking with Einstein*. New York: Penguin, 2011.（『ごく平凡な記憶力の私が1年で全米記憶力チャンピオンになれた理由』ジョシュア・フォア著、梶浦真美訳、エクスナレッジ、2011年）

Foerde, K, et al. "Modulation of competing memory systems by distraction." *Proceedings of the National Academy of the Sciences* 103, 31 (2006): 11778–11783.

Gabora, L, and A Ranjan. "How insight emerges in a distributed, content-addressable memory." In *Neuroscience of Creativity*, edited by O Vartanian et al. Cambridge, MA: MIT Press, 2013: 19–43.

Gainotti, G. "Unconscious processing of emotions and the right hemisphere." *Neuropsychologia* 50, 2 (2012): 205–218.

Gazzaniga, MS. "Cerebral specialization and interhemispheric communication: Does the corpus callosum enable the human condition?" *Brain* 123, 7 (2000): 1293–1326.

Gazzaniga, MS, et al. "Collaboration between the hemispheres of a callosotomy patient: Emerging right hemisphere speech and the left hemisphere interpreter." *Brain* 119, 4 (1996): 1255–1262.

Geary, DC. *The Origin of Mind*. Washington, DC: American Psychological Association, 2005.（『心の起源――脳・認知・一般知能の進化』D・C・ギアリー著、小田亮訳、培風館、2007年）

——. "Primal brain in the modern classroom." *Scientific American Mind* 22, 4 (2011): 44–49.

Geary, DC, et al. "Task Group Reports of the National Mathematics Advisory Panel; Chapter 4: Report of the Task Group on Learning Processes." 2008. http://www2.ed.gov/about/bdscomm/list/mathpanel/report/learning-processes.pdf.

Gentner, D, and M Jeziorski. "The shift from metaphor to analogy in western science." In *Metaphor and Thought*, edited by A Ortony. 447–480, Cambridge, UK: Cambridge University Press, 1993.

Gerardi, K, et al. "Numerical ability predicts mortgage default." *Proceedings of the National Academy of Sciences* 110, 28 (2013): 11267–11271.

Giedd, JN. "Structural magnetic resonance imaging of the adolescent brain." *Annals of the New York Academy of Sciences* 1021, 1 (2004): 77–85.

Ellenbogen, JM, et al. "Human relational memory requires time and sleep." *PNAS* 104, 18 (2007): 7723–7728.

Ellis, AP, et al. "Team learning: Collectively connecting the dots." *Journal of Applied Psychology* 88, 5 (2003): 821.

Elo, AE. *The Rating of Chessplayers, Past and Present*. London: Batsford, 1978.

Emmett, R. *The Procrastinator's Handbook*. New York: Walker, 2000.（『いまやろうと思ってたのに…――かならず直る★そのグズな習慣』リタ・エメット著、中井京子訳、光文社知恵の森文庫、2004 年）

Emsley, J. *The Elements of Murder*. New York: Oxford University Press, 2005.（『毒性元素――謎の死を追う』ジョン・エムズリー著、渡辺正／久村典子訳、丸善、2008 年）

Ericsson, KA. *Development of Professional Expertise*. New York: Cambridge University Press, 2009.

Ericsson, KA, et al. "The making of an expert." *Harvard Business Review* 85, 7/8 (2007): 114.

Erlacher, D, and M Schredl. "Practicing a motor task in a lucid dream enhances subsequent performance: A pilot study." *The Sport Psychologist* 24, 2 (2010): 157–167.

Fauconnier, G, and M Turner. *The Way We Think*. New York: Basic Books, 2002.

Felder, RM. "Memo to students who have been disappointed with their test grades." *Chemical Engineering Education* 33, 2 (1999): 136–137.

――. "Impostors everywhere." *Chemical Engineering Education* 22, 4 (1988): 168–169.

Felder, RM, et al. "A longitudinal study of engineering student performance and retention. V. Comparisons with traditionally-taught students." *Journal of Engineering Education* 87, 4 (1998): 469–480.

Ferriss, T. *The 4-Hour Body*. New York: Crown, 2010.

Feynman, R. *The Feynman Lectures on Physics* Vol. 2. New York: Addison Wesley, 1965.（『ファインマン物理学 III　電磁気学』ファインマン著、宮島龍興訳、岩波書店、1986 年）

――. *"Surely You're Joking, Mr. Feynman."* New York: Norton, 1985.（『ご冗談でしょう、ファインマンさん（上下巻）』R・P・ファインマン著、大貫昌子訳、岩波現代文庫、2000 年）

――. *What Do You Care What Other People Think?* New York: Norton, 2001.（『困ります、ファインマンさん』R・P・ファインマン著、大貫昌子訳、岩波現代文庫、2001 年）

Fields, RD. "White matter in learning, cognition and psychiatric disorders." *Trends in Neurosciences* 31, 7 (2008): 361–370.

Demaree, H, et al. "Brain lateralization of emotional processing: Historical roots and a future incorporating 'dominance.'" *Behavioral and Cognitive Neuroscience Reviews* 4, 1 (2005): 3-20.

Derman, E. *Models. Behaving. Badly.* New York: Free Press, 2011.

Deslauriers, L, et al. "Improved learning in a large-enrollment physics class." *Science* 332, 6031 (2011): 862-864.

Dijksterhuis, A, et al. "On making the right choice: The deliberation-without-attention effect." *Science* 311, 5763 (2006): 1005-1007.

Doidge, N. *The Brain That Changes Itself.* New York: Penguin, 2007.（『脳は奇跡を起こす』ノーマン・ドイジ著、竹迫仁子訳、講談社インターナショナル、2008年）

Drew, C. "Why science majors change their minds (it's just so darn hard)." *New York Times*, November 4, 2011.

Duckworth, AL, and ME Seligman. "Self-discipline outdoes IQ in predicting academic performance of adolescents." *Psychological Science* 16, 12 (2005): 939-944.

Dudai, Y. "The neurobiology of consolidations, or, how stable is the engram?" *Annual Review of Psychology* 55 (2004): 51-86.

Duhigg, C. *The Power of Habit.* New York: Random House, 2012.（『習慣の力』チャールズ・デュヒッグ著、渡会圭子訳、講談社、2013年）

Duke, RA, et al. "It's not how much; it's how: Characteristics of practice behavior and retention of performance skills." *Journal of Research in Music Education* 56, 4 (2009): 310-321.

Dunlosky, J, et al. "Improving students' learning with effective learning techniques: Promising directions from cognitive and educational psychology." *Psychological Science in the Public Interest* 14, 1 (2013): 4-58.

Dunning, D, et al. "Why people fail to recognize their own incompetence." *Current Directions in Psychological Science* 12, 3 (2003): 83-87.

Dweck, C. *Mindset.* New York: Random House, 2006.（『「やればできる！」の研究——能力を開花させるマインドセットの力』キャロル・S・ドゥエック著、今西康子訳、草思社、2008年）

Edelman, S. *Change Your Thinking with CBT.* New York: Ebury, 2012.

Efron, R. *The Decline and Fall of Hemispheric Specialization.* Hillsdale, NJ: Erlbaum, 1990.

Ehrlinger, J, et al. "Why the unskilled are unaware: Further explorations of (absent) self-insight among the incompetent." *Organizational Behavior and Human Decision Processes* 105, 1 (2008): 98-121.

Eisenberger, R. "Learned industriousness." *Psychological Review* 99, 2 (1992): 248.

novices." *Cognitive Science* 5, 2 (1981): 121–152.
Chiesa, A, and A Serretti. "Mindfulness-based stress reduction for stress management in healthy people: A review and meta-analysis." *Journal of Alternative Complementary Medicine* 15, 5 (2009): 593–600.
Cho, S, et al. "Hippocampal-prefrontal engagement and dynamic causal interactions in the maturation of children's fact retrieval." *Journal of Cognitive Neuroscience* 24, 9 (2012): 1849–1866.
Christman, SD, et al. "Mixed-handed persons are more easily persuaded and are more gullible: Interhemispheric interaction and belief updating." *Laterality* 13, 5 (2008): 403–426.
Chu, A, and JN Choi. "Rethinking procrastination: Positive effects of 'active' procrastination behavior on attitudes and performance." *Journal of Social Psychology* 145, 3 (2005): 245–264.
Colvin, G. *Talent Is Overrated*. New York: Portfolio, 2008.（『究極の鍛錬――天才はこうしてつくられる』ジョフ・コルヴァン著、米田隆訳、サンマーク出版、2010年）
Cook, ND. *Tone of Voice and Mind*. Philadelphia: Benjamins, 2002.
——. "Toward a central dogma for psychology." *New Ideas in Psychology* 7, 1 (1989): 1–18.
Cooper, G, and J Sweller. "Effects of schema acquisition and rule automation on mathematical problem-solving transfer." *Journal of Educational Psychology* 79, 4 (1987): 347.
Cowan, N. "The magical number 4 in short-term memory: A reconsideration of mental storage capacity." *Behavioral and Brain Sciences* 24, 1 (2001): 87–114.
Coyle, D. *The Talent Code*. New York: Bantam, 2009.
Cree, GS, and K McRae. "Analyzing the factors underlying the structure and computation of the meaning of chipmunk, cherry, chisel, cheese, and cello (and many other such concrete nouns)." *Journal of Experimental Psychology: General* 132, 2 (2003): 163–200.
Dalí, S. *Fifty Secrets of Magic Craftsmanship*. New York: Dover, 1948 (reprint 1992).
de Bono, E. *Lateral Thinking*. New York: Harper Perennial, 1970.
DeFelipe, J. "Brain plasticity and mental processes: Cajal again." *Nature Reviews Neuroscience* 7, 10 (2006): 811–817.
——. *Cajal's Butterflies of the Soul: Science and Art*. New York: Oxford University Press, 2010.
——. "Sesquicentenary of the birthday of Santiago Ramón y Cajal, the father of modern neuroscience." *Trends in Neurosciences* 25, 9 (2002): 481–484.

Einstellung (set) effect." *Cognition* 108, 3 (2008): 652–661.

Boice, R. *Procrastination and Blocking*. Westport, CT: Praeger, 1996.

Bouma, A. *Lateral Asymmetries and Hemispheric Specialization*. Rockland, MA: Swets & Zeitlinger, 1990.

Bransford, JD, et al. *How People Learn*. Washington, DC: National Academies Press, 2000.（『授業を変える――認知心理学のさらなる挑戦』米国学術研究推進会議編著、森敏昭／秋田喜代美監訳、北大路書房、2002 年）

Brent, R, and RM Felder. "Learning by solving solved problems." *Chemical Engineering Education* 46, 1 (2012): 29–30.

Brown, JS, et al. "Situated cognition and the culture of learning." *Educational Researcher* 18, 1 (1989): 32–42.

Burson K, et al. "Skilled or unskilled, but still unaware of it: how perceptions of difficulty drive miscalibration in relative comparisons." *Journal of Personality and Social Psychology* 90, 1 (2006): 60–77.

Buzan, T. *Use Your Perfect Memory*. New York: Penguin, 1991.

Cai, Q, et al. "Complementary hemispheric specialization for language production and visuospatial attention." *PNAS* 110, 4 (2013): E322–E330.

Cannon, DF. *Explorer of the Human Brain*. New York: Schuman, 1949.

Carey, B. "Cognitive science meets pre-algebra." *New York Times*, September 2, 2012; http://www.nytimes.com/2013/09/03/science/cognitive-science-meets-pre-algebra.html?ref=science.

Carpenter, SK, et al. "Using spacing to enhance diverse forms of learning: Review of recent research and implications for instruction." *Educational Psychology Review* 24, 3 (2012): 369–378.

Carson, SH, et al. "Decreased latent inhibition is associated with increased creative achievement in high-functioning individuals." *Journal of Personality and Social Psychology* 85, 3 (2003): 499–506.

Cassilhas, RC, et al. "Spatial memory is improved by aerobic and resistance exercise through divergent molecular mechanisms." *Neuroscience* 202 (2012): 309–317.

Cat, J. "On understanding: Maxwell on the methods of illustration and scientific metaphor." *Studies in History and Philosophy of Science Part B* 32, 3 (2001): 395–441.

Charness, N, et al. "The role of deliberate practice in chess expertise." *Applied Cognitive Psychology* 19, 2 (2005): 151–165.

Chase, WG, and HA Simon. "Perception in chess." *Cognitive Psychology* 4, 1 (1973): 55–81.

Chi, MTH, et al. "Categorization and representation of physics problems by experts and

参考文献

Aaron, R, and RH Aaron. *Improve Your Physics Grade*. New York : Wiley, 1984.

Ainslie, G, and N Haslam. "Self-control." In *Choice over Time*, edited by G Loewenstein and J Elster, 177-212. New York : Russell Sage Foundation, 1992.

Allen, D. *Getting Things Done*. New York : Penguin, 2001.（『仕事を成し遂げる技術――ストレスなく生産性を発揮する方法』デビッド・アレン著、森平慶司訳、はまの出版、2001 年）

Amabile, TM, et al. "Creativity under the gun." *Harvard Business Review* 80, 8 (2002) : 52.

Amidzic, O, et al. "Pattern of focal-bursts in chess players." *Nature* 412 (2001) : 603-604.

Andrews-Hanna, JR. "The brain's default network and its adaptive role in interna mentation." *Neuroscientist* 18, 3 (2012) : 251-270.

Armstrong, JS. "Natural learning in higher education." In *Encyclopedia of the Sciences of Learning*, 2426-2433. New York : Springer, 2012.

Arum, R, and J Roksa. *Academically Adrift*. Chicago : University of Chicago Press, 2010.

Baddeley, A, et al. *Memory*. New York : Psychology Press, 2009.（『ワーキングメモリ――思考と行為の心理学的基盤』アラン・バドリー著、井関龍太／齊藤智／川﨑惠理子訳、誠信書房、2012 年）

Baer, M, and GR Oldham. "The curvilinear relation between experienced creative time pressure and creativity : Moderating effects of openness to experience and support for creativity." *Journal of Applied Psychology* 91, 4 (2006) : 963-970.

Baumeister, RF, and J Tierney. *Willpower*. New York : Penguin, 2011.（『WILLPOWER 意志力の科学』ロイ・バウマイスター／ジョン・ティアニー著、渡会圭子訳、インターシフト、2013 年）

Beilock, S. *Choke*, New York : Free Press, 2010.（『なぜ本番でしくじるのか――プレッシャーに強い人と弱い人』シアン・バイロック著、東郷えりか訳、河出書房新社、2011 年）

Bengtsson, SL, et al. "Extensive piano practicing has regionally specific effects on white matter development." *Nature Neuroscience* 8, 9 (2005) : 1148-1150.

Bilalić, M, et al. "Does chess need intelligence? —A study with young chess players." *Intelligence* 35, 5 (2007) : 457-470.

——. "Why good thoughts block better ones : The mechanism of the pernicious

51. Nicholas Wade, photo courtesy Nicholas Wade
52. Ischemic stroke, CT scan of the brain with an MCA infarct, by Lucien Monfils, http://en.wikipedia.org/wiki/File:MCA_Territory_Infarct.svg
53. Niels Bohr lounging with Einstein in 1925, picture by Paul Ehrenfest, http://en.wikipedia.org/wiki/File:Niels_Bohr_Albert_Einstein_by_Ehrenfest.jpg
54. Brad Roth, photo by Yang Xia, courtesy Brad Roth
55. Richard M. Felder, courtesy Richard M. Felder
56. Sian Beilock, courtesy University of Chicago
57. Dime solution, image courtesy the author

23. Practice makes permanent, image © 2013 Kevin Mendez
24. Puzzle of Mustang, faint and partly assembled, image © 2013 Kevin Mendez
25. Neural hook, image © 2013 Kevin Mendez
26. Paul Kruchko and family, photo courtesy Paul Kruchko
27. Procrastination funneling, image © 2013 Kevin Mendez
28. Norman Fortenberry, image © 2011, American Society for Engineering Education; photo by Lung-I Lo
29. Many tiny accomplishments, image courtesy the author
30. Pomodoro timer, Autore: Francesco Cirillo rilasciata a Erato nelle sottostanti licenze seguirá OTRS, http://en.wikipedia.org/wiki/File:Il_pomodoro.jpg
31. Physicist Antony Garrett Lisi surfing, author Cjean42, http://en.wikipedia.org/wiki/File:Garrett_Lisi_surfing.jpg
32. Oraldo "Buddy" Saucedo, photo courtesy of Oraldo "Buddy" Saucedo
33. Neel Sundaresan, photo courtesy Toby Burditt
34. Zombie task list, image © 2013 Kevin Mendez
35. Mary Cha, photo courtesy Mary Cha
36. Smiling zombie, image © 2013 Kevin Mendez
37. Joshua Foer, photo © Christopher Lane
38. Flying mule, image © 2013 Kevin Mendez
39. Zombie hand mnemonic, image © 2013 Kevin Mendez
40. Memory palace, image © 2013 Kevin Mendez
41. Sheryl Sorby, photo by Brockit, Inc., supplied courtesy Sheryl Sorby
42. Monkeys in a ring, from *Berichte der Durstigen Chemischen Gesellschaft* (1886), p. 3536; benzene ring, modified from http://en.wikipedia.org/wiki/File:Benzene-2D-full.svg
43. Metabolic vampires, image © 2013 Kevin Mendez
44. Zombie baseball player, image © 2013 Kevin Mendez
45. Nick Appleyard, photo courtesy Nick Appleyard
46. Santiago Ramón y Cajal, by kind permission of Santiago Ramón y Cajal's heirs, with the gracious assistance of Maria Angeles Ramón y Cajal
47. Rippling neural ribbons, image courtesy author
48. Photons, illustration courtesy Marco Bellini, Instituto Nazionale di Ottica-CNR, Florence, Italy
49. Barbara McClintock, photo courtesy Smithsonian Institution Archives, image #SIA2008-5609
50. Ben Carson, photo courtesy Johns Hopkins Medicine

図版出典

1. “Me at age 10 (September 1966) with Earl the lamb,” image courtesy the author
2. Magnus Carlsen and Garry Kasparov, image courtesy CBS News
3. Prefrontal cortex, image © 2013 Kevin Mendez
4. Pinball machine, image © 2013 Kevin Mendez
5. Focused and diffuse thinking, image © 2013 Kevin Mendez
6. Triangles, image courtesy the author, based on an original image idea by de Bono 1970, p. 53
7. Ping-Pong, image © 2013 Kevin Mendez
8. Pyramid of dimes, courtesy the author
9. Nadia Noui-Mehidi, photo courtesy Kevin Mendez
10. Thomas Edison, courtesy U. S. Deptartment of the Interior, National Park Service, Thomas Edison National Historical Park
11. Salvador Dali with ocelot and cane, 1965 ; http://en.wikipedia.org/wiki/File:Salvador_Dali_NYWTS.jpg From the Library of Congress. *New York World-Telegram & Sun* collection. http://hdl.loc.gov/loc.pnp/cph.3c14985 ; Author : Roger Higgins, *World Telegram* staff photographer ; no copyright restriction known. Staff photographer reproduction rights transferred to Library of Congress through Instrument of Gift.
12. Brick walls, image © 2013 Kevin Mendez
13. Four items in working memory, image courtesy author
14. Robert Bilder, image © Chad Ebesutani, photo courtesy Robert Bilder
15. Octopus focused and crazy-hodgepodge diffuse modes, image © 2013 Kevin Mendez
16. A neural pattern, image © 2013 Kevin Mendez
17. Puzzle of man's face, image © 2013 Kevin Mendez and Philip Oakley
18. Top-down and bottom-up learning, image courtesy author
19. Puzzle of man in Mustang, partly assembled, image © 2013 Kevin Mendez and Philip Oakley
20. Puzzle of man in Mustang, mostly assembled, image © 2013 Kevin Mendez and Philip Oakley
21. Chunking a concept into a ribbon, image courtesy the author
22. Skipping to the right solution, image © 2013 Kevin Mendez

沼尻由起子（ぬまじり・ゆきこ）
東京生まれ。慶應義塾大学文学部哲学科卒業後、渡米して読売新聞ニューヨーク支局勤務のかたわら、アメリカン・イングリッシュ・インスティテュートで修行。帰国後、大手出版社の編集者を経てフリーライターとして独立。訳書にN・ウェイド『５万年前』、S・カーシェンバウム『なぜ人はキスをするのか？』、T・バークヘッド『鳥たちの驚異的な感覚世界』、N・マクレリー『世界が驚いた科学捜査事件簿』などがある。

直感力《ちよつかんりよく》を高《たか》める　数学脳《すうがくのう》のつくりかた

2016年５月30日　初版発行
2016年７月30日　４刷発行

著　者　バーバラ・オークリー
訳　者　沼尻由起子
装　丁　清水肇 (prigraphics)
発行者　小野寺優
発行所　株式会社 河出書房新社
東京都渋谷区千駄ヶ谷2-32-2
電話（03）3404-1201［営業］（03）3404-8611［編集］
http://www.kawade.co.jp/
印刷所　株式会社亨有堂印刷所
製本所　小髙製本工業株式会社
Printed in Japan
ISBN978-4-309-25346-6

世界一素朴な質問、宇宙一美しい答え
世界の第一人者100人が100の質問に答える

ジェンマ・エルウィン・ハリス編
西田美緒子訳
タイマタカシ絵

科学、哲学、社会、スポーツなど、子どもたちが投げかけた身近な疑問に、ドーキンス、チョムスキーなどの世界的な第一人者はどう答えたのか？　世界一八カ国で刊行の珠玉の回答集！

上脳・下脳
脳と人間の新しいとらえかた

スティーヴン・M・コスリン／G・ウェイン・ミラー
柴田裕之訳

右脳・左脳はもう古い。脳の機能を上部と下部の相互作用としてとらえ、それぞれの活用の度合いによって、人間の思考と行動を四つのモードに分けてみせる画期的な新・脳理論。

パーフェクト・タイミング
最高の意思決定をもたらす戦略的時間術

スチュアート・アルバート
柴田裕之訳

いつやるか、それが問題だ。絶妙のタイミングで意思決定できる、時間戦略の成功法則とは？　二〇〇〇件を超える事例分析からビジネスの難題に答える、初めてのタイミング・マネジメント入門。

バグる脳
脳はけっこう頭が悪い

ディーン・ブオノマーノ
柴田裕之訳

計算が苦手、記憶が頼りない、無意識に不合理な判断をする、宣伝に踊らされる……あきれるほど多くの欠陥を抱える脳。日常や実験のエピソードを交えつつ、脳のしくみと限界を平易に解説。

脳のなかの万華鏡
「共感覚」のめくるめく世界

リチャード・E・サイトウィック／デイヴィッド・M・イーグルマン
山下篤子 訳

文字や曜日に色がついて見える、形に味を感じる、数字が空間に並んで見える……そのとき脳では何が起きているのか？ 「共感覚」と呼ばれる、奇妙な現象の謎に迫る。カラー図版多数！

孤独の科学
人はなぜ寂しくなるのか

ジョン・T・カシオポ／ウィリアム・パトリック
柴田裕之 訳

脳と心のしくみから、遺伝と環境、進化のプロセス、病との関係、社会・経済的背景まで——様々な角度から孤独感のメカニズムを解明し、「つながり」を求める動物としての人間の本性に迫る。

服従の心理

スタンレー・ミルグラム
山形浩生 訳

権威が命令すれば、人は殺人さえ行うのか？ 人間の隠された本性を科学的に実証し、世界を震撼させた通称〈アイヒマン実験〉——その衝撃の実験報告。心理学史上に輝く名著の新訳決定版。

死のテレビ実験
人はそこまで服従するのか

クリストフ・ニック／ミシェル・エルチャニノフ
高野優 監訳

世界を震撼させた電気ショック実験（服従実験）をクイズ番組に応用した、前代未聞のテレビ実験。殺してしまうかもしれない極度の緊張のなか、人の心はいったいどうなってしまうのか!?

FBI捜査官が教える「第一印象」の心理学

ジョー・ナヴァロ／トニ・シアラ・ポインター
西田美緒子訳

その一瞬の印象がすべてを決める！　人と接するときの「見た目」と「しぐさ」を変えれば、人生は劇的に変わる！　元FBI捜査官が、好印象や信頼感を与えるためのあらゆる秘策を伝授する！

FBI捜査官が教える「しぐさ」の心理学

ジョー・ナヴァロ／マーヴィン・カーリンズ
西田美緒子訳

体の中で一番正直なのは、顔ではなく脚と足だった！「人間ウソ発見器」の異名をとる元FBI捜査官が、人々が見落としている感情や考えを表すしぐさの意味とそのメカニズムを解き明かす！

乱造される心の病

クリストファー・レーン
寺西のぶ子訳

「社会不安障害」という病気はいかにしてつくりだされたのか？　巧みな広告戦略で普通の人々を精神障害に仕立て上げ、恐ろしい向精神薬で巨利を貪ろうとする精神病産業の実像に迫る！

デタラメ健康科学
代替療法・製薬産業・メディアのウソ

ベン・ゴールドエイカー
梶山あゆみ訳

ホメオパシーにサプリメント、コラーゲンにデトックス、製薬会社のでっちあげから、メディアの広めるデタラメまで、その実態を暴き、正しい科学的な物の見方とは何かを考える。